Zu allen Inhalten, die mit diesem Icon ▶ gekennzeichnet sind, steht Ihnen in unserem Online-Angebot das **GIDA-Medienpaket** mit Filmen und Animationen sowie Anleitungen für Versuche und Aufgaben zur Verfügung.

Rufen Sie dazu **www.westermann.de/biologie-heute-150813** auf oder nutzen Sie den QR-Code. Geben Sie anschließend den Online-Schlüssel ein:

Online-Schlüssel
P5H8-Y8GZ-11VC

westermann

BIOLOGIE HEUTE

Zu allen Inhalten, die mit diesem Icon ▶ gekennzeichnet sind, stehen Ihnen Filme und Animationen der Firma GIDA sowie Anleitungen zu Versuchen und Aufgaben zur Verfügung.

Die Internetseite oder den QR-Code zum Aufrufen der Inhalte und den Online-Schlüssel finden Sie im Vorsatz.

Biologie heute SII

Niedersachsen (Einführungsphase)

herausgegeben von:
Elsbeth Westendorf-Bröring und Michael Walory

erarbeitet von:
Inken Barford-Werner, Dr. Sabina Eggert, Michael Walory, Elsbeth Westendorf-Bröring, Dr. Gabriela Wolff

In Teilen ist dieses Werk eine Bearbeitung von ISBN 978-3-14-150785-0.

Zusatzmaterialien zum Titel

Für Lehrerinnen und Lehrer:
Lösungen, ISBN 978-3-14-**150814**-7
Materialien für Lehrerinnen und Lehrer, ISBN 978-3-14-**150815**-4
BiBox Einzellizenz für Lehrerinnen und Lehrer (Dauerlizenz), WEB-14-**150816**
BiBox Kollegiumslizenz für Lehrerinnen und Lehrer (Dauerlizenz), WEB-14-**150817**
BiBox Kollegiumslizenz für Lehrerinnen und Lehrer (1 Schuljahr), WEB-14-**150818**

Für Schülerinnen und Schüler:
BiBox Einzellizenz für Schüler/-innen (1 Schuljahr), WEB-14-**150819**

Das digitale Schulbuch und digitale Unterrichtsmaterialien für Schülerinnen und Schüler und für Lehrkräfte finden Sie in der BiBox - dem digitalen Unterrichtssystem passend zum Lehrwerk.
Mehr Informationen über aktuelle Lizenzen finden Sie auf www.bibox.schule

westermann GRUPPE

Druck A² / Jahr 2022
Alle Drucke der Serie A sind im Unterricht parallel verwendbar.

Redaktion: Martin Weinert
Grafikkonzept: Atelier tigercolor Tom Menzel
Illustrationen: Atelier tigercolor Tom Menzel, Brigitte Karnath, Eike Gall, Wolfgang Herzig, Liselotte Lüddecke, Karin Mall, Werner Wildermuth, Kai Wolff
Umschlaggestaltung: Janssen Kahlert Design & Kommunikation GmbH, Hannover
Layout: SOFAROBOTNIK GbR, Augsburg & München
Druck und Bindung: Westermann Druck GmbH, Georg-Westermann-Allee 66, 38104 Braunschweig

ISBN 978-3-14-**150813**-0

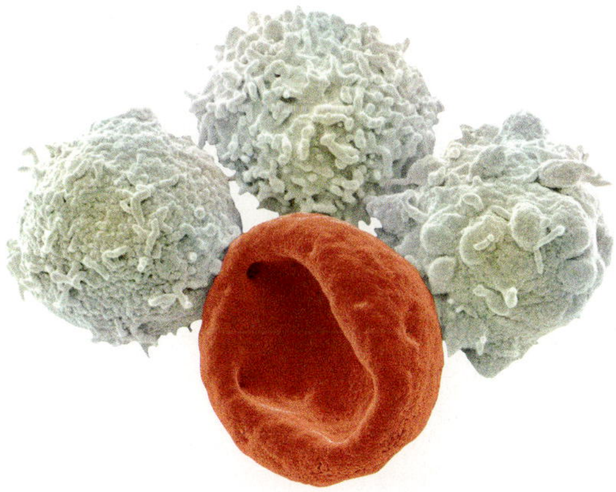
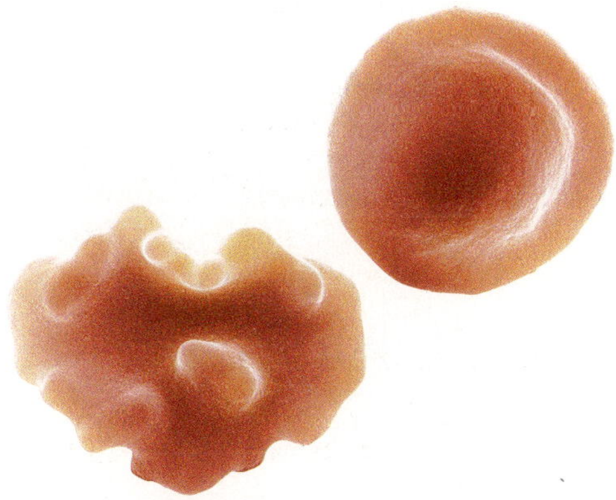

Aufbau der Zelle 12

Biomembranen – Barriere und Schleuse 48

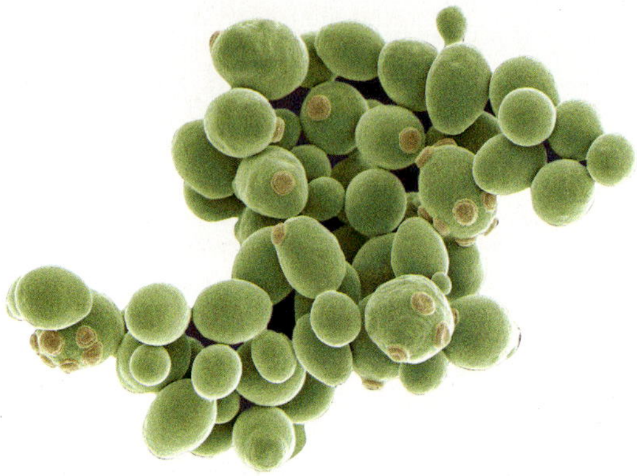

Enzyme steuern Stoffwechselvorgänge in Zellen 72

Anforderungsbereiche:

- ●○○ niedriges Niveau
- ●●○ mittleres Niveau
- ●●● hohes Niveau

Immunbiologie 98

Operatoren

ableiten – auf der Grundlage von Erkenntnissen oder Daten sachgerechte Schlüsse ziehen

abschätzen – durch begründete ÜberlegungenGrößenwerte angeben

analysieren – wichtige Bestandteile, Eigenschaften oder Zusammenhänge auf eine bestimmte Fragestellung hin herausarbeiten

anwenden – einen bekannten Sachverhalt oder eine bekannte Methode auf etwas Neues beziehen

aufbauen eines Experiments – Objekte und Geräte zielgerichtet anordnen und kombinieren

aufstellen – chemische Formeln, Gleichungen, Reaktionsgleichungen (Wort- oder Formelgleichungen), Reaktionsmechanismen entwickeln

Hypothesen aufstellen – eine begründete Vermutung über einen unbekannten Sachverhalt formulieren, die fachlich fundiert begründet wird

angeben, nennen – Formeln, Regeln, Sachverhalte, Begriffe, Daten ohne Erläuterung aufzählen bzw. wiedergeben

auswerten – Beobachtungen, Daten, Einzelergebnisse oder andere Informationen in einen Zusammenhang stellen und daraus Schlussfolgerungen ziehen

begründen – Gründe oder Argumente für eine Vorgehensweise oder einen Sachverhalt nachvollziehbar darstellen

berechnen – die Berechnung ist ausgehend von einem Ansatz darzustellen

beschreiben – Beobachtungen, Strukturen, Sachverhalte, Methoden, Verfahren oder Zusammenhänge strukturiert und unter Verwendung der Fachsprache formulieren

bestätigen – die Gültigkeit einer Aussage (z. B. einer Hypothese, einer Modellvorstellung, eines Naturgesetzes) zu einem Experiment, zu vorliegenden Daten oder zu Schlussfolgerungen feststellen

beurteilen – das zu fällende Sachurteil ist mit Hilfe fachlicher Kriterien zu begründen

bewerten – einen Sachverhalt vor dem Hintergrund gesellschaftlicher Werte und Normen einschätzen und dadurch zu einem Werturteil gelangen.

darstellen – Sachverhalte, Sachverhalte oder Zusammenhänge strukturiert und unter Verwendung der Fachsprache formulieren, auch mithilfe von Zeichnungen und Tabellen

dokumentieren – (in Zusammenhang mit dem GTR/CAS): Bei Verwendung eines elektronischen Rechners den Lösungsweg nachvollziehbar darstellen

durchführen eines Experiments – an einer Experimentieranordnung zielgerichtete Messungen und Änderungen vornehmen oder eine Experimentieranleitung umsetzen

diskutieren, erörtern – Argumente zu einer Aussage oder These einander gegenüberstellen und abwägen

entwickeln – Sachverhalte und Methoden miteinander verknüpfen: eine Hypothese, eine Skizze, ein Experiment, ein Modell oder eine Theorie schrittweise weiterführen und ausbauen

erklären – einen Sachverhalt nachvollziehbar und verständlich machen, indem man ihn auf Regeln, und Gesetzmäßigkeiten zurückführt

erläutern – einen Sachverhalt veranschaulichend darstellen und durch zusätzliche Informationen und verständlich machen

ermitteln – ein Ergebnis oder einen Zusammenhang rechnerisch, grafisch oder experimentell bestimmen

herleiten – mithilfe bekannter Gesetzmäßigkeiten einen Zusammenhang zwischen chemischen bzw. physikalischen Größen herstellen

interpretieren, deuten – naturwissenschaftliche Ergebnisse, Beschreibungen und Annahmen vor dem Hintergrund einer Fragestellung oder Hypothese in einen nachvollziehbaren Zusammenhang bringen

ordnen, zuordnen – Begriffe oder Gegenstände auf der Grundlage bestimmter Merkmale systematisch einteilen

planen – zu einem vorgegebenen Problem (auch experimentelle) Lösungswege entwickeln und dokumentieren

protokollieren – Beobachtungen oder die Durchführung von Experimenten zeichnerisch bzw. fachsprachlich richtig wiedergeben

prüfen, überprüfen – Sachverhalte oder Aussagen an Fakten oder innerer Logik messen und eventuelle Widersprüche aufdecken

skizzieren – Sachverhalte, Prozesse, Strukturen oder Ergebnisse übersichtlich grafisch darstellen

untersuchen – Sachverhalte oder Phänomene mithilfe fachspezifischer Arbeitsweisen erschließen

vergleichen – Gemeinsamkeiten und Unterschiede kriteriengeleitet herausarbeiten

zeichnen – Objekte grafisch exakt darstellen

zusammenfassen – das Wesentliche in konzentrierter Form herausstellen

Erkenntnisgewinn in der Biologie

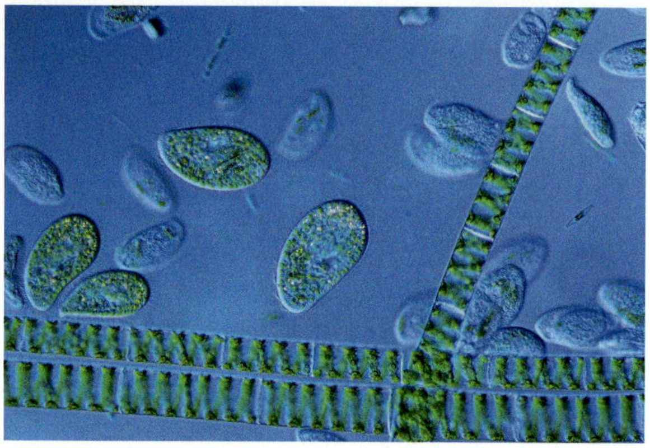

1 Pantoffeltierchen stoßen auf ein Hindernis

Die Biologie ist die Lehre des Lebens und eine empirische Wissenschaft. Sie gewinnt ihre Erkenntnisse aus nachvollziehbaren Erfahrungen, beschreib- oder messbaren Beobachtungen und aus Experimenten. Der Weg des naturwissenschaftlichen Erkenntnisgewinns besteht aus folgenden Schritten:

Phänomen – Am Anfang des naturwissenschaftlichen Erkenntnisgewinns steht eine Beobachtung oder ein Phänomen.
Beispiel: Pantoffeltierchen ändern ihre Schwimmrichtung, wenn sie an ein Hindernis stoßen.

Frage – Zur Untersuchung des Phänomens muss zunächst eine konkrete Frage formuliert werden.
Beispiel: Wo am Körper nehmen Pantoffeltierchen die Berührung wahr?

Hypothesen – Eine Hypothese geht davon aus, dass das Phänomen auf eine bestimmte Ursache zurückgeführt werden kann. Sie bietet eine vorläufige Erklärung des Phänomens an. Hypothesen müssen so formuliert werden, dass sie überprüfbar sind. Sie schließen eine Wenn-dann-Beziehung ein. Wenn die Hypothese zutrifft, dann lässt sich bei bestimmten Bedingungen eine Beobachtung machen.
Beispiel:
Pantoffeltierchen nehmen Berührung
- überall am Körper wahr,
- nur im vorderen Bereich des Körpers,
- nur im hinteren Bereich des Körpers.

Experimente – Hypothesen werden in der Biologie vorwiegend durch Experimente überprüft.
Beispiel: Pantoffeltierchen werden in einem Experiment mit einer Pinselspitze an unterschiedlichen Stellen des Körpers berührt.

Auswertung – In der Auswertung vergleicht man die im Experiment gewonnenen Ergebnisse mit den Hypothesen und überprüft, ob sie bestätigt oder widerlegt werden. Wird die Hypothese durch das Versuchsergebnis widerlegt, muss sie verworfen oder abgeändert werden.
Beispiel: Reagieren Pantoffeltierchen in dem Experiment nur auf Berührungen im vorderen Körperbereich, so bestätigte dies die entsprechende Hypothese und widerlegt die übrigen Hypothesen.

Erkenntnis – Durch ein Experiment gewinnt man Erkenntnisse.
Beispiel: Die Experimente mit den Pantoffeltierchen liefern die Erkenntnis, dass diese besonders auf Berührungen im vorderen Körperbereich reagieren. Auf Berührungen in anderen Bereichen des Körpers reagieren sie nicht mit einer Veränderung der Schwimmrichtung.

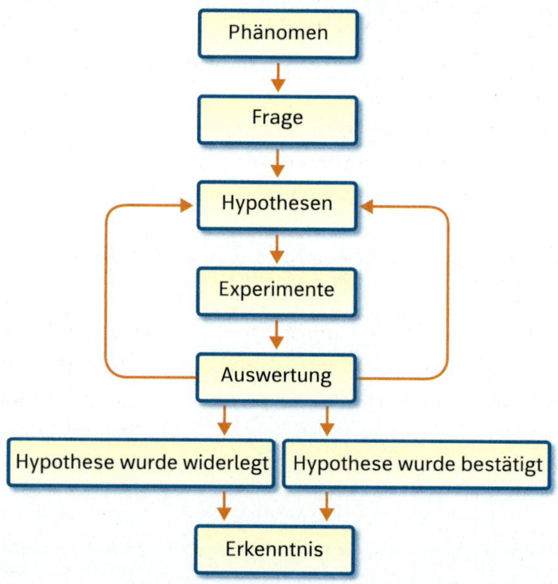

2 Weg des naturwissenschaftlichen Erkenntnisgewinns

METHODE

Biologische Fragen und Erklärungen

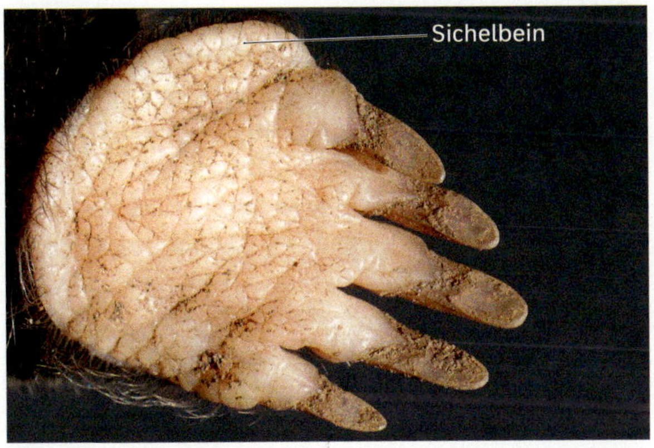

3 Hand des Maulwurfs

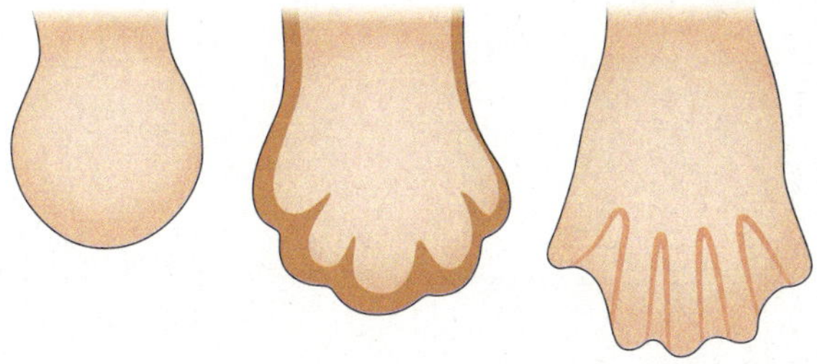

4 Embryonale Entwicklung der Hand des Maulwurfs

Maulwürfe besitzen große, breite Hände. Die Finger enden in kräftigen Krallen. An ihren Händen befindet sich ein sechster sichelförmiger Finger, das Sichelbein. Im Unterschied zu den übrigen Fingern ist er nicht in Fingerglieder unterteilt und trägt auch keine Kralle. Zu dieser Vorderextremität können in der Biologie unterschiedliche Fragen gestellt werden.

Frage nach der Funktion oder dem Zweck – Auf die Frage, warum oder wozu Maulwürfe so große, breite Hände haben, könnte die Antwort lauten: Die Hände ermöglichen es dem Maulwurf, effektiv Erde zur Seite zu schaufeln und so im Boden Gänge zu graben. Solche Fragen und Erklärungen, die sich auf die Funktion einer Struktur oder eines Verhaltens beziehen, nennt man **funktionale Fragen** beziehungsweise **funktionale Erklärungen**.

Frage nach den Ursachen – Mit funktionalen Erklärungen ist ein Phänomen nicht ganzheitlich geklärt. In der Biologie werden auch Fragen gestellt, wie ein Phänomen entsteht oder wie es entstanden ist. Solche Fragen und Erklärungen, die sich auf die Ursachen beziehen, werden als **kausale Fragen** beziehungsweise **kausale Erklärungen** bezeichnet.

Frage nach den Nahursachen – Die Frage nach der Entstehung der Maulwurfshand bezieht sich auf deren lebensgeschichtliche Entwicklung, etwa auf die genetische und embryonale Entwicklung der Hand. Die Antwort könnte lauten, dass der Maulwurf über die genetische Information für die Ausbildung der besonderen Hand verfügt.
Maulwürfe besitzen als Embryo zunächst tellerförmige Handplatten. Die fünf Finger sind durch Bindegewebe verbunden. Später sterben die Bindegewebszellen ab, sodass die Finger frei werden. Danach entwickelt sich erst das Sichelbein aus einem Handwurzelknochen. Fragen und Erklärungen, die sich auf die Nahursachen, auf die lebensgeschichtliche Entwicklung eines Individuums beziehen, nennt man **proximate Fragen** beziehungsweise **proximate Erklärungen**.

Frage nach den Fernursachen – Stellt man die Frage, wie die Maulwurfshand im Laufe der Evolution entstanden ist, fragt man nach den **Fernursachen**. Die Antwort könnte lauten: Die Vorfahren der Amphibien, die vor rund 360 Millionen Jahren das Land eroberten, besaßen mehr als fünf Finger an einer Hand. Im Laufe der Evolution wurde die Zahl bei den Landwirbeltieren auf fünf reduziert. Heutige Wirbeltiere besitzen aber immer noch Gene für die Bildung zusätzlicher Finger. Durch Mutationen können solche inaktiven Gene aktiviert werden. Bei den Vorfahren der Maulwürfe wurde die Erbinformation für das Sichelbein im Laufe der Evolution wieder dauerhaft aktiviert, sodass heute alle Maulwürfe einen zusätzlichen Finger haben. Solche Fragen und Erklärungen zur evolutiven Entwicklung von Merkmalen werden **ultimate Fragen** beziehungsweise **ultimate Erklärungen** genannt.

Biologische Systeme und ihre Ebenen

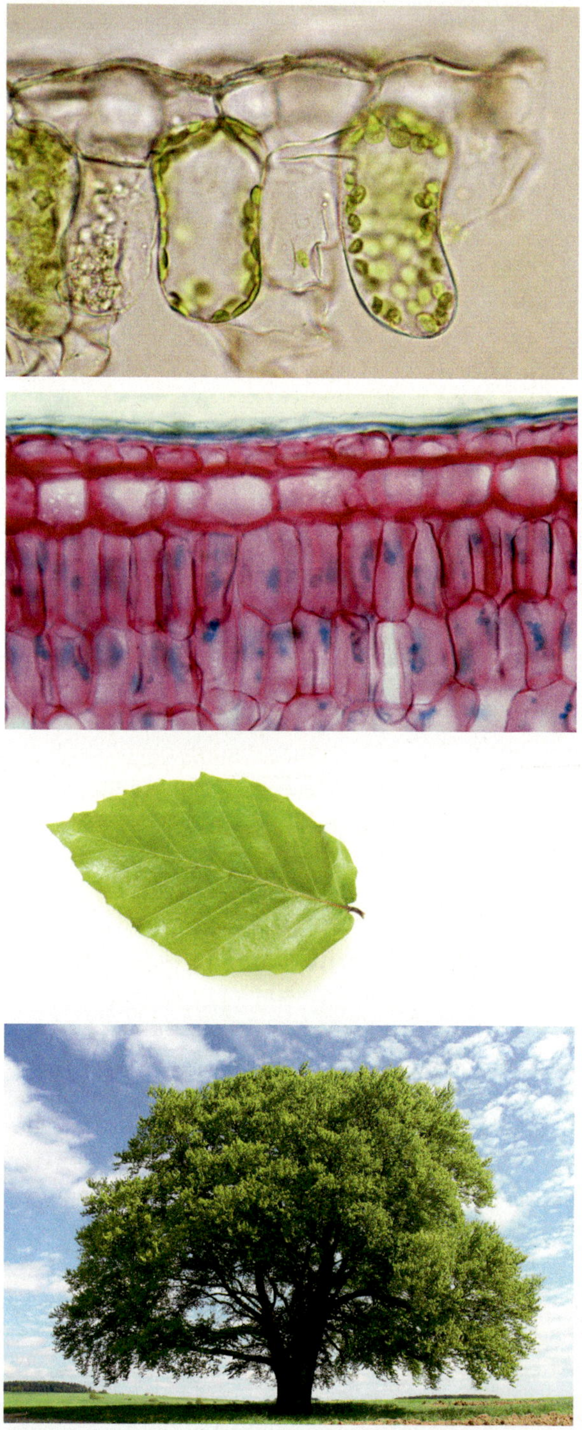

1 Syteme auf verschiedenen Organisationsstufen des Lebendigen: Zelle, Gewebe, Organ und Organismus

Merkmale eines Systems – Die Biologie untersucht die heute bekannten Lebewesen mit naturwissenschaftlichen Methoden. Sie erforscht sie als Ganzes und untersucht die Bestandteile, aus denen sie aufgebaut sind. Weiter erforscht sie die Wechselwirkungen, die zwischen ihnen innerhalb der Art und zu Lebewesen anderen Arten bestehen. Um über die Vielfalt der biologischen Phänomene einen Überblick zu gewinnen und um die Komplexität der Wechselwirkungen auf wesentliche Prozesse zu reduzieren, werden Lebewesen und Lebensgemeinschaften als Systeme betrachtet.

Unter einem System versteht man ein geordnetes Ganzes, das aus verschiedenen Elementen besteht. Nur durch ein präzises und geregeltes Zusammenwirken der verschiedenen Elemente ist ein System funktionsfähig. Durch das Zusammenwirken der verschiedenen Systemelemente hat ein System Eigenschaften und Funktionen, die die einzelnen Elemente nicht besitzen. Die Eigenschaft eines Systems ist also mehr als die Summe der Eigenschaften der einzelnen Elemente. Dieses Auftreten neuer Systemeigenschaften bezeichnet man als **Emergenz**.

Merkmale eines biologischen Systems – Eine Zelle ist das kleinste lebende System. Sie besteht aus nichtlebenden Elementen, den Zellbestandteilen, die zusammen ein geordnetes Ganzes bilden. Nur im Zusammenwirken des Systems Zelle weisen die Zellbestandteile die Kennzeichen des Lebendigen auf.
Kennzeichnend für biologische Systeme ist, ihre spezielle Abgrenzung von der Umgebung. Beispielsweise sind Zellen durch Zellmembranen begrenzt. Trotzdem stehen sie im ständigem Stoff-, Energie- und Informationsaustausch mit der Umgebung. Sie sind **offene Systeme**. Obwohl eine ausgewachsene Zelle ständig Stoffe aufnimmt, verändert sich ihr Volumen nicht, denn Stoffe werden verarbeitet und Reste ausgeschieden. Die Zufuhr und der Abfluss von Stoffen und Energie halten sich die Waage. In biologischen Systemen stellt sich also ein Gleichgewicht ein. Man spricht von einem **dynamischen Gleichgewicht** oder **Fließgleichgewicht**.

Ein weiteres Merkmal biologischer Systeme ist ihre Fähigkeit zur **Reproduktion**. Zellen und Organismen können sich reproduzieren, fortpflanzen und vermehren. Aus einer befruchteten Eizelle entstehen durch Zellteilungen zahlreiche embryonale Zellen, die sich selbstständig zu einem vollständigen Organismus formieren. Sie entwickeln eigenständig eine innere Ordnung und halten sie aufrecht. Auch diese **Selbstorganisation** gehört zu den Kennzeichen einen biologischen Systems.

Systemebenen – Die Zelle ist Ausgangspunkt aller lebenden biologischen Systeme. Ein vielzelliger Organismus, wie eine Rotbuche, besteht aus verschiedenen Zelltypen. Diese sind in Geweben, Organen und Organsystemen hierarchisch organisiert. Ein **Gewebe** besteht aus Zellen des gleichen Typs mit ähnlicher Funktion. Ein **Organ** umfasst verschiedene Gewebe. Das Organ Buchenblatt besteht aus den Geweben Epidermis, Leitgewebe, Palisaden- und Schwammgewebe.
Lebewesen existieren nicht isoliert. Alle Rotbuchen, die zu einem bestimmten Zeitraum in einem bestimmten Lebensraum vorkommen, bilden eine **Population.** Auf die Systemebene Population folgt die **Biozönose.** Sie ist eine Lebensgemeinschaft, die sich aus Populationen verschiedener Arten zusammensetzt, welche im gleichen Lebensraum vorkommen. Die Einheit aus Lebensgemeinschaft und Lebensraum wird **Ökosystem** genannt.
Die verschiedenen Ökosysteme der Erde, die durch Stoffkreisläufe und Energieflüsse miteinander verbunden sind, bilden die **Biosphäre**, das umfassendste biologische System. So kann jedes einzelne biologische System zugleich Element eines übergeordneten Systems sein.

Die Lebensvorgänge lassen sich oft auf verschiedenen **Systemebenen** untersuchen. Zum Beispiel kann man Reproduktion auf der Ebene der Zelle, aber auch auf der Ebene eines Organismus oder einer Population betrachten. Erst durch diesen Wechsel zwischen den Systemebenen lassen sich Lebensvorgänge ganzheitlich erfassen.

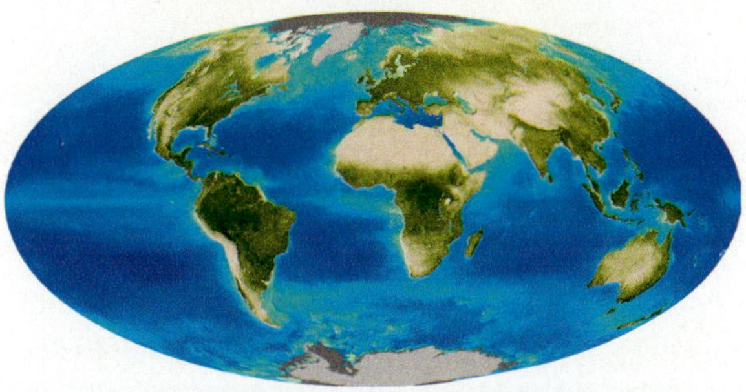

2 Syteme auf verschiedenen Organisationsstufen des Lebendigen: Population, Ökosystem, Biosphäre

Basiskonzepte vernetzen Wissen

Alle heute auf der Erde vorkommenden Lebewesen stammen von einzelligen Urlebewesen ab, die vor etwa 3,8 Milliarden Jahren existierten. Im laufe der Zeit entwickelte sich daraus die heutige Vielfalt an Lebewesen. Aufgrund ihrer gemeinsamen Abstammung stehen sämtliche Lebewesen und biologischen Systeme in vielfältigen Beziehungen zueinander. Die Vielfalt und Komplexität dieser Systeme lassen gemeinsame Prinzipien und grundlegende Muster erkennen. Zusammengefasst und beschrieben werden diese als **Basiskonzepte**.

Sie ermöglichen es, in der großen Vielfalt an biologischen Phänomenen und Themen eine Struktur zu erkennen und diese in größere Zusammenhänge einzuordnen. Damit ermöglichen sie es den Zugang zu neuen Themen und Problemstellungen zu finden. Außerdem verdeutlichen sie die Vernetzung der unterschiedlichen Themen und Systemebenen.

In der Biologie werden die folgenden fünf Basiskonzepte mit ihren spezifischen biologische Grundprinzipien unterschieden: *Struktur und Funktion*, *Stoff- und Energieumwandlung*, *Information und Kommunikation*, *Steuerung und Regelung* sowie *individuelle und evolutive Entwicklung*.

In diesem Buch werden die Basiskonzepte an konkreten Beispielen ausführlich erklärt.

Individuelle und evolutive Entwicklung .... Seite 45
Steuerung und Regelung .... Seite 69
Struktur und Funktion .... Seite 81
Stoff- und Energieumwandlung .... Seite 85
Information und Kommunikation .... Seite 113

Individuelle und evolutive Entwicklung

Lebende Systeme verändern sich über verschiedene Zeiträume im Zusammenhang mit Umwelteinflüssen. Grundlage dieser evolutiven Entwicklung sind die individuelle Entwicklung von Lebewesen und die Weitergabe ihrer genetischen Information durch Fortpflanzung. Grundprinzipien:
Zelldifferenzierung ▪ *Reproduktion* ▪ *Selektion*

Steuerung und Regelung

Biologische Systeme halten viele Zustandsgrößen in Grenzen, auch wenn innere oder äußere Faktoren sich kurzfristig stark ändern. Grundprinzipien:
Prinzip der Homöostase ▪ *positive und negative Rückkopplung*

Struktur und Funktion

Lebewesen und Lebensvorgänge sind an Strukturen gebunden, die im engen Zusammenhang mit ihrer Funktion stehen. Grundprinzipien:
Prinzip der Oberflächenvergrößerung ▪ *Schlüssel-Schloss-Prinzip* ▪ *Kompartimentierung* ▪ *Gegenspielerprinzip* ▪ *Gegenstromprinzip*

Stoff- und Energieumwandlung

Biologische Systeme sind offene, sich selbst organisierende Systeme, die im ständigen Austausch mit der Umwelt stehen. Grundprinzipien:
Fließgleichgewicht ▪ *Stoffkreislauf* ▪ *Energieentwertung, energetische Kopplung*

Information und Kommunikation

Alle Lebewesen nehmen Informationen auf, leiten sie weiter, verarbeiten sie, speichern sie und reagieren darauf. Grundprinzipien:
Signaltransduktion ▪ *Codierung und Decodierung*

Basiskonzepte strukturieren das Fachwissen eines Themenbereichs

Das Fachwissen zum Themenbereich Zelle lässt sich beispielsweise folgendermaßen strukturieren:
Struktur und Funktion: Die Vakuolen einer Zelle sind durch Membranen vom Cytoplasma abgegrenzt. Diese Kompartimentierung ermöglicht ihre Speicherfunktion.

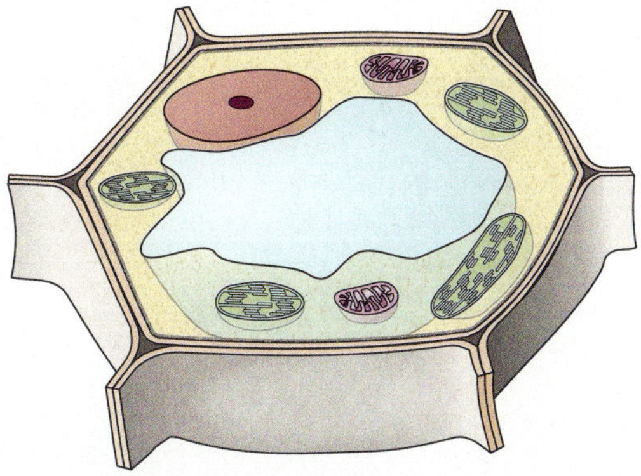

1 Schema einer Pflanzenzelle

Stoff- und Energieumwandlung: Eine Pflanzenzelle wandelt bei der Fotosynthese Kohlenstoffdioxid und Wasser zu Glucose und Sauerstoff um. Eine solche Stoffumwandlung ist immer mit einer Energieumwandlung gekoppelt. So wird bei der Fotosynthese Lichtenergie in chemische Energie umgewandelt.
Information und Kommunikation: Pflanzenzellen kommunizieren über Phytohormone mit anderen Zellen. So können sie auf veränderte Umweltbedingungen, etwa auf einen Schädlingsbefall des Blattes reagieren und Abwehrstoffe bilden.
Steuerung und Regelung: Pflanzenzellen können durch Licht gezielt beeinflusst, gesteuert werden. Dadurch wachsen sie zum Beispiel dem Licht entgegen. Sie können ihren Gehalt an Wasser und gelösten Stoffen in engen Grenzen aufrechthalten. Sie regulieren ihn, indem sie mithilfe von Energie Ionen aufnehmen oder abgeben.
Individuelle und evolutive Entwicklung: Aus undifferenzierten Pflanzenzellen werden im Laufe der individuellen Entwicklung spezialisierte Zellen, etwa Zellen des Leitgewebes. Pflanzenzellen haben sich im Verlauf der Evolution aus Zellen entwickelt, die mit fotosynthetisch aktiven Bakterien in Symbiose lebten.

Basiskonzepte vernetzen Fachwissen auf unterschiedlichen Systemebenen

Das Fachwissen zum Themenbereich Zelle und das biologische Grundprinzip der Oberflächenvergrößerung lassen sich beispielsweise auf Ebene von Zellen, Geweben und Organen miteinander verbinden und in einen größeren Zusammenhang setzen.

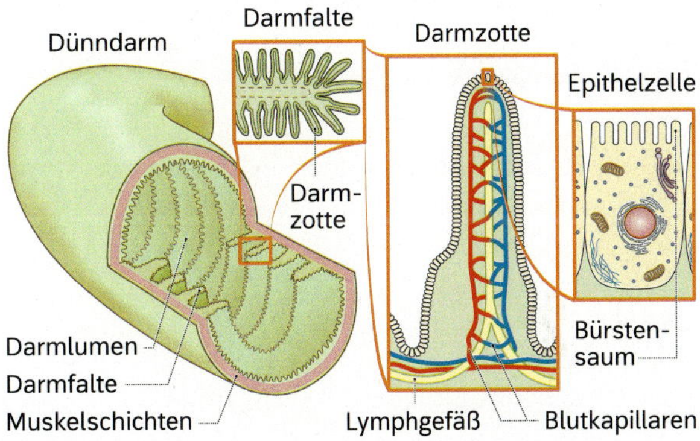

2 Oberflächenvergrößerung der Darmschleimhaut

Basiskonzepte vernetzen Fachwissen aus unterschiedlichen Themenbereiche

Das Basiskonzept Stoff- und Energieumwandlung findet sich beispielsweise in den Themenbereichen Zellbiologie, Stoffwechsel und Ökologie wieder und beschreibt damit Stoffkreisläufe innerhalb von Ökosystemen.

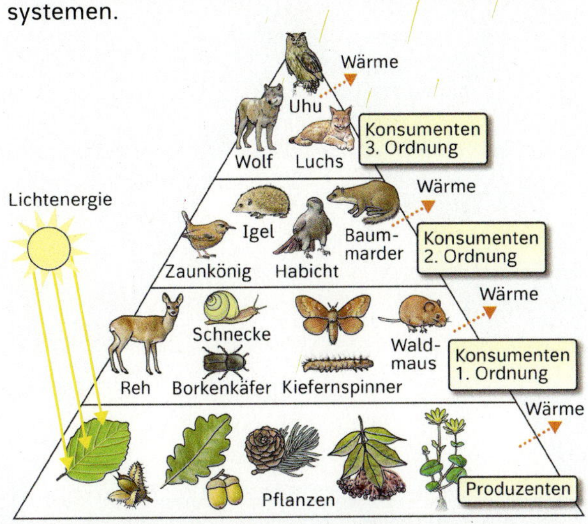

3 Nahrungspyramide im Ökosystem Wald

Aufbau der Zelle

Dieses Kapitel hat folgenden Inhalt:

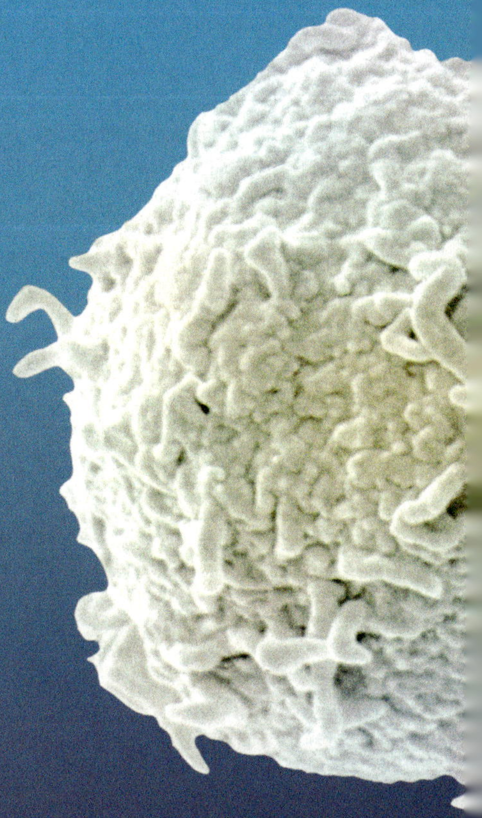

Rote Blutzellen, Erythrozyten, sind für den Sauerstofftransport im Körper zuständig, weiße Blutzellen, Leukozyten, für die AB-wehr von Krankheitserregern.

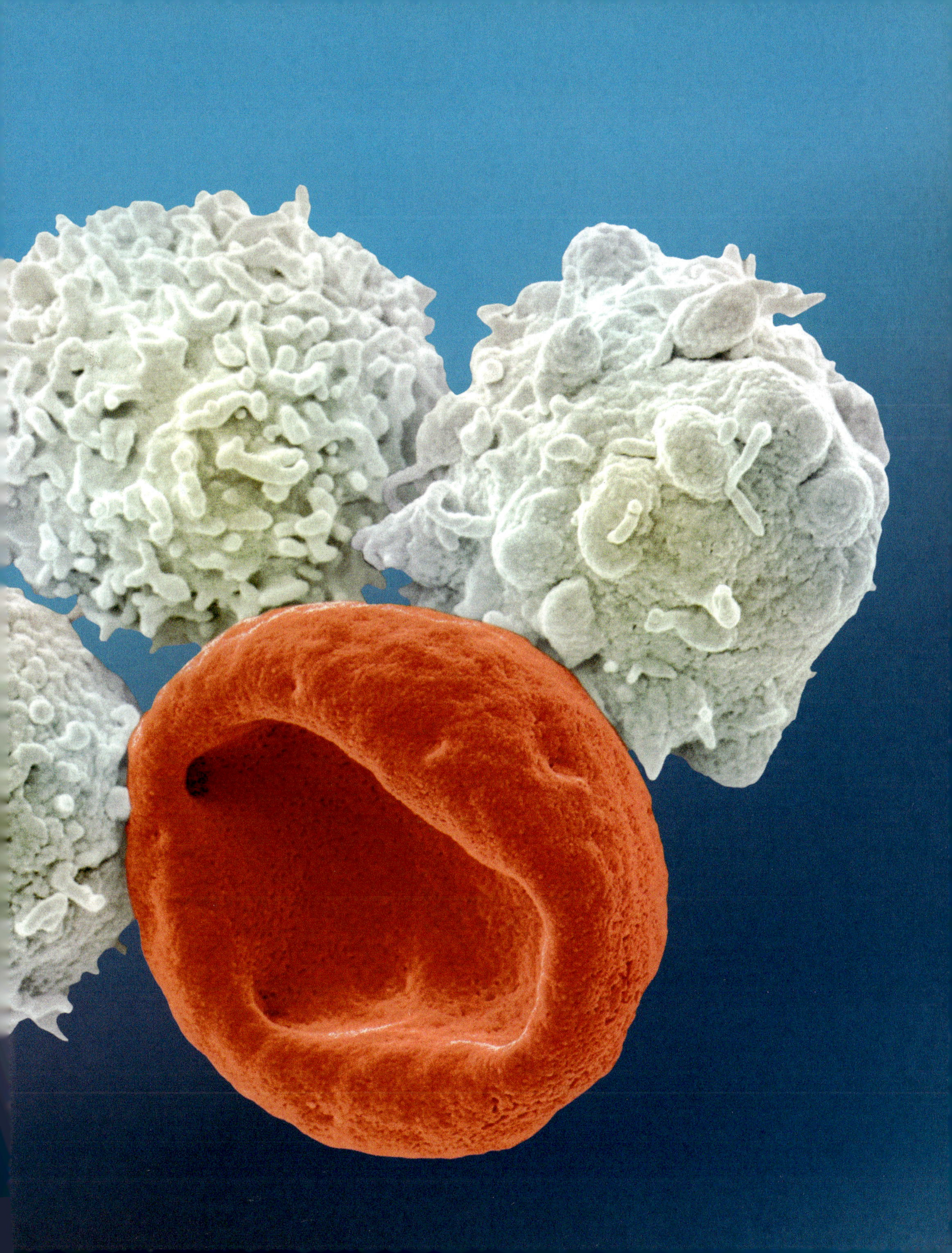

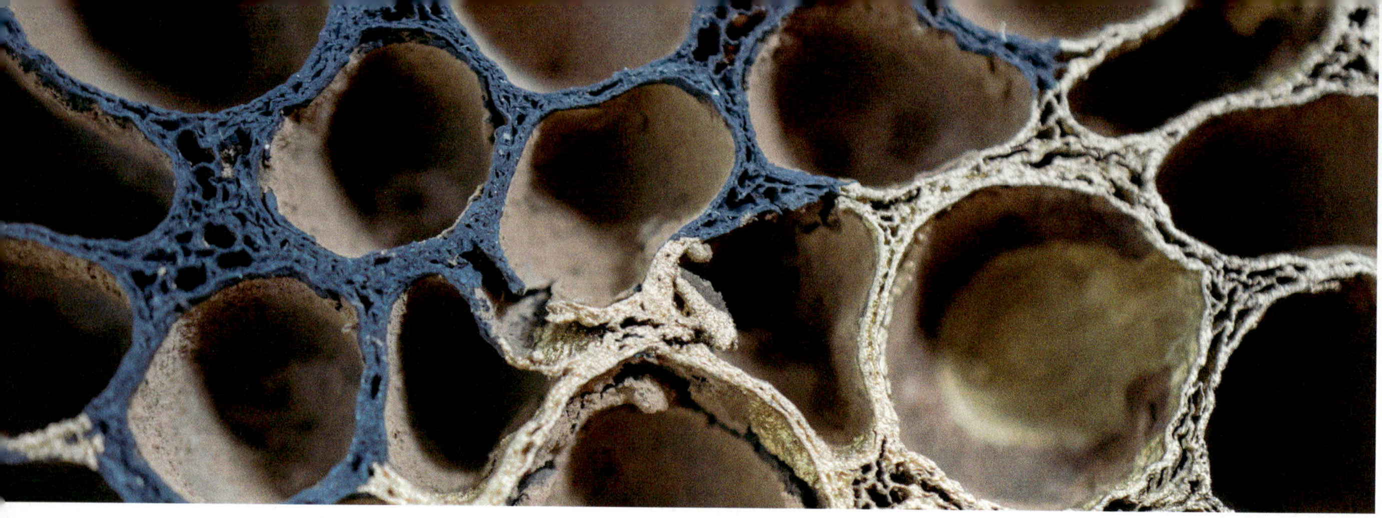

1 Zellwände von Korkzellen (LM-Aufnahme, gefärbt)

1.1 Erkenntnisweg der Cytologie

Betrachtet man Kork mit dem Lichtmikroskop, erkennt man in dem toten Gewebe große luftgefüllte Räume, die Korkzellen. Sie sind von Zellwänden umgeben. Welche weiteren Zellbestandteile enthalten lebende Zellen und wie gelangte man zu den Erkenntnissen zum Zellaufbau?

Anfänge der Zellbiologie – Die Erkenntnisse zum Zellaufbau sind eng mit der Entwicklung der Mikroskopie verknüpft. Erst nachdem niederländische Brillenmacher gegen Ende des 16. Jahrhunderts die ersten einfachen Mikroskope aus mehreren miteinander verbundenen Linsen gebaut hatten, konnte der Feinbau von Lebewesen untersucht werden.

2 links: Zellen aus der Borke von Korkeichen; rechts: Mimosenzweig (Illustration von HOOKE)

Robert HOOKE (1635-1703) untersuchte mit einem von ihm gebauten Mikroskop Pflanzengewebe. Er veröffentlichte 1665 ein erstes Lehrbuch über Mikroskopie mit dem Titel „Micrographia". Darin waren unter anderem eine Zeichnung des mikroskopischen Bildes einer dünnen Korkscheibe dargestellt. Ihre kleinen, wabenartig angeordneten Kammern bezeichnete er als Zellen.

Mit der technischen Weiterentwicklung der Mikroskope wurden immer mehr Zellbestandteile entdeckt und benannt. Dabei erkannte man, dass alle Pflanzen und Tiere sowie ihre Organe aus Zellen bestehen. Diese **Zelltheorie** wurde 1838 von Matthias SCHLEIDEN (1804-1881) für Pflanzen und ein Jahr später von Theodor SCHWANN (1810-1882) für Tiere formuliert. 1850 wurde sie von dem Mediziner Rudolf VIRCHOW (1821-1902) erweitert. Die wesentlichen Aussagen seiner Zelltheorie, die aus seinen Untersuchungen hervorgegangen ist, lauten:

(1) Alle Lebewesen bestehen aus Zellen.
(2) Alle Zellen sind in ihrem Grundbauplan und in ihrem Stoffwechsel im Wesentlichen gleich.
(3) Alle Zellen entstehen aus Zellen durch Zellteilung.
(4) Die Zelle ist die grundlegende Einheit für die Struktur und Funktion der Organismen.

Wenige Jahre später erkannte Max Johann Sigismund SCHULTZE (1825-1874), dass Plasma und Zellkern notwendige Bestandteile einer lebenden Zelle sind. Seine Zelldefinition lautete: „Eine Zelle ist ein Klümpchen Plasma, in dessen Inneren ein Kern liegt.“ Er gründet damit einen neuen, eigenständigen Teilbereich der Biologie, die **Cytologie**. In den darauf folgenden Jahren untersuchte man insbesondere die chemische Zusammensetzung des Plasmas und Zellkerns. 1871 konnte Johann Friedrich MIESCHER (1844-1895) aus den Zellkernen von Leukozyten Nukleinsäuren isolieren.

Durch die Einführung von Fixierungs- und Färbemethoden wurden weitere Zellbestandteile entdeckt und untersucht. So erkannte man zum Beispiel Zellmembranen und Vakuolen.

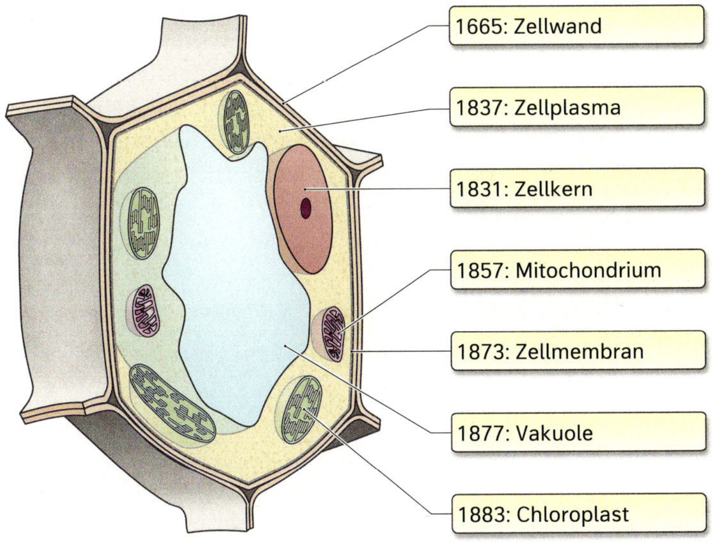

3 Meilensteine der Cytologie

MATERIAL MIT AUFGABEN

A Vergleich von Zellen im Lichtmikroskop

Wasserpest

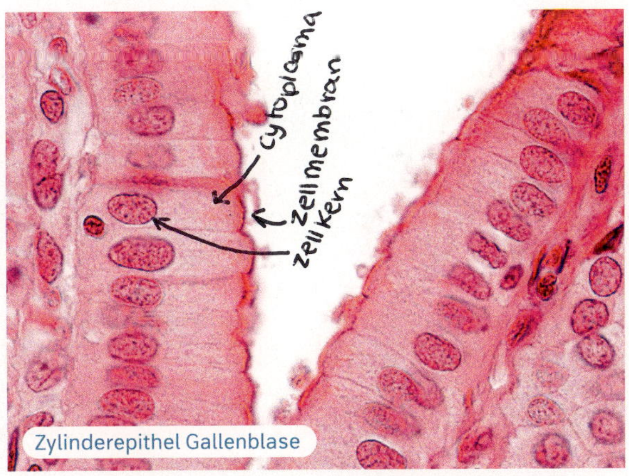

Zylinderepithel Gallenblase

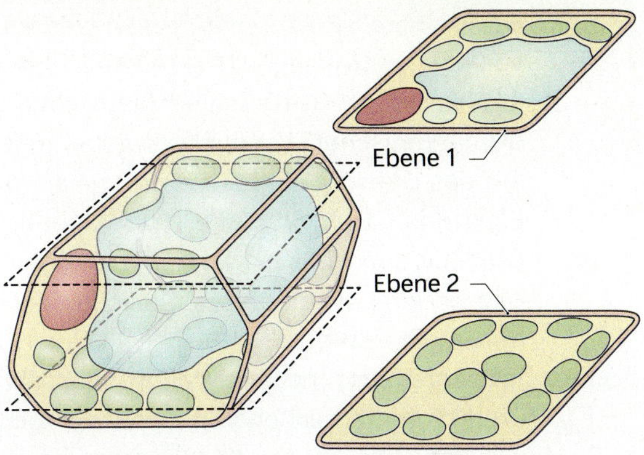

1 Zeichnen Sie eine Zelle aus dem Präparat Wasserpest und beschriften Sie die erkennbaren Strukturen. ●○○

2 Erklären Sie mithilfe des dargestellten Modells einer Pflanzenzelle, wie man aus zweidimensionalen lichtmikroskopischen Bildern dreidimensionale Schemata von Zellen entwickelt. ●●○

3 Zeichnen Sie eine Zelle aus dem Präparat Zylinderepithel der Gallenblase und beschriften Sie die erkennbaren Strukturen. ●○○

Einheit Mikrometer
kurz: µm
1 µm = 0,001 mm

Einheit Nanometer
kurz: nm
1 nm = 0,001 µm

Auflösung und Vergrößerung – Unser Auge hat ein **Auflösungsvermögen** von etwa 100 Mikrometer. Das heißt, dass ein Betrachter zwei nebeneinander liegende Punkte nur getrennt wahrnehmen kann, wenn ihr Abstand voneinander mindestens 100 Mikrometer beträgt. Da die meisten Zellen kleiner als 100 Mikrometer sind, kann man sie ohne Hilfsmittel nicht sehen. Begrenzt wird das Auflösungsvermögen vor allem durch den **Sehwinkel**. Das ist der Winkel, unter dem das Auge ein Objekt vollständig wahrnimmt. Je größer er ist, desto größer nimmt man das Objekt wahr. Eine Lupe vergrößert den Sehwinkel, deshalb erscheint das Objekt größer, als es in Wirklichkeit ist. Das Auge nimmt ein scheinbares, virtuelles Bild wahr, das hinter dem Objekt liegt.

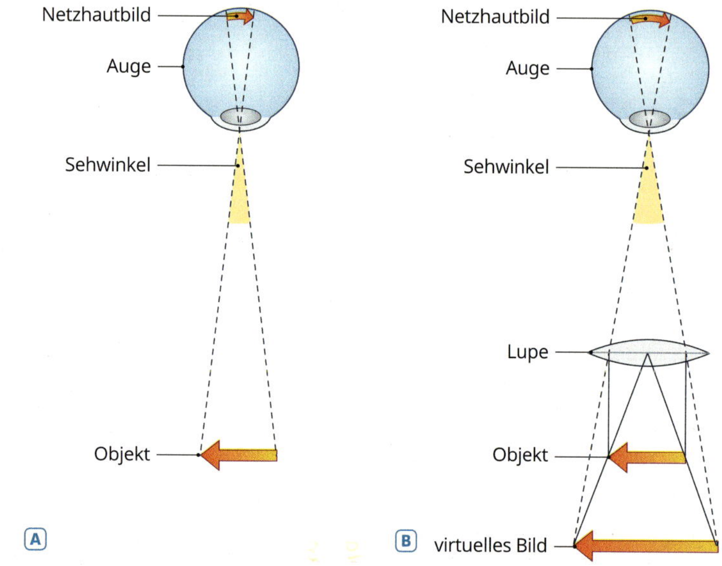

4 Strahlengang: **A** Auge; **B** Auge mit Lupe

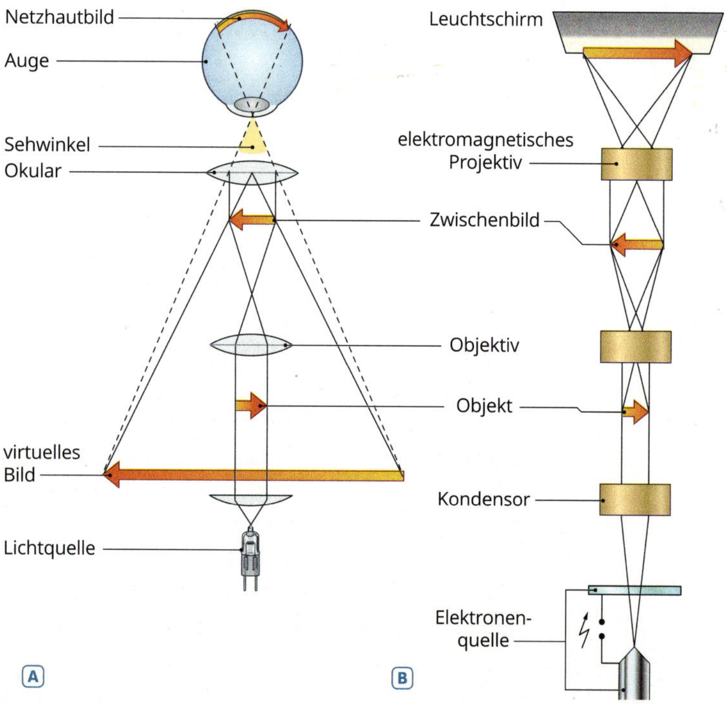

5 Strahlengang: **A** Lichtmikroskop; **B** Elektronenmikroskop

Lichtmikroskop – Bei einem Lichtmikroskop, kurz LM, wird die Vergrößerung durch eine Kombination von zwei Linsen, dem **Objektiv** und dem **Okular** bewirkt. Das Objektiv erzeugt zunächst ein vergrößertes virtuelles Bild zwischen Objektiv und Okular. Von diesem Zwischenbild erzeugt das Okular ein nochmals vergrößertes virtuelles Bild. Die **Gesamtvergrößerung** ergibt sich aus dem Produkt von Objektiv- und Okularvergrößerung. Entscheidend für die Leistungsfähigkeit eines Mikroskops ist aber sein Auflösungsvermögen. Dieses hängt vor allem von der Wellenlänge des Lichtes ab. Die Auflösung entspricht der Hälfte der Wellenlänge des verwendeten Lichtes. Bei blauem Licht mit einer Wellenlänge von 400 Nanometer beträgt das Auflösungsvermögen des Lichtmikroskops circa 200 Nanometer.

Elektronenmikroskop – Die Entwicklung des Elektronenmikroskops, kurz EM, führte zu einer Vielzahl neuer Erkenntnisse in der Cytologie. Unter anderem wurden der Aufbau des Cytoskeletts und der Biomembranen geklärt. Im EM werden die Objekte mit Elektronen bestrahlt. Da sie deutlich kürzere Wellenlängen besitzen als Licht, können auch wesentlich kleinere Strukturen aufgelöst werden. Der von der Elektronenquelle erzeugte Elektronenstrahl wird im Hochvakuum mithilfe eines elektromagnetischen Kondensors gebündelt und auf das Objekt gelenkt. Von dort gelangen die Elektronenstrahlen zum elektromagnetischen Objektiv, durch das ein vergrößertes Zwischenbild erzeugt wird. Dieses Zwischenbild wird durch ein elektromagnetisches Okular, **Projektiv** genannt, nachvergrößert. Objektiv und Projektiv entsprechen den Linsen im Lichtmikroskop. Sie lenken die Elektronen auf den Leuchtschirm, wo das sichtbare Bild entsteht.

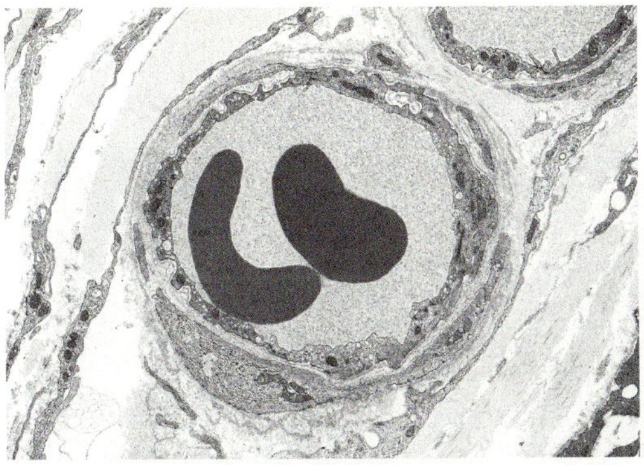

6 Blutgefäß mit Erythrocyten (TEM-Bild)

↳ Rote Blut Körperchen

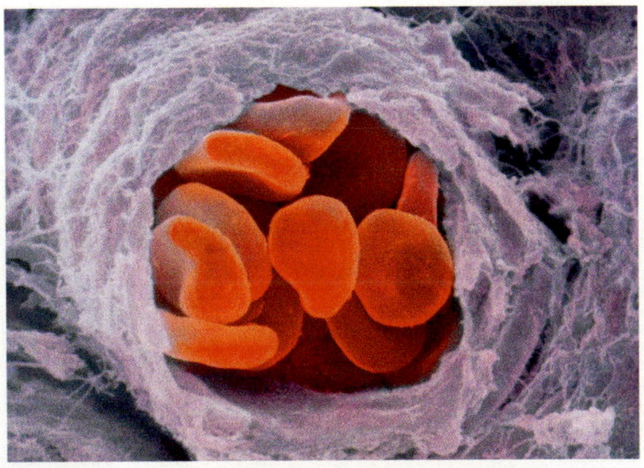

7 Blutgefäß mit Erythrocyten (REM-Bild, coloriert)

Transmissionselektronenmikroskop – Bei der Transmissionselektronenmikroskopie, kurz TEM, durchdringt der Elektronenstrahl das Präparat. Je weniger Elektronen eine Struktur durchdringen können, desto dunkler erscheint sie. Man erhält so ein Bild in unterschiedlichen Grautönen. Oft werden dem Bild in der Nachbearbeitung noch Farben zugeordnet. Heutige Hochleistungs-TEM können Objekte bis zu 300 000-fach vergrößern. Ihre Auflösungsgrenze liegt bei 0,05 Nanometer.

Rasterelektronenmikroskopie – Bei der Rasterelektronenmikroskopie, kurz REM, wird ein dünner Elektronenstrahl über das Objekt geführt. Dabei werden Elektronen zurückgestreut. Diese werden registriert und auf einem Monitor abgebildet. Durch ein zeilenweises Abtasten, das Rastern, entsteht ein räumliches Bild der Objektoberfläche. Mithilfe der REM können Objekte bis zu 150 000-fach vergrößert und Strukturen im Bereich von 1 Nanometer aufgelöst werden.

MATERIAL MIT AUFGABEN

B Größe zellulärer Strukturen

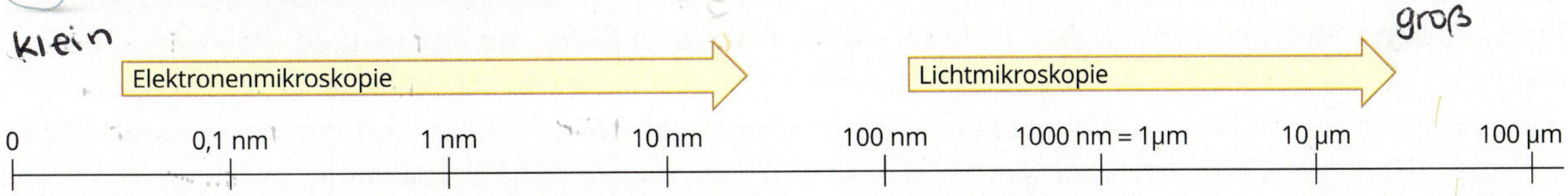

Strukturen		Durchmesser
Wasserstoff-Atom	10	0,1 nm
Protein	9	0,5 nm
Virus	8	0,01–0,1 µm
Bakterienzelle	7	0,1–1 µm
eukaryotische Zelle	2	10–50 µm
Spermienzelle	3	30 µm (Länge)
Eizelle (Mensch)	1	0,15 mm
Zellkern	5	8 µm
Chloroplast	6	4 bis 8 µm
Mitochondrium	4	1–10 µm

1 Übertragen Sie die Skala im Querformat auf eine DIN-A4-Seite und markieren Sie auf ihr die Größe der Strukturen aus der Tabelle. ●●○

2 Ein menschliches Haar hat im Durchschnitt eine Dicke von 0,06 mm. Der Durchmesser einer normal großen Pflanzenzelle beträgt etwa 25 µm, der ihres Zellkerns etwa 8 µm, ihrer Chloroplasten etwa 4 µm und ihrer Mitochondrien etwa 1 µm. Stellen Sie den Durchmesser der Strukturen als Kreise auf Millimeterpapier in den richtigen Größenverhältnissen dar. ●●○

3 Stellen Sie in gleicher Weise die Größenverhältnisse einer eukaryotischen Zelle, einer Bakterienzelle und eines Virus auf Millimeterpapier dar. ●●○

Fluoreszenzmikroskopie

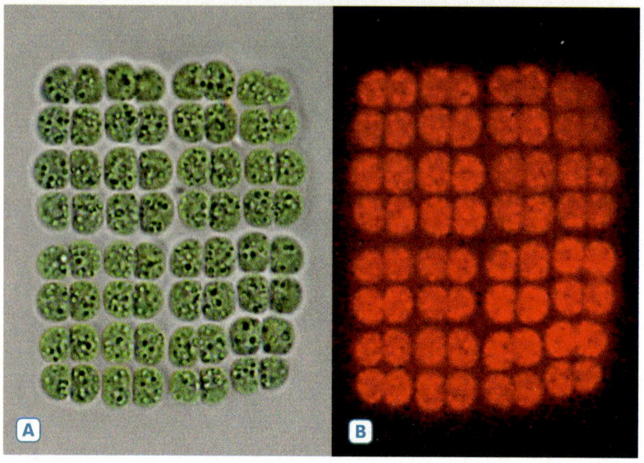

1 Algen: **A** im Hellfeldmikroskop; **B** im Fluoreszenzmikroskop

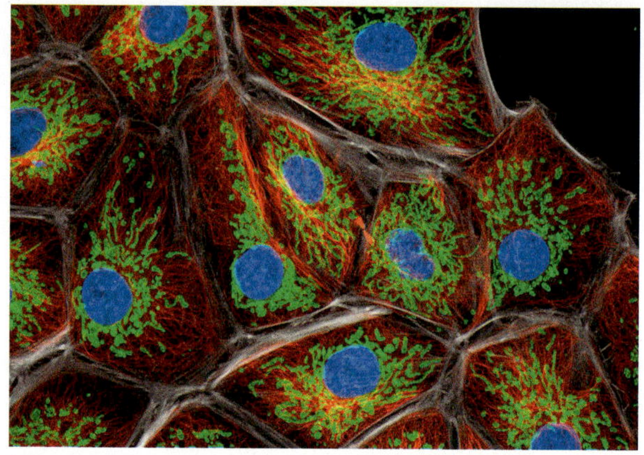

2 Zellen mit unterschiedlich markierten Zellbestandteilen im Fluoreszenzmikroskop

Bestrahlt man bestimmte Farbstoffe mit Licht einer bestimmten Wellenlänge, so leuchten diese auf. Dieses Verhalten wird als **Fluoreszenz** bezeichnet. Das Licht, das von den fluoreszierenden Farbstoffmolekülen abgegeben wird, ist energieärmer als das eingestrahlte Licht. Es hat eine andere Wellenlänge und somit auch eine andere Lichtfarbe. Zum Beispiel zeigt der grüne Blattfarbstoff Chlorophyll im Fluoreszenzmikroskop eine intensive rötliche Fluoreszenz.

Fluoreszenz sichtbar machen – Untersucht man Algen oder Blattzellen im Hellfeld eines Lichtmikroskops, ist die Fluoreszenz des Chlorophylls nicht zu erkennen. Das vom Chlorophyll ausgestrahlte Fluoreszenzlicht ist zu schwach und wird von dem wesentlich intensiveren Licht des Mikroskops überstrahlt. Mithilfe bestimmter Filter lassen sich jedoch das helle Licht des Mikroskops und das schwache Fluoreszenzlicht im Strahlengang des Mikroskops voneinander trennen, sodass die Fluoreszenz der Chloroplasten sichtbar wird.

Fluoreszenzmikroskopie – Bei der Fluoreszenzmikroskopie werden Objekte, die nicht selbst fluoreszieren, künstlich mithilfe von Fluoreszenzfarbstoffen markiert. Bei Bestrahlung mit einem speziellen Anregungslicht leuchten diese dann farbig auf. Die Fluoreszenzmikroskopie wird oft angewendet, um Strukturen einer Zelle, die im Hellfeld eines Lichtmikrokops nicht erkennbar sind, zu markieren und dadurch sichtbar zu machen. Es können auch unterschiedliche Zellbestandteile mit spezifischen Fluoreszenzfarbstoffen markiert werden, sodass sie in unterschiedlichen Farben leuchten und eindeutig identifiziert werden können.

Nanoskopie – Bilder mit einem Auflösungsvermögen von unter 200 Nanometern lassen sich mithilfe von **STED-Mikroskopen** erzeugen. Diese höchstauflösenden Fluoreszenzmikroskope ermöglichen nicht nur die Darstellung von Nanostrukturen, sondern auch die Untersuchung von schnell ablaufenden Vorgängen in lebenden Zellen. Damit eröffnet sich ein ganz neues Forschungsfeld: die **Nanoskopie**.

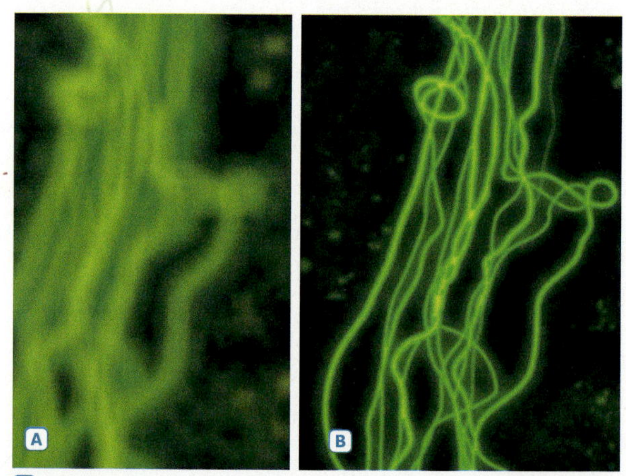

3 Proteinfäden in einer Säugertierzelle: **A** herkömmliche Mikroskopie; **B** STED-Mikroskopie

C Mikroskopische Bilder der Epidermis von Blättern in der Aufsicht

nimmt CO_2 auf, gibt H_2O ab

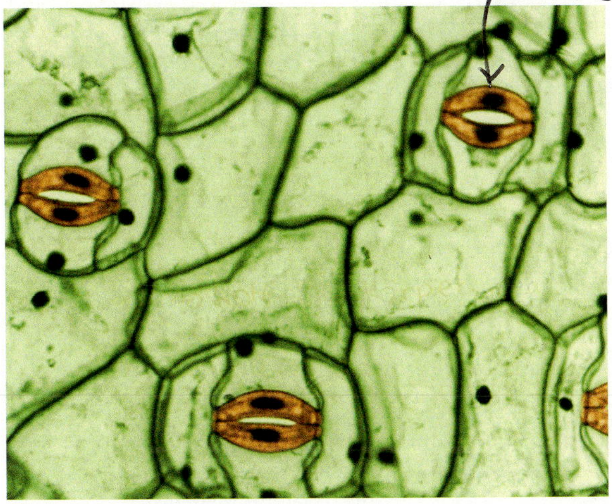

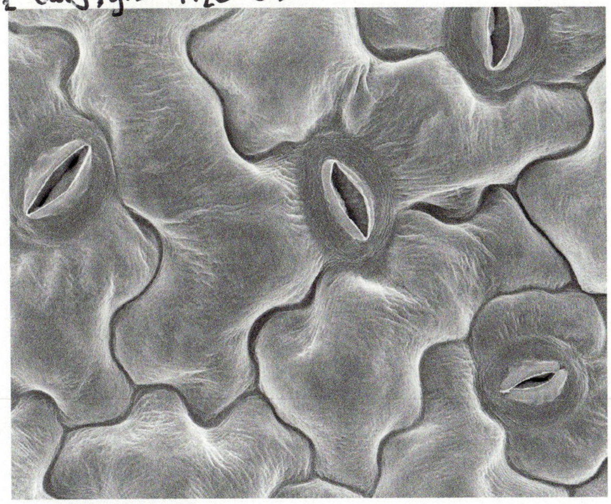

1 Geben Sie an, mit welchem mikroskopischen Verfahren die Bilder jeweils gemacht wurden und begründen Sie Ihre Antwort. ●○○

2 Vergleichen Sie die beiden Verfahren hinsichtlich Strahlenart, Bildentstehung, maximaler Vergrößerung, Auflösungsvermögen und Farbigkeit. ●●○

3 Erklären Sie, warum elektronenmikroskopische Aufnahmen stets in Schwarz-Weiß sind. ●○○

4 Erklären Sie, warum im Elektronenmikroskop keine lebenden Zellen untersucht werden können. ●○○

D Blattquerschnitt im Mikroskop

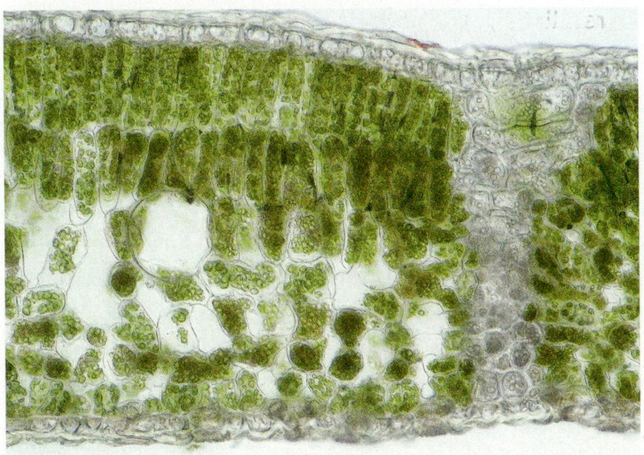

1 Skizzieren Sie mithilfe des Fotos einen Blattquerschnitt. ●○○

2 Erklären Sie anhand Ihrer Skizze die Begriffe Gewebe und Organ. ●○○

3 Erklären Sie am Beispiel eines Blattes die Hierarchie biologischer Systeme. ●●○

E Nervenzellen im Mikroskop

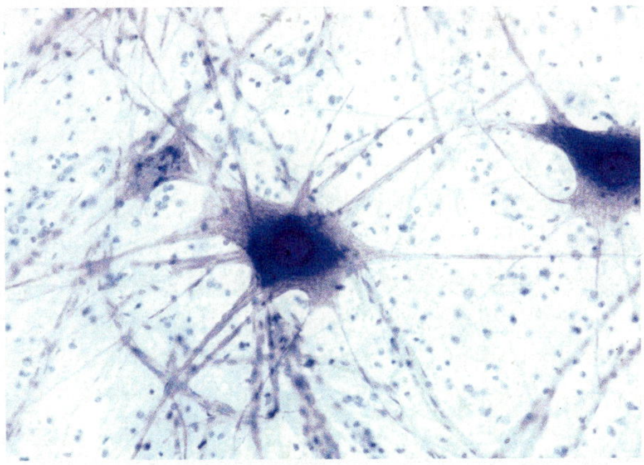

1 Beschreiben Sie den Bau einer Nervenzelle anhand der mikroskopischen Aufnahme. ●○○

2 Erklären Sie am Beispiel von Nervenzellen den Zusammenhang zwischen Struktur und Funktion. ●●○

3 Erklären Sie am Beispiel des Nervensystems den Begriff biologisches System und das Systemmerkmal der Emergenz. ●●○

Mikroskopieren

Okular
Beim Mikroskopieren schaut man durch das Okular. Es enthält eine Linse. Auf dem Okular ist die Vergrößerung der Linse angegeben.

Tubus
Der Tubus ist eine Röhre, in deren oberem Ende das Okular steckt und an deren unterem Ende sich der Objektivrevolver befindet.

Stativ
Am Stativ sind alle Bauteile des Mikroskops befestigt.

Triebräder
Mit dem Grobtrieb lässt sich der Abstand zwischen Objekt und Objektiv regulieren. Mit dem Feintrieb kann man anschließend verschiedene Bildebenen des Objekts einstellen.

Beleuchtung
Mithilfe einer Lampe wird das Objekt von unten durchleuchtet.

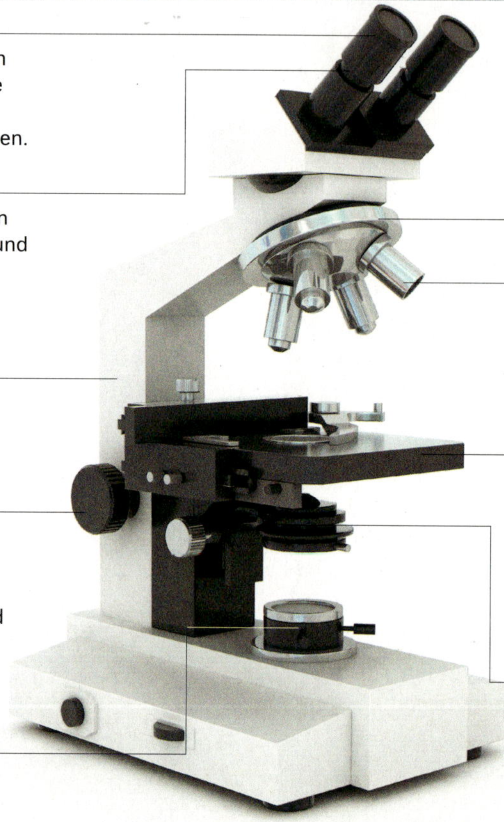

Objektivrevolver
Der Objektivrevolver enthält mehrere verschiedene Objektive. Durch Drehen können die einzelnen Objektive in den Lichtstrahl des Mikroskops gebracht werden.

Objektiv
Ein Objektiv enthält eine Linse, deren Vergrößerung auf der Fassung angegeben ist. Man berechnet die Gesamtvergrößerung, indem man die Vergrößerung des Objektivs mit der Vergrößerung des Okulars multipliziert.

Objekttisch
Auf dem Objekttisch befestigt man den Objektträger mit dem Objekt.

Kondensor mit Blende
Der Kondensor bündelt das Licht der Lampe und leitet es auf das Objekt. Mithilfe der Blende kann man den Lichtdurchlass regulieren.

Das Mikroskopieren ist eine grundlegende biologische Arbeitstechnik. Sie ermöglicht es, Objekte, die mit bloßem Auge nicht zu erkennen sind, zu betrachten.

Regeln für den Gebrauch eines Mikroskops

1. Schalten Sie die Beleuchtung ein.
2. Klemmen Sie den Objektträger so auf dem Objekttisch fest, dass das Objekt genau über dem Loch im Objekttisch mitten im Lichtstrahl liegt.
3. Stellen Sie am Objektrevolver das Objektiv mit der kleinsten Vergrößerung ein. Achten Sie darauf, dass es einrastet.
4. Blicken Sie von der Seite auf den Objekttisch. Drehen Sie erst dann langsam am Grobtrieb, sodass sich das Objektiv dem Präparat so weit wie möglich nähert. Dabei darf es nicht zu einem Aufsetzen der Objektivlinse auf den Objektträger kommen. Blicken Sie dann durch das Okular und drehen Sie den Grobtrieb in die entgegengesetzte Richtung, bis sie das Objekt erkennen.
5. Achten Sie darauf, dass sich der Kondensor fast unmittelbar unter dem Objekttisch befindet.
6. Stellen Sie dann mit dem Feintrieb das Bild scharf.
7. Regulieren Sie mit der Blende den Lichtdurchlass, sodass das Bild gut ausgeleuchtet ist.
8. Bevor Sie ein größeres Objektiv einstellen, um einen Teil des Objekts genauer zu betrachten, müssen Sie den Objektträger so verschieben, dass dieser Objektteil genau in der Mitte des mikroskopischen Bildes liegt. Betrachten Sie den Objekttisch dabei wieder von der Seite, während Sie mit dem Grobtrieb den Objekttisch nach unten fahren. Stellen Sie erst dann das Objektiv mit der nächst höheren Vergrößerung ein und wiederholen Sie die Schritte 4 bis 7.
9. Entfernen Sie nach dem Mikroskopieren den Objektträger und schalten Sie die Beleuchtung aus.

METHODE

Anfertigung von Präparaten

Beim Mikrokopieren von Frischpräparaten werden verschiedene Techniken angewendet, sodass die Strukturen im mikroskopischen Bild gut sichtbar werden. Die Präparate werden auf einem Objektträger in einen Wassertropfen gelegt und mit einem Deckglas abgedeckt. Ein **Totalpräparat** wie etwa ein Moosblättchen besteht aus dem ganzen Objekt, das vollständig in Aufsicht im Mikroskop betrachtet werden kann.

Von weichen Objekten, etwa von Wurzelspitzen oder Fruchtfleisch, können **Quetschpräparate** angefertigt werden. Das Objekt wird auf einen Objektträger gelegt und mit einem Deckgläschen bedeckt. Zunächst lockert man den Zellverband, indem man mit dem Ende eines Stiftes leicht auf das Deckgläschen klopft. Dann wird es mit einem Tuch abgedeckt und kräftiger mit dem Daumen auf das Deckglas gedrückt. Nach dem Entfernen des Deckglases kann etwas von dem gequetschten Material auf einen neuen Objektträger gebracht und mikroskopiert werden.

Bei einem **Abzugspräparat** wird die Oberfläche etwa eines Laublattes mithilfe einer Rasierklinge in kleine Rechtecke eingeritzt. Mit einer Pinzette können dann einzelne Rechtecke abgezogen werden. Zum Schneiden nutzt man scharfe Rasierklingen mit Haltegriff oder solche, die einseitig mit Gewebeband abgeklebt sind.

Ein **Flächenschnitt** wird eingesetzt, um zum Beispiel die Oberfläche einer Blattunterseite zu betrachten. Dazu legt man das Blatt mit der Unterseite nach oben straff über den Zeigefinger und hält es mit Daumen und Mittelfinger fest. Dann führt man die Rasierklinge vorsichtig parallel zur Oberfläche des Blattes. In einem Schnitt mit der Dicke von einem Millimeter liegen etwa 20 pflanzliche Zellen übereinander. Deshalb sollten die angeschnittenen Blattflächen möglichst dünn sein.

Bei einem **Querschnitt** durch Laubblätter, Stängel oder Wurzeln kann es hilfreich sein, das weiche Objekt zum Schneiden in den Spalt einer Möhre oder eines Styropor-Blöckchens einzuklemmen. Dann wird die Rasierklinge mit wenig Druck und gleichzeitig ziehend geschnitten. Feste Objekte wie eine Kiefernnadel können direkt auf der Arbeitsfläche geschnitten werden. Zunächst erzeugt man eine gerade Schnittkante und anschließend mehrere, möglichst dünne Querschnitte durch eine senkrechte Schnittführung.

Durch **Färbungen** können abhängig vom Farbstoff gezielt Strukturen im mikroskopischen Bild besser sichtbar gemacht werden. Nach der Anfertigung des Präparates wird ein Tropfen der Färbelösung seitlich an das Deckglas gesetzt. Mithilfe eines Fließpapiers, das an der gegenüberliegenden Seite des Deckglases anliegt, wird die Färbelösung unter das Deckglas gesaugt.

1 Abzugspräparat

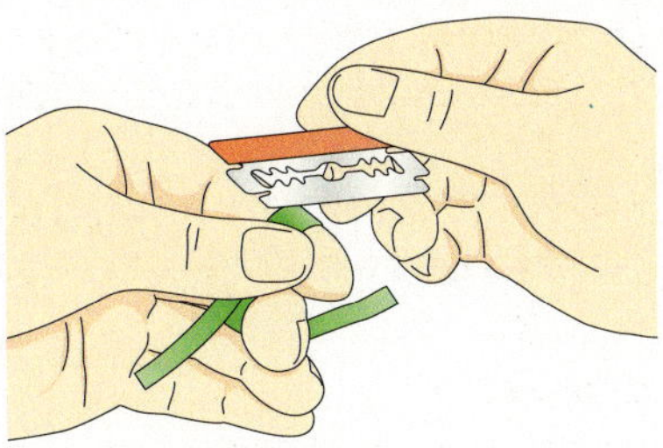

2 Flächenschnitt

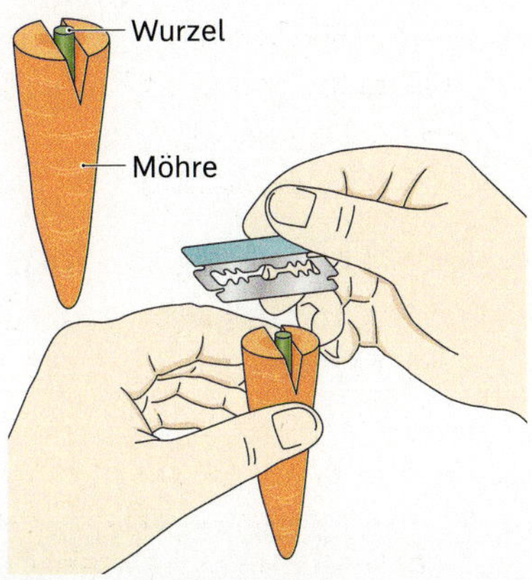

3 Querschnitt

Erstellen einer mikroskopischen Zeichnung

Zur Dokumentation mikroskopischer Bilder fertig man während des Mikroskopierens Skizzen und Zeichnungen an. Dabei dürfen nur Strukturen dargestellt werden, die tatsächlich im Mikroskop gesehen werden. Strukturen, die zufällig bei der Präparation entstanden sind wie etwa Luftblasen, können ignoriert werden.

Skizze – Bei einer **Skizze** werden die beobachteten Strukturen grafisch übersichtlich auf das Wesentliche reduziert dargestellt. Gewebe werden dabei oft nur als Flächen umrissen. Die Anzahl der verschiedenen Gewebe und ihre Proportionen zueinander müssen jedoch berücksichtigt werden. Skizziert man etwa das Brennhaar einer Brennnessel, umreißt man seine Form und verdeutlicht die Lage des Gewebes im unteren, verdickten Bereich. Weiter wird dargestellt, wie das Brennhaar über einen Sockel am Stiel ansetzt. Zellen werden bei einer Skizze nur im Umriss, aber im richtigen Größenverhältnis von Zellbreite zu Zelllänge berücksichtigt.

Zeichnung – In einer **Zeichnung** müssen die Objekte exakt dargestellt werden, das heißt, die Strukturen müssen detailliert gezeichnet werden. Dazu wird ein sinnvoller Bereich des mikroskopischen Bildes ausgewählt. Für die Zeichnung kann es hilfreich sein, zunächst einen Umriss und die Unterteilungen des Objekts mit feinen Linien vorzuzeichnen. So erfasst man die Proportionen richtig und kann Einzelheiten besser darstellen. Bei einer Zeichnung des Köpfchens des Brennhaares sind beispielsweise die Relationen von Köpfchendicke zur Dicke des Haarschaftes direkt unterhalb des Köpfchens sowie im weiteren unteren Verlauf wichtig. Die jeweilige Dicke der Zellwand des Brennhaares wird mit zwei Linien dargestellt. Dabei gibt die innere Linie gleichzeitig die Lage der Zellmembran an. Gegebenenfalls werden weitere Strukturen wie etwa die Vakuole eingezeichnet.

Die **Beschriftung** von Skizze und Zeichnung ist ein wesentlicher Bestandteil der Dokumentation und benennt die erkennbaren Strukturen. Auf dem Zeichenblatt werden außerdem das Thema, der Name des untersuchten Objekts, die Art der Präparation und die Vergrößerung notiert. Wurde das Brennhaar mit einer Rasierklinge von der Blattoberfläche einer Brennnessel präpariert, so handelt es sich um einen Flächenschnitt. Weiter werden der eigene Name und das Datum angegeben.

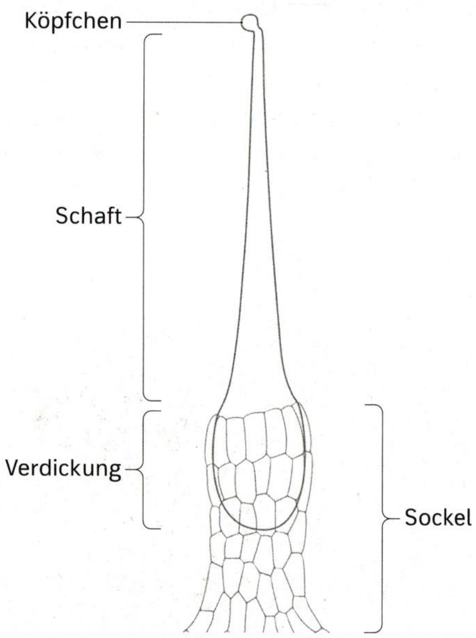

1 Brennhaar der Brennnessel (Skizze)

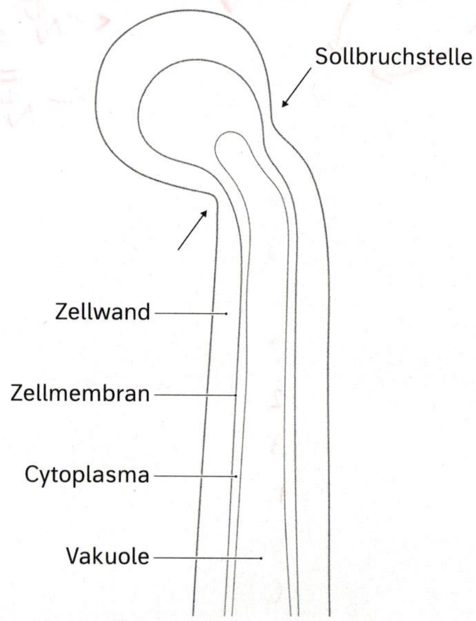

2 Spitze des Brennhaares (Zeichnung)

F Erkenntnisgewinn durch Versuche: Zellen der roten Zwiebel

Versuchsfrage
Wo befindet sich in Zwiebelzellen der Roten Braunschweiger der Farbstoff?

Hypothesen
- im Cytoplasma
- in der Zellwand
- in Plastiden
- in der Vakuole

Versuchsdurchführung
In die untere Epidermis einer Zwiebelschuppe der Roten Braunschweiger wurden mit einer Rasierklinge kleine Rechtecke geschnitten. Eines der Rechtecke wurde bei 100-facher Vergrößerung mikroskopiert.

Versuchsbeobachtung

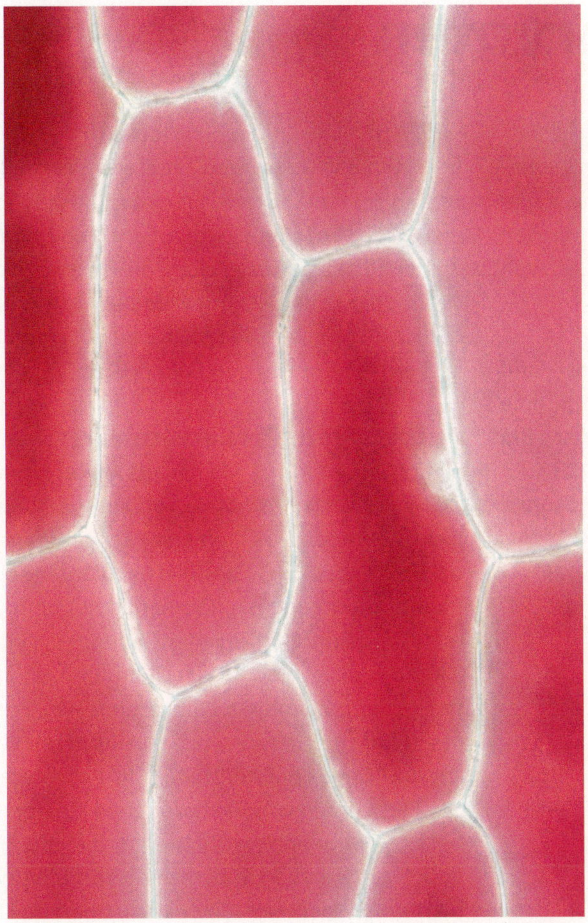

1 Zeichnen Sie auf der Grundlage der Abbildung eine Zwiebelzelle im Zellverband und beschriften Sie die erkennbaren Strukturen. ●●○

2 Deuten Sie die Beobachtungen und beantworten Sie die Versuchsfrage. ●○○

3 Mikroskopieren Sie im Vergleich zu den Epidermiszellen der Roten Braunschweiger die Epidermiszellen einer nicht farbigen Küchenzwiebel bei hoher und mittlerer Vergrößerung. Achten Sie auf die Lage der Zellkerne. Prüfen Sie, ob diese kugelig oder linsenförmig sind. ●●●
Zeichnen Sie fünf Zellen im Zellverband bei einer 100-fachen Vergrößerung. Beachten Sie, dass jede Zelle so viele „Ecken" hat, wie sie Nachbarzellen hat. ●●○

4 Untersuchen Sie mikroskopisch in Quetschpräparaten, wo sich der Farbstoff in den Zellen von grünen und roten Paprikaschoten sowie von Tomaten und Möhren befindet.
Formulieren Sie zunächst Ihre Hypothesen zur Versuchsfrage. Gehen Sie in Ihrer Lerngruppe arbeitsteilig vor.
Präsentieren Sie Ihre Ergebnisse in geeigneter Form. ●●○

5 Fertigen Sie von einer ungekochten blauen Kartoffel einen dünnen Schnitt an. Legen Sie das Präparat in destilliertes Wasser. Untersuchen Sie, wo sich der blaue Farbstoff in den Zellen der Kartoffel befindet. Formulieren Sie zunächst Ihre Hypothesen zu der Versuchsfrage. Fotografieren Sie das mikroskopische Bild mit der Handykamera und beschriften Sie die erkennbaren Strukturen. ●●○

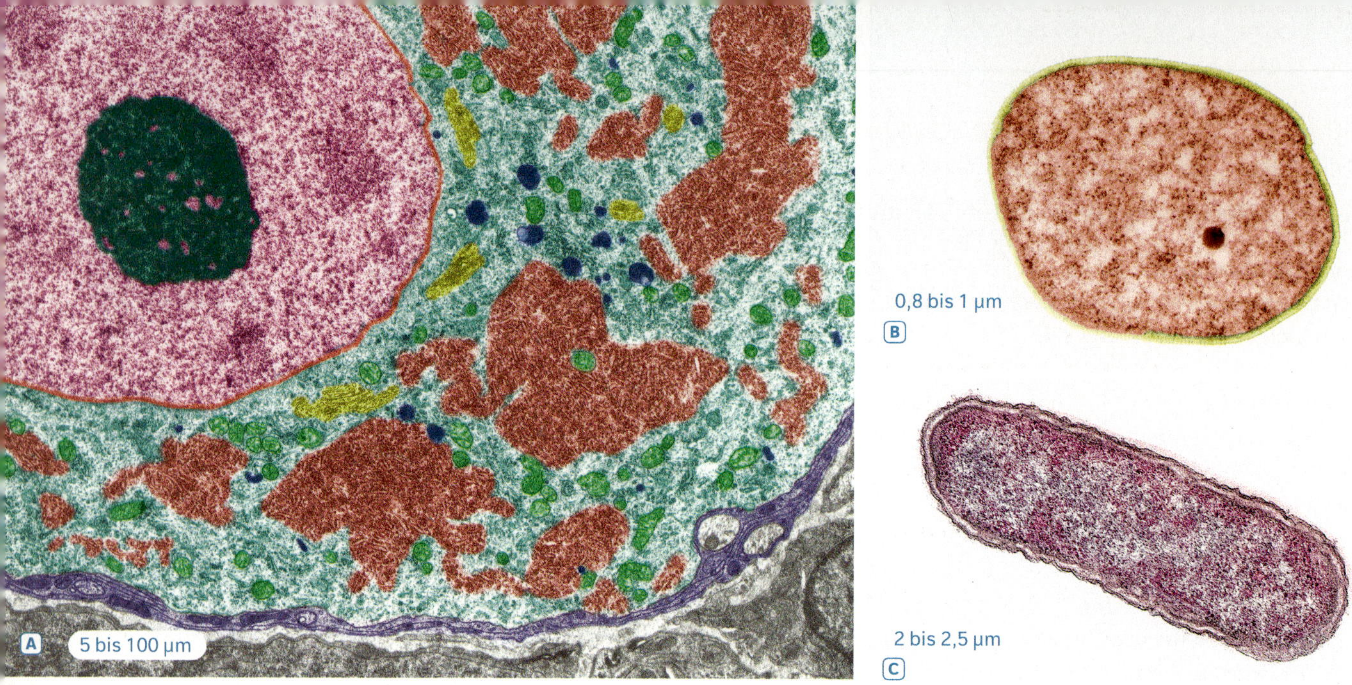

1 Zellen: **A** tierischen Nervenzelle (Ausschnitt), **B** Archaeon *Sulfolobus acidocaldarius*, **C** *E. coli*-Bakterium (TEM, coloriert)

1.2 Vergleich von Pro- und Eukaryoten

Vergleicht man Bakterien oder Archaeen mit tierischen Zellen, so fällt auf, dass Bakterien und Archaeen keinen Zellkern besitzen. In welchen weiteren Merkmalen unterscheiden sie sich von tierischen und pflanzlichen Zellen?

Pro- und Eukaryoten – Bei Tier- und Pflanzenzellen ist das Erbmaterial durch eine Kernhülle vom Cytoplasma abgegrenzt. Bei Bakterien und Archaeen dagegen liegt es frei, meist in Form eines ringförmigen Chromosoms, im Cytoplasma vor. Eine Zelle, die wie ein Bakterium keinen Zellkern mit einer Kernhülle besitzt, wird **Protocyte** genannt und gehört daher zu den **Prokaryoten.** Zellen, die einen Zellkern besitzen, werden als **Eucyten** bezeichnet. Alle mehrzelligen Lebewesen, die aus Eucyten bestehen, gehören zu den **Eukaryoten.**

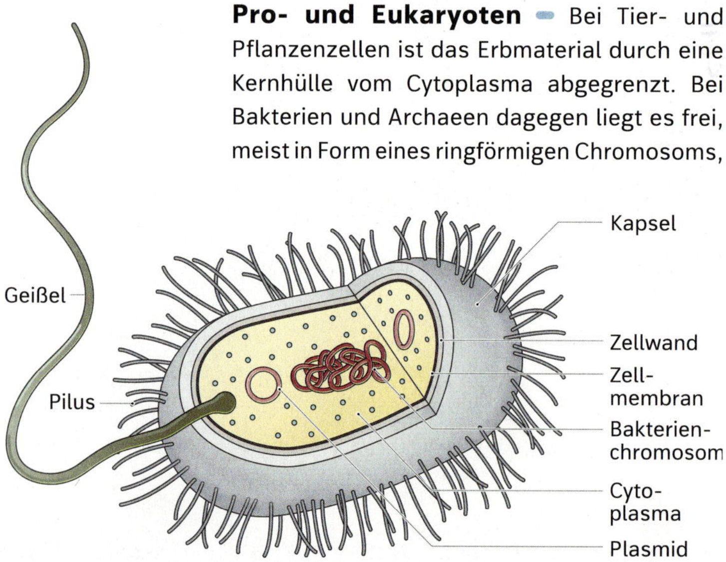

2 Aufbau eines Bakteriums (Schema)

Aufbau von Prokaryoten – Bakterien sind etwa zehnmal kleiner als eukaryotische Zellen. Wie diese sind sie von einer Zellmembran umgeben. Während bei Eukaryoten die unterschiedlichen Stoffwechselvorgänge in membranumgebenen Räumen, den Kompartimenten oder Zellorganellen, ablaufen, finden sie bei Prokaryoten an der Zellmembran oder frei im Cytoplasma statt. Mitochondrien, Endoplasmatisches Retikulum, Golgi-Apparat, Vesikel und Chloroplasten fehlen in Prokaryoten. Die Ribosomen von Bakterien sind kleiner und besitzen eine andere Dichte als die von Tier- und Pflanzenzellen. Prokaryoten verfügen zwar über ein Cytoskelett, dieses ist aber einfacher gebaut als das von eukaryotischen Zellen.

Wie Pflanzenzellen besitzen Bakterien eine Zellwand, die ihnen Form und Stabilität verleiht. Während die Zellwände bei Pflanzen aber aus Cellulose bestehen, ist der Hauptbestandteil der Bakterienwände Murein. Manche Bakterienarten besitzen zusätzlich zur Zellwand noch eine äußere Schleimhülle. Durch diese Kapsel sind sie vor Umwelteinflüssen geschützt. Viele Bakterien bewegen sich wie *Escherichia coli* mithilfe langer dünner Proteinfäden, den **Geißeln** fort. Einige besitzen zusätzlich kurze Fäden, **Pili** genannt, mit denen sie an Oberflächen oder aneinander haften können. Neben dem Bakterienchromosom kommen im Cytoplasma von Bakterien oft noch kleine Ringe aus genetischem Material vor. Sie werden **Plasmide** genannt. Diese sind zwar nicht lebensnotwendig, können aber vorteilhafte Gene tragen. Mit deren Hilfe können sie beispielsweise bestimmte Antibiotika unwirksam machen.

Archaeen – Außer Bakterien zählen noch Archaeen (gr. archaios: uralt) zu den Prokaryoten. Archaeen sind weit verbreitet unter anderem kommen sie in extremen Lebensräumen wie heißen Quellen oder Salzseen vor. Auch Archaeen besitzen ein ringförmiges Chromosom, das frei im Cytoplasma liegt. Ihre Ribosomen und ihre Zellmembran unterscheiden sich jedoch von denen der Bakterien. Außerdem bestehen ihre Zellwände nicht aus Murein.

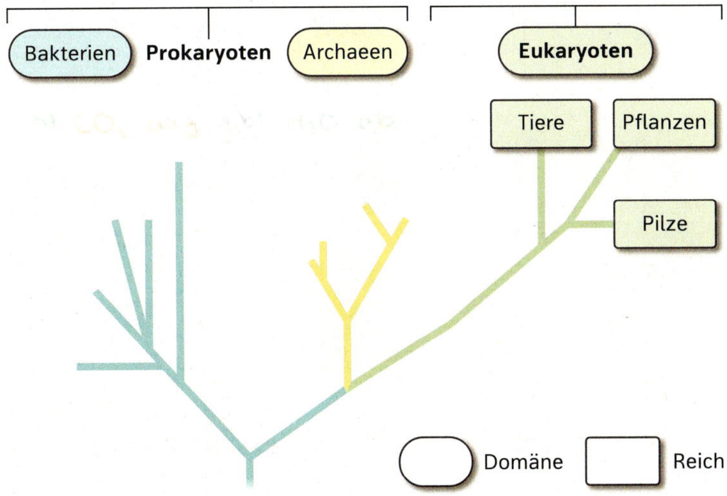

3 Klassifizierung von Lebewesen

Klassifizierung – Archaeen, Bakterien und Eukaryoten werden aufgrund ihrer unterschiedlichen Merkmale in verschiedene Gruppen eingeteilt, die man **Domänen** nennt. Prokaryoten umfassen die Domäne der Bakterien und die der Archaeen.

MATERIAL MIT AUFGABEN

A Cyanobakterien

Cyanobakterien weisen einen Durchmesser von circa 0,5 bis 40 Mikrometern auf. Sie kommen als Einzeller und auch in Zellverbänden vor. Cyanobakterien betreiben Fotosynthese. Ähnlich wie bei pflanzlichen Chloroplasten sind die Fotosynthesepigmente in Membranen eingelagert, die in mehreren Schichten unter der Zellmembran liegen. Manche Arten besitzen Gasvakuolen, sodass sie im Wasser schweben können.

1 Benennen Sie die Strukturen der Cyanobakterien anhand der Ziffern. ●○○

2 Vergleichen Sie in einer Tabelle Cyanobakterien mit *E. coli*-Bakterien. ●●○

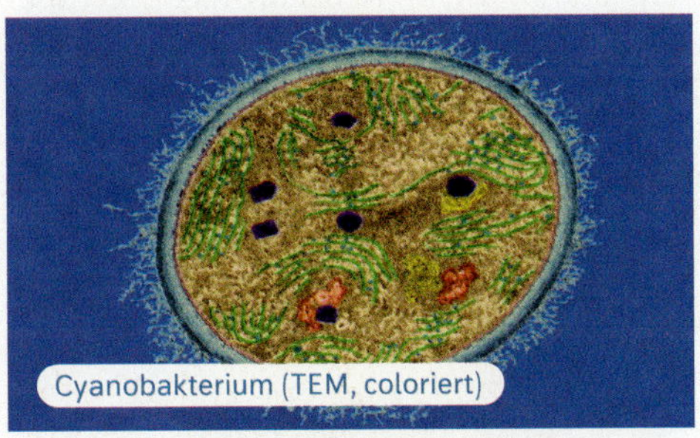

Cyanobakterium (TEM, coloriert)

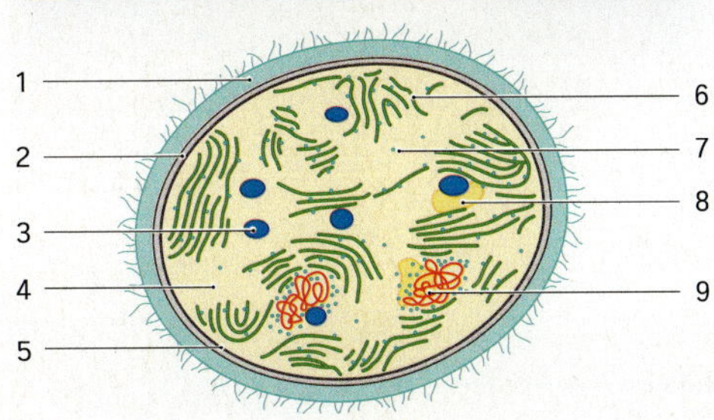

Cyanobakterium (Schema)

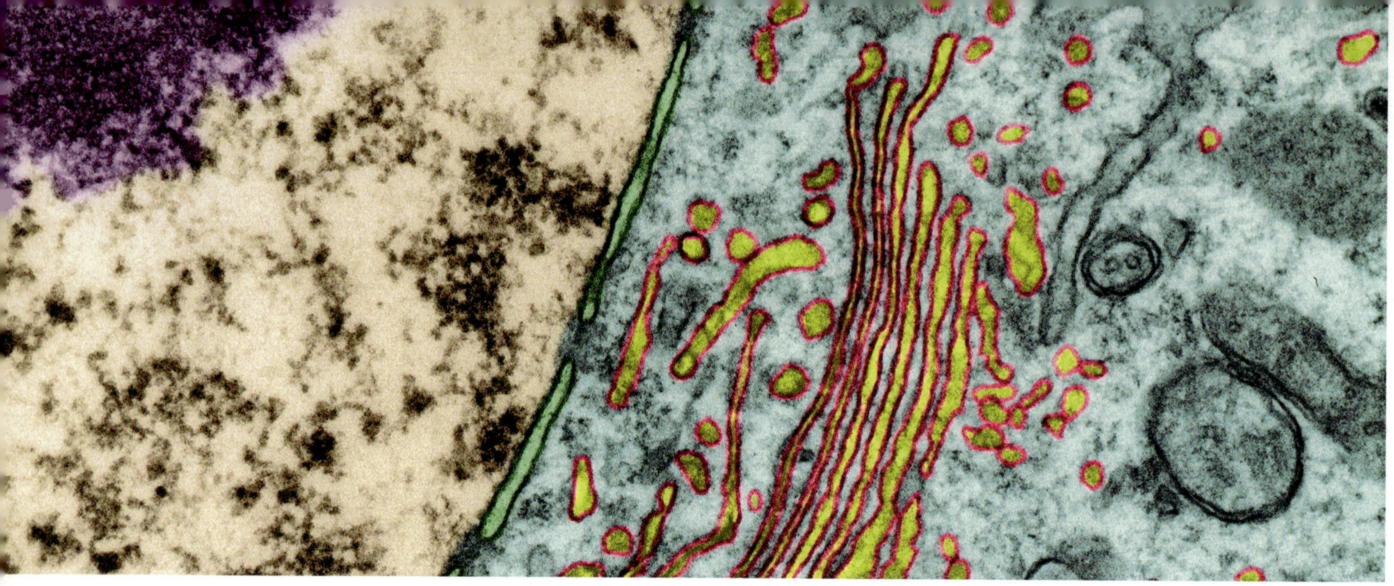

1 Zellstrukturen (TEM, coloriert)

1.3 Der Feinbau von Tier- und Pflanzenzellen

Mithilfe der Transmissionselektronenmikroskopie erkennt man in Zellen von unterschiedlichen Organismen und Geweben ähnliche charakteristische Strukturen. Um welche Zellbestandteile handelt es sich dabei und wie lassen sie sich modellhaft darstellen?

Feinbau der Zellen – Mithilfe der Elektronenmikroskopie erkannte man Strukturen in Zellen, die im Lichtmikroskop nicht sichtbar waren. Dabei wurde deutlich, dass auch der Feinbau aller Zellen im Wesentlichen gleich ist.

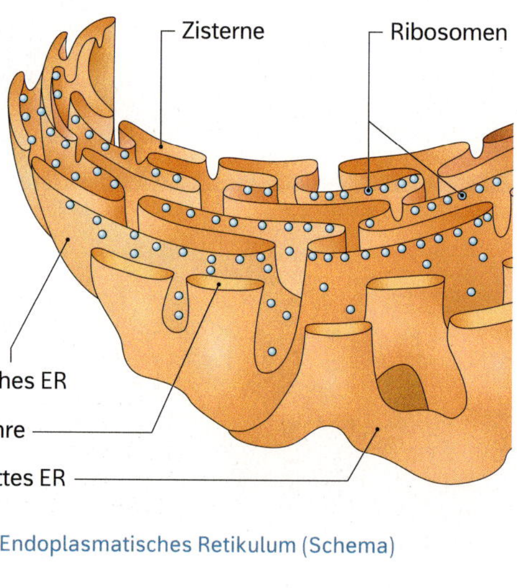

2 Endoplasmatisches Retikulum (Schema)

Präparation – Um Zellen mithilfe der Transmissionselektronenmikroskopie zu untersuchen, müssen sie aufwendig präpariert werden. Die Zellpräparate werden chemisch fixiert und entwässert oder schockgefroren. Anschließend werden sie in Kunstharz eingebettet und mit einem Ultramikrotom in 50 bis 100 Nanometer dünne Scheiben geschnitten. Eine eukaryotische Zelle mit der Größe von einem Mikrometer wird also etwa in 10 bis 20 Scheiben geschnitten. Vergleichbar mit der Färbung bei der Lichtmikroskopie muss in der Transmissionselektronenmikroskopie der Kontrast der Präparate noch verstärkt werden. Hierzu werden die Schnitte mit Schwermetallsalzen behandelt.

Konstruktion von Modellen – Mithilfe der TEM erhält man zweidimensionale Bilder der Zellstrukturen auf dem Bildschirm. Um daraus die räumliche Gestalt der Zellstrukturen ableiten zu können, stellt man von vielen gleichartigen Zellen Schnittserien her. Zudem schneidet man die Zellen in unterschiedlichen Ebenen. Durch die Kombination der so gewonnenen Bilder lassen sich dann die räumliche Gestalt der Zellbestandteile und Modelle von Zellen konstruieren.

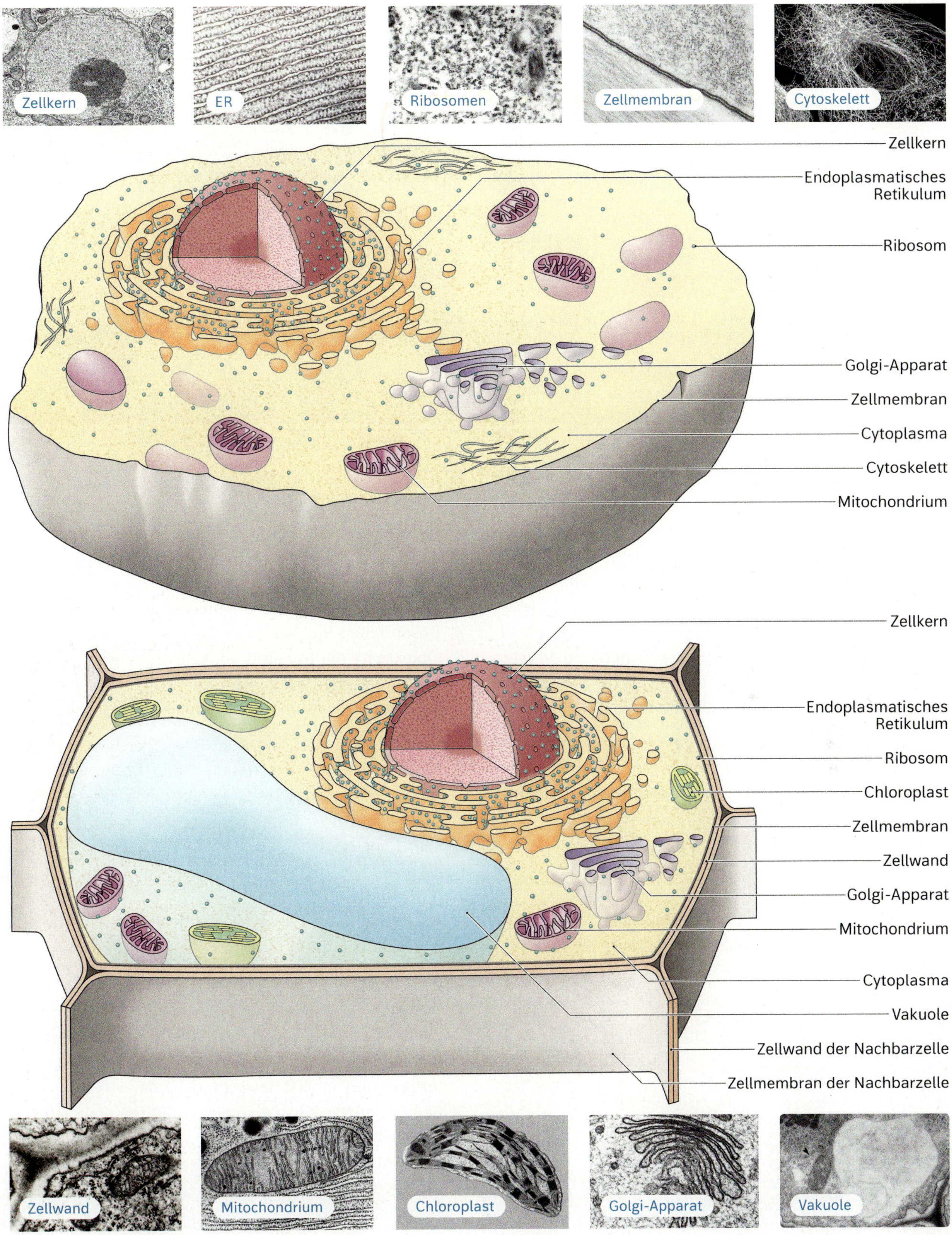

3 Zellbestandteile einer tierischen und pflanzlichen Zelle: Modell-Grafiken und TEM-Aufnahmen

A Elektronenmikroskopische Bilder von Zellen

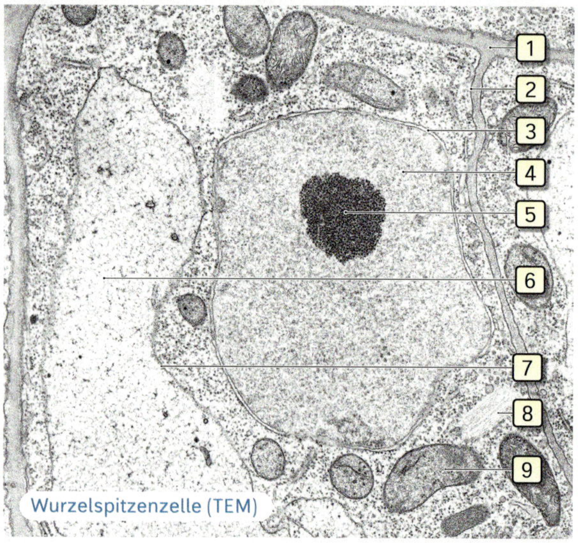

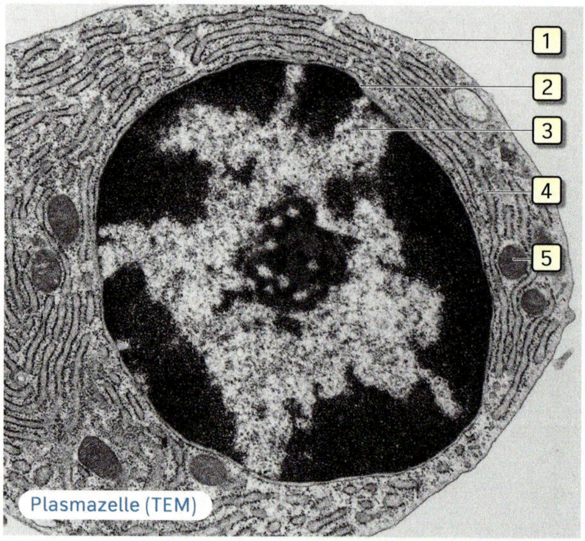

1 Benennen Sie die Zellstrukturen in der Wurzelspitzen- und der Plasmazelle anhand der Ziffern. ●○○
2 Plasmazellen gehören zum Immunsystem. Sie produzieren in kurzer Zeit viele spezifische Proteine, sogenannte Antikörper. Diese richten sich gegen Erreger, die in den Körper eingedrungen sind. Vergleichen Sie die Wurzelspitzenzelle mit der Plasmazelle hinsichtlich der Zellbestandteile und erklären Sie die Unterschiede. ●●○
3 Die Bilder der Zellen wurden mit einem Transmissionselektronenmikroskop gemacht. Erklären Sie die Unterschiede zwischen einem Transmissions- und einem Rasterelektronenmikroskop. ●●○
4 Beschreiben Sie, wie man die zu untersuchenden Objekte für die Transmissionselektronenmikroskopie präparieren muss. ●●○
5 Erklären Sie, warum elektronenmikroskopische Bilder normalerweise nicht farbig sind. ●●○

B Konstruktion von räumlichen Modellen

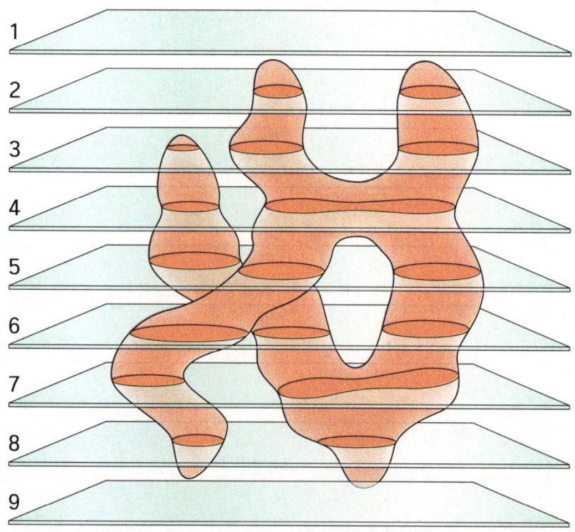

1 Von der abgebildeten Zellstruktur wurden Dünnschnitte in waagerechter Ebene angefertigt und im TEM untersucht. Erklären Sie anhand des dritten Dünnschnitts, warum die alleinige Betrachtung einzelner Schnitte zu fehlerhaften Vorstellungen hinsichtlich der räumlichen Gestalt von Zellbestandteilen führen kann. ●●○
2 Skizzieren Sie mögliche zweidimensionale Bilder, die man erhalten würde, wenn man Dünnschnitte derselben Zellstruktur in der senkrechten Ebene anfertigen und im TEM betrachten würde. ●●○
3 Begründen Sie, weshalb man nur aus der Kombination zweidimensionaler Bilder vieler aufeinanderfolgender Schnitte in verschiedenen Ebenen die räumliche Gestalt von Zellstrukturen konstruieren kann. ●●○

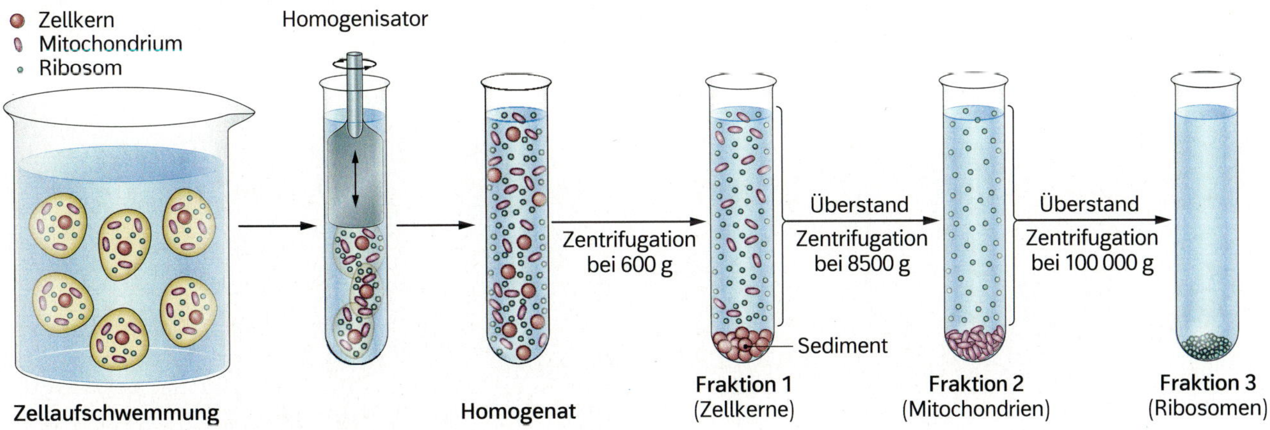

4 Homogenisieren und fraktionierte Zentrifugation; g = Erdbeschleunigung

Trennung von Zellbestandteilen – Um Zellbestandteile aus Zellen zu isolieren, müssen diese aufgebrochen werden. Dieses Verfahren bezeichnet man als **Homogenisieren**. Dazu löst man zunächst die betreffenden Zellen aus dem Gewebe und schwemmt sie in einer Lösung auf. Bei pflanzlichen Zellen und Bakterien müssen vorher noch die Zellwände mithilfe von Enzymen aufgelöst werden. Anschließend werden die Zellmembranen zerstört. Dazu presst man zum Beispiel die Zellaufschwemmung unter Druck durch eine Öffnung, deren Größe im Mikrobereich liegt, oder man reißt die Zellen mithilfe eines **Homogenisators** auf. Dieser besteht aus einem zylinderförmigen Glasgefäß mit einem Kolben, der innen dicht an den Wänden anliegt. Wird er rotierend in dem Glasgefäß auf und ab bewegt, reißen die Zellmembranen und man erhält ein homogenes Gemisch der Zellbestandteile. In diesem **Homogenat** sind die meisten von einer Membran umgebenen Zellbestandteile noch intakt.

Fraktionierte Zentrifugation – Um die Zellbestandteile zu trennen, wird das Homogenat zentrifugiert. Bei der schnellen Rotation der Zentrifuge entsteht eine Fliehkraft, welche die größeren und schwereren Bestandteile des Homogenats an den Boden des Zentrifugenglases schleudert. Der sich darüber befindende Überstand wird abgetrennt und erneut mit einer etwas höheren Geschwindigkeit zentrifugiert, sodass sich dann die etwas kleineren und leichteren Bestandteile am Boden absetzen. Anschließend trennt man das Homogenat durch wiederholtes Zentrifugieren mit immer höheren Geschwindigkeiten in mehrere Fraktionen auf. Deshalb nennt man das Verfahren **fraktionierte Zentrifugation**. In den verschiedenen Fraktionen befinden sich jeweils Zellbestandteile mit gleicher Größe, die sich aber noch in der Dichte unterscheiden können.

Dichtezentrifugation – Um die Zellbestandteile einer Fraktion noch weiter aufzutrennen, füllt man in Zentrifugenröhrchen eine Lösung aus Zucker oder Calciumchlorid, deren Dichte von oben nach unten zunimmt. Während der einmaligen Zentrifugation ordnen sich die Zellbestandteile in derjenigen Dichtezone an, die ihrer eigenen Dichte entspricht. Die so entstandenen Dichtebanden können dann getrennt, etwa mit einer Pipette, abgesaugt werden.

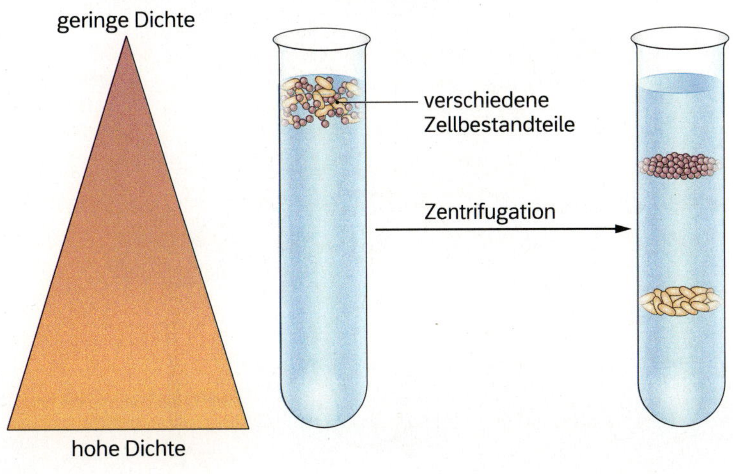

5 Dichtezentrifugation

1 Der Krallenfrosch *Xenopus laevis*

2.1 Zellkern und Ribosomen

Der Krallenfrosch Xenopus laevis ist leicht zu halten und zu vermehren. Nach zwei Monaten haben sich aus den befruchteten Eiern bereits adulte Tiere entwickelt. Mit dem Krallenfrosch wurden Mitte des letzten Jahrhunderts Versuche zur Funktion des Zellkerns durchgeführt. Welche Erkenntnisse lieferten diese?

Funktion des Zellkerns – Wesentliche Erkenntnisse zur Bedeutung des Zellkerns wurden 1930 durch Experimente von Joachim HÄMMERLING (1901-1980) an Schirmalgen der Arten *Acetabularia crenulata* und *Acetabularia mediterranea* gewonnen. Diese im Mittelmeer vorkommenden Algen bestehen nur aus einer mehrere Zentimeter großen Zelle. Diese ist in einen Schirm, einen Stiel und in einen wurzelartigen Bereich, Rhizoid genannt, gegliedert. Der Zellkern liegt stets im Rhizoid. Teilt man eine Schirmalge in mehrere Stücke, entwickelt sich aus dem Teil, in dem der Kern enthalten ist, eine vollständige Schirmalge. Teile ohne Zellkern gehen dagegen zugrunde. Die Versuchsbeobachtungen ließen erkennen, dass der Zellkern die Entwicklung der Schirmalge steuert.

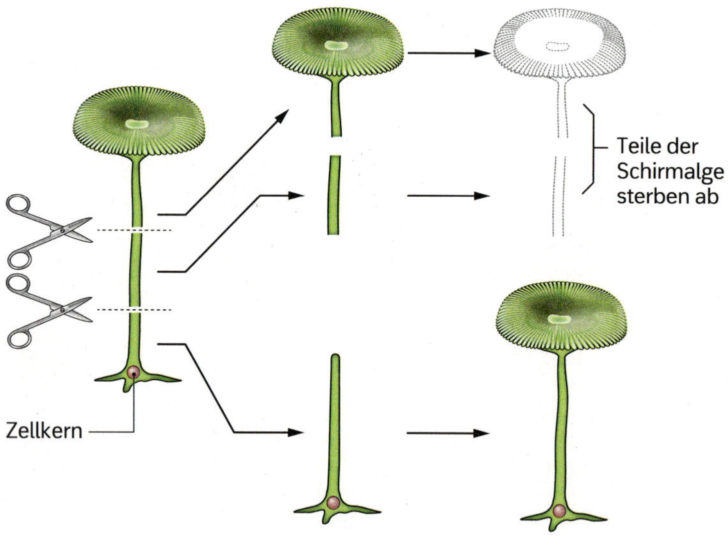

2 Teilungsversuche bei der Schirmalge

1962 übertrug John GURDON (1933) Zellkerne aus Spenderzellen in das Cytoplasma von Empfängerzellen. Dazu verwendete er zum Beispiel Darmzellen eines adulten Albino-Krallenfrosches als Spenderzellen und die entkernten Eizellen eines grünen Krallenfrosches als Empfängerzellen. Nach dem Kerntransfer entwickelten sich die Eizellen über Kaulquappen zu fortpflanzungsfähigen Fröschen. Es entstanden nur Albino-Krallenfrösche. Sie waren untereinander und mit dem Frosch, aus dem die Zellkerne stammten, erbgleich. Eine Gruppe solcher erbgleicher Lebewesen bezeichnet man als **Klon.**

Die Versuchsbeobachtungen führten zu der Erkenntnis, dass der Zellkern einer ausdifferenzierten Zelle noch die gesamte genetische Information enthält, die zur Bildung eines vollständigen Lebewesens notwendig ist. Außerdem wurde deutlich, dass der Zellkern die Ausprägung von Merkmalen steuert, etwa die Hautfärbung des Krallenfrosches.

Bau des Zellkerns – Der Zellkern oder **Nucleus** ist mit einer Größe von 3 bis 15 Mikrometern das größte Zellorganell von Zellen höherer Lebewesen. Die **Kernhülle** grenzt den Zellkern vom Cytoplasma ab. In elektronenmikroskopischen Aufnahmen erkennt man, dass sie aus einer inneren und einer äußeren Membran besteht und eng mit dem Endoplasmatischen Retikulum, kurz ER, der Zelle in Verbindung steht.

Rasterelektronenmikroskopische Bilder zeigen, dass die Kernhülle zahlreiche Poren besitzt. Über diese **Kernporen** werden Stoffe zwischen dem Inneren des Kerns, dem **Karyoplasma**, und anderen Zellbestandteilen im Cytoplasma ausgetauscht. Das Karyoplasma ist frei von Membranen. Es enthält fädige Strukturen, die sich anfärben lassen und dann bereits im Lichtmikroskop zu erkennen sind. Dieses **Chromatin** besteht aus Proteinen und Nucleinsäuren.

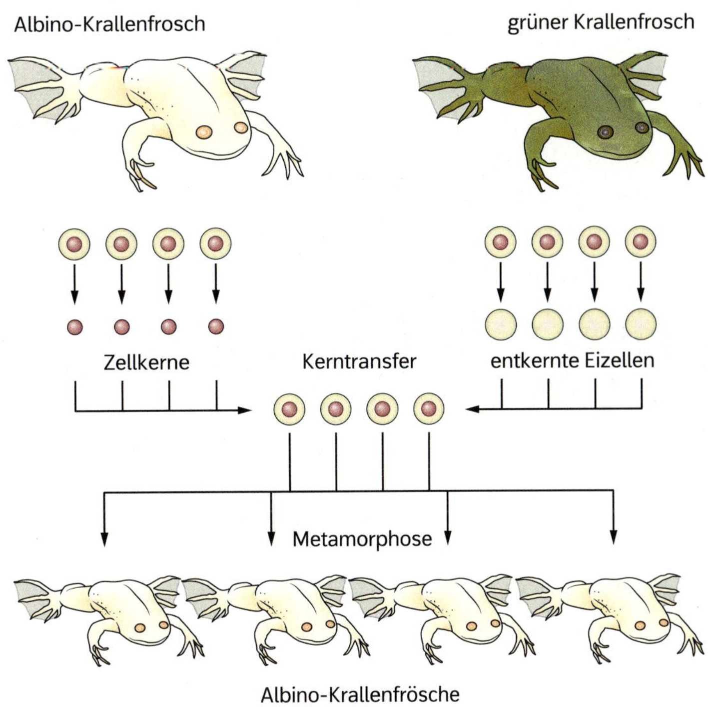

3 Kerntransplantation

Vor jeder Zellteilung verdichtet sich das Chromatin zu Chromosomen, sodass es bei der Kernteilung transportiert werden kann. Daneben findet man im Zellkern ein oder mehrere Kernkörperchen oder **Nucleoli** vor. Sie sind für die Bildung der Ribosomen zuständig.

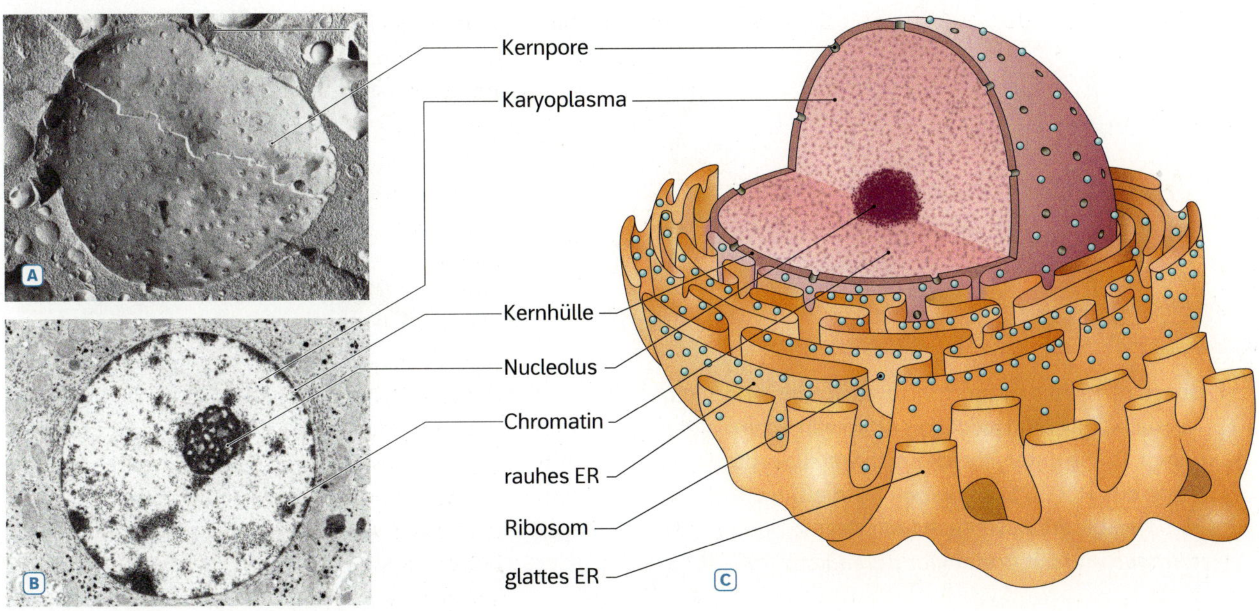

4 Nucleus. **A** REM-Aufnahme; **B** TEM-Aufnahme; **C** Schema

MATERIAL MIT AUFGABEN

A Kerntransplantationsexperimente beim Krallenfrosch

Versuch	A	B	C	D	E	F
Spenderzelle des Kerns	Spermium eines Krallenfroschs	Zelle aus dem Embryo des Krallenfroschs	Zelle aus der Haut einer Kaulquappe des Krallenfroschs	Zelle aus der Haut eines ausgewachsenen Krallenfroschs	Zelle aus der Haut eines ausgewachsenen Laubfroschs	Zelle aus der Haut eines ausgewachsenen Laubfroschs
Empfängerzelle			entkernte Zelle eines Krallenfroschs			entkernte Zelle eines Laubfroschs
Ergebnis	−	+	+	+	−	+

+ Eizelle entwickelt sich zum erwachsenen Tier − Eizelle stirbt ab

1 Beschreiben Sie die Durchführung des Versuches A und erklären Sie die Versuchsbeobachtungen. ●●○

2 Beschreiben Sie die Durchführung der Versuche B bis D. Geben Sie an, welche Frage mit diesen Versuchen geklärt werden sollte und deuten Sie die Versuchsbeobachtungen. ●●○

3 Erklären Sie, warum sich die Eizellen des Krallenfrosches in den Versuchen B, C und D nach Übertragung der Zellkerne aus den Hautzellen ohne Befruchtung weiter entwickeln. ●●●

4 Beschreiben Sie die Durchführung der Versuche E und F und deuten Sie die Beobachtungen. ●●●

B Kombinationsversuch mit Schirmalgen

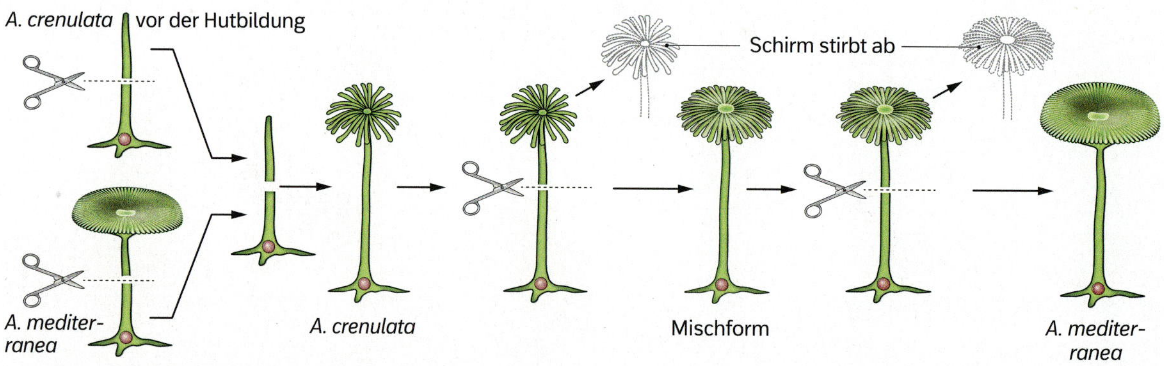

1 Joachim HÄMMERLING führte auch Kombinationsversuche mit verschiedenen Arten von Schirmalgen durch. Diese unterscheiden sich vor allem durch die Form des Hutes. Beschreiben Sie die Durchführung des Kombinationsversuchs mit *Acetabularia mediterranea* und mit *Acetabularia crenulata*. ●●○

2 Begründen Sie folgende Aussage: Die Versuchsbeobachtungen zeigen, dass die Schirmform vom Zellkern bestimmt wird. Zusätzlich wird die Schirmbildung auch durch Faktoren im Cytoplasma der Algen beeinflusst. ●●●

Ribosomen – Ribosomen sind 15 bis 30 Nanometer große, rundliche Zellorganellen. Sie kommen frei im Cytoplasma vor oder sind an die Strukturen des Endoplasmatischen Retikulums gebunden. Sie bestehen aus einer großen und einer kleinen Untereinheit. Diese werden in eukaryotischen Zellen am Nucleus gebildet und gelangen durch die Kernporen ins Cytoplasma. Dort setzen sie sich zu funktionsfähigen Ribosomen zusammen. Ribosomen sind Orte der Proteinbiosynthese. Entsprechend der Bauanleitung aus dem Kern verbinden sie einzelne Aminosäuren zu Polypeptidketten. Diese lösen sich von den Ribosomen und werden im Cytoplasma zu Proteinen gefaltet.

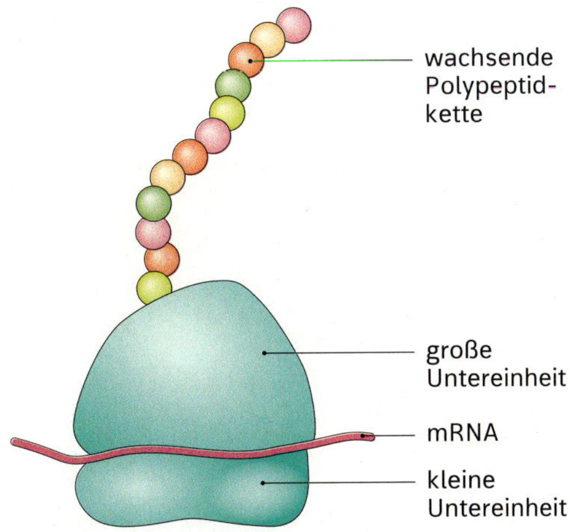

5 Ribosom (Schema)

In Zellen, die ständig in hohem Maße Proteine herstellen, ist die Zahl der Ribosomen besonders hoch und kann mehrere Millionen betragen. Am Endoplasmatischen Retikulum gebundene Ribosomen synthetisieren vor allem Proteine, die in die Zellmembranen eingebaut werden. Sie können auch von der Zelle abgegeben oder von der Zelle in Bläschen verpackt werden. Freie Ribosomen produzieren vorwiegend Proteine für den Eigenbedarf der Zelle.

MATERIAL MIT AUFGABEN

C Untersuchung der Funktion von Ribosomen

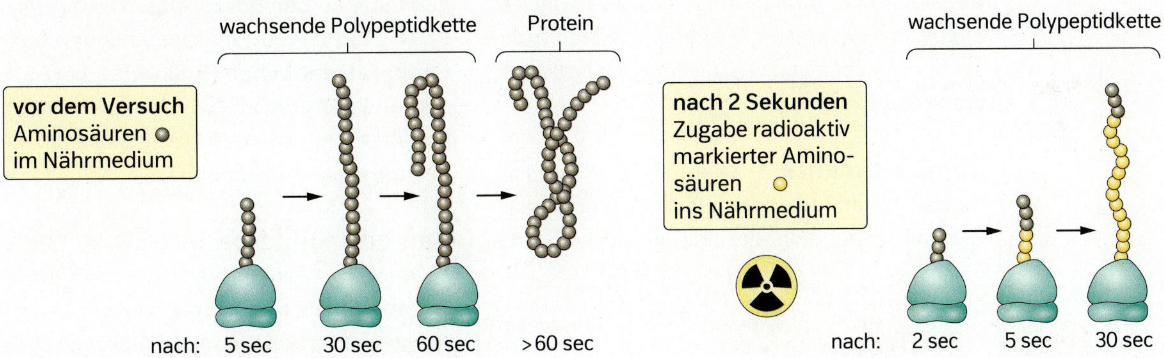

Die Hypothese, dass Ribosomen für die Proteinbiosynthese einer Zelle zuständig sind, wurde 1959 experimentell untersucht. Für das Experiment wurden Aminosäuren radioaktiv markiert und ins Nährmedium von *Escherichia coli*-Bakterien gegeben. Nach einer bestimmten Inkubationszeit tötete man die Bakterien und isolierte ihre Zellbestandteile durch fraktionierte Zentrifugation. Nach einer Inkubationszeit von fünf bis 60 Sekunden beobachtete man nur in der Ribosomenfraktion Radioaktivität. War die Inkubationszeit länger als 60 Sekunden, konnte man sowohl in der Ribosomenfraktion als auch in der Cytoplasmafraktion Radioaktivität messen.

1 Erklären Sie die Versuchsbeobachtungen mithilfe der Abbildung. ●●○
2 Begründen Sie, warum mit dem Experiment die Hypothese bestätigt wurde, dass Ribosomen Orte der Proteinbiosynthese sind. ●●○
3 Erklären Sie, wie die Ribosomen und das Cytoplasma aus den Zellen der *Escherichia coli*-Bakterien isoliert wurden. ●●○

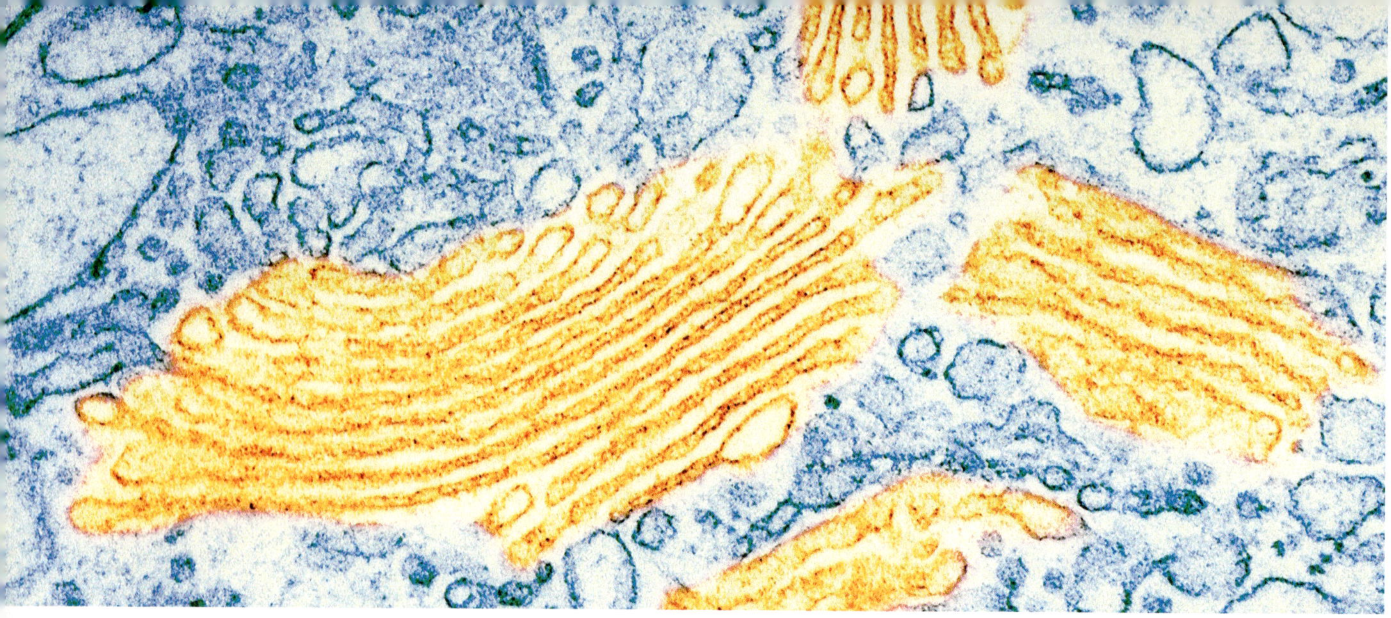

1 Golgi-Apparat einer Drüsenzelle (TEM-Aufnahme, coloriert)

2.2 Membransystem der Zelle

Betrachtet man die TEM-Aufnahme einer Drüsenzelle, erkennt man eine Vielzahl von Röhren, abgeflachte Säckchen und Bläschen. Sie sind jeweils von Membranen umgeben. Aus welchen Elementen besteht dieses komplexe Membransystem der Zelle und welche Funktion haben die einzelnen Elemente?

Kompartimente – Membranen dienen innerhalb einer Zelle dazu, Räume zu umschließen und gegeneinander abzugrenzen. Solche membranumgrenzte Räume nennt man **Kompartimente**. In ihnen können unterschiedliche Vorgänge gleichzeitig stattfinden, ohne sich gegenseitig zu behindern. Das Membransystem einer Zelle besteht im Wesentlichen aus dem **Endoplasmatischen Retikulum**, kurz ER, und dem **Golgi-Apparat**. Zwischen diesen Kompartimenten bewegen sich kleine Bläschen hin und her, die man Vesikel nennt.

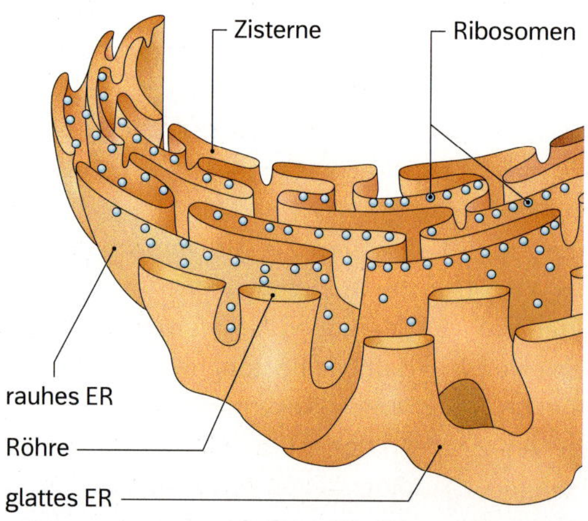

2 Endoplasmatisches Retikulum (Schema)

Bau und Funktion des ER – Das ER ist ein reich verzweigtes Netzwerk im Cytoplasma. Es besteht aus miteinander verbundenen Röhren sowie flachen Membransäckchen, den **Zisternen**. Die Membranen des ER schließen direkt an die Kernhülle an. Sie machen insgesamt mehr als die Hälfte der Membranen einer Zelle aus. In vielen Bereichen sind auf der ER-Oberfläche Ribosomen angelagert. Man unterscheidet daher zwischen dem rauen, mit Ribosomen besetzten ER und dem glatten ER, ohne Ribosomen. Das **glatte ER** ist insbesondere am Abbau von Giften oder auch Medikamenten beteiligt. Außerdem hat es in bestimmten Zelltypen die Aufgabe, Lipide und Hormone zu bilden oder Stoffe wie Hormone oder Calcium-Ionen zu speichern. Das **raue ER** arbeitet eng mit den auf seiner Oberfläche angelagerten **Ribosomen** zusammen. Sie geben die von ihnen synthetisieren Polypeptidketten in den Innenraum der Zisternen ab. Dort werden sie in mehreren Schritten verändert und gefaltet, sodass daraus Proteine mit ihrer typischen Raumstruktur entstehen. Der Transport der Proteine zu ihren Bestimmungsorten erfolgt zum Teil im Röhrensystem des rauen ERs. Ein anderer Teil der Proteine wird mithilfe von Vesikeln transportiert. Dafür werden die Proteine an der inneren Oberfläche einer Zisterne in kleine Membranaussackungen gegeben. Diese vergrößern sich und werden schließlich als Vesikel nach außen abgeschnürt. Solche ER-Vesikel werden häufig zur Zelloberfläche bewegt und verschmelzen dort mit der Zellmembran. Dabei werden die Proteine aus dem Vesikelinneren nach außen abgegeben. Andere ER-Vesikel befördern Proteine zum Golgi-Apparat.

Bau und Funktion des Golgi-Apparats – Der Golgi-Apparat einer Zelle besteht aus zahlreichen Zisternen und Vesikeln. Mehrere übereinander gestapelte Zisternen bilden ein **Dictyosom.** An ihren Rändern schnüren sich **Golgi-Vesikel** ab. Die Gesamtheit aller Dictyosomen einer Zelle wird als **Golgi-Apparat** bezeichnet.

In den Dictyosomen des Golgi-Apparats werden die Proteine vom ER weiter verarbeitet. Dazu verschmelzen die Membranen von ER-Vesikeln und Golgi-Zisternen, sodass die Proteine aus den ER-Vesikeln in den Innenraum der Golgi-Zisternen gelangen. Dort werden sie sortiert, konzentriert und manchmal auch noch verändert. Anschließend werden sie in Golgi-Vesikel verpackt und an die Bestimmungsorte in der Zelle oder nach außen befördert.

Intrazelluärer Stoffabbau – In einigen Golgi-Vesikeln sind verschiedene Enzyme enthalten, die am Abbau von Stoffen beteiligt sind. Diese Golgi-Vesikel nennt man **primäre Lysosomen.** Bestimmte Zellen können über die Zelloberfläche Stoffe aufnehmen. Man bezeichnet diesen Prozess als **Endocytose.** Gelangt etwa ein nährstoffreicher Partikel außen an die Zeloberfläche, senkt sich die Zellmembran zu einem Grübchen ein. Dieses vertieft sich und wird als Vesikel nach innen abgeschnürt. Das als **Endosom** bezeichnete Vesikel verschmilzt mit einem primären Lysosom zu einem **sekundären Lysosom.** In ihm werden die im Endosom enthaltenen nährstoffreichen Partikel durch die Enzyme des Lysosoms abgebaut. Die dabei entstehenden Produkte sind für die Zelle verwertbar. Sie werden durch die Membran des sekundären Lysosoms in das Cytoplasma befördert, wo sie dem Zellstoffwechsel zur Verfügung stehen. Auch zelleigenes Material, etwa beschädigte Zellbestandteile, werden in sekundären Lysosomen abgebaut. So kann die Zelle bestimmte Stoffe daraus wieder verwerten.

Stoffe, die im sekundären Lysosom nicht abgebaut werden können, werden in Vesikel verpackt. Diese gelangen zur Zelloberfläche und verschmelzen dort mit der Zellmembran. Dabei werden die nicht abbaubaren Reste nach außen abgegeben. Diesen Vorgang nennt man **Exocytose**.

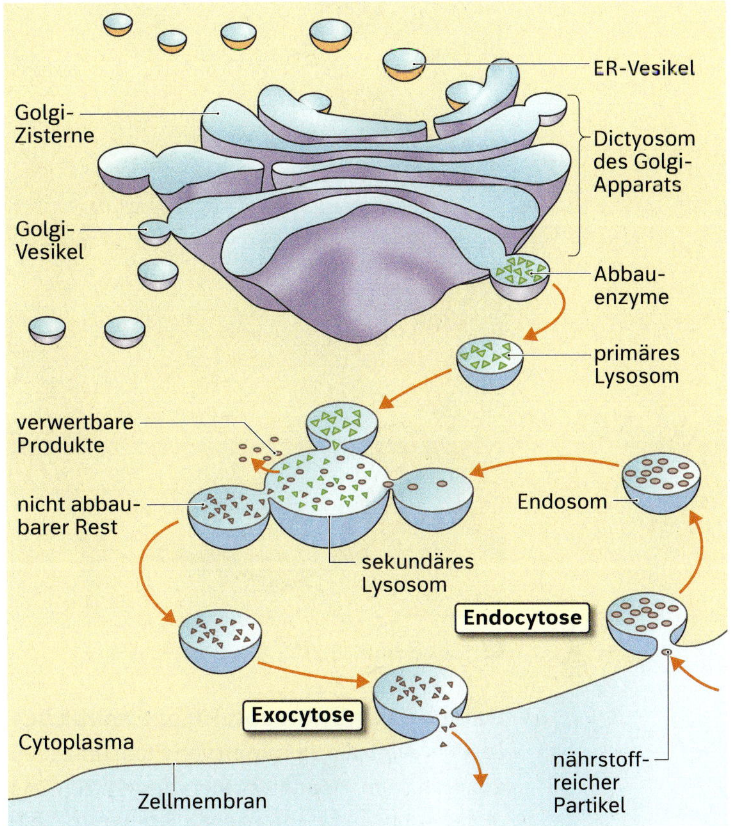

3 Golgi-Apparat und intrazellulärer Stoffabbau

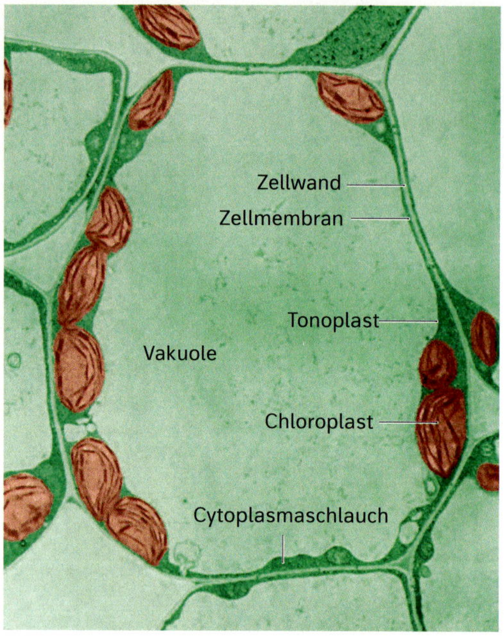

4 Spinatblattzelle (TEM-Aufnahme, coloriert)

Bau und Funktion von Pflanzenvakuolen – Auch die **Vakuolen** von Pflanzenzellen gehören zum zellulären Membransystem. In ausgewachsenen Pflanzenzellen nimmt die Zentralvakuole oft den größten Teil des Zellvolumens ein. Das Cytoplasma befindet sich dann nur noch als dünne Schicht zwischen der Zellmembran und der Vakuolenmembran. Die Membran der Vakuole nennt man **Tonoplast,** die Flüssigkeit im Inneren der Zentralvakuole **Zellsaft.** Vakuolen haben in Pflanzenzellen vielfältige Funktionen. Sie können Wasser aufnehmen und bei Bedarf wieder abgeben. So spielen sie eine wichtige Rolle für den Wasserhaushalt der Zelle und der zugehörigen Pflanze. Weiter können Vakuolen als Speicherort für Reservestoffe dienen. Manche Pflanzen lagern Giftstoffe in den Vakuolen ihrer Zellen und isolieren sie so von den anderen Zellbestandteilen. Auf diese Weise schützen sie die Pflanze vor Fressfeinden, ohne selbst von dem Gift geschädigt zu werden.

englisch tracer = Spur

Tracer-Technik – Zur Aufklärung von Transportvorgängen oder Stoffwechselreaktionen in Zellen oder Organismen markiert man einzelne Moleküle spezifisch. Dafür nutzt man beispielsweise Farbstoffe, die bei Bestrahlung mit Licht leuchten, oder radioaktive Isotope von Molekülen. Die markierten Moleküle werden als **Tracer** bezeichnet. Mit der Tracer-Technik lässt sich etwa der Weg eines Atoms oder eines Moleküls in Zellen und Organismen verfolgen.

MATERIAL MIT AUFGABEN

A Untersuchung des Proteinweges in einer Zelle

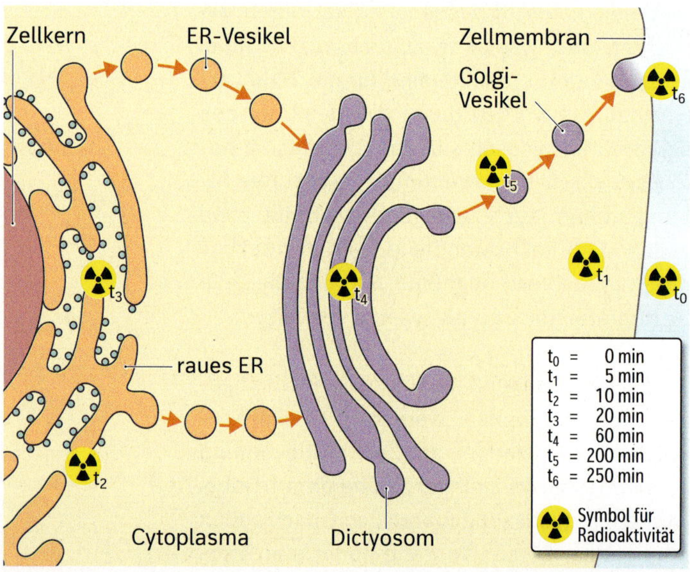

Um den Weg der Aminosäure Leucin in einer Drüsenzelle zu verfolgen, wurden der Zellkultur radioaktiv markierte Leucin-Moleküle zugeführt. Diese wurden bei der Proteinbiosynthese in die Proteine eingebaut. In verschiedenen Zeitabständen unterbrach man in einigen Zellen den Stoffwechsel durch Schockgefrieren. In den mikroskopischen Präparaten wurden dann Zellbereiche mit radioaktiver Strahlung ermittelt.

1 Beschreiben und erklären Sie den Weg der Aminosäure Leucin in der Drüsenzelle anhand der Abbildung. ●●○

2 Beschreiben Sie, wie man in mikroskopischen Präparaten den Ort der radioaktiven Strahlung ermittelt. ●●○

Autoradiografie – Bei der Autoradiografie nutzt man radioaktive Isotope zur Markierung von Molekülen. Diese werden in einer lebenden Zelle oder einem Organismus wie die nicht radioaktiven Moleküle umgesetzt. Beim Zerfall der Isotope wird radioaktive Strahlung frei. Diese kann man nachweisen und so ermitteln, wo sich das markierte Molekül nach einer bestimmten Zeit befindet. Oft werden dafür Röntgenfilme verwendet, die bei einem Gewebeschnitt direkt auf das mikroskopische Präparat gelegt werden. Heutzutage werden wegen der leichteren Handhabung vorwiegend fluoreszierende Farbstoffe genutzt.

Grün fluoreszierendes Protein – Bestimmte Quallenarten wie *Aequorea victoria* können ein intensiv grünes Leuchten erzeugen und so ein grünliches Meeresleuchten hervorrufen. Sie besitzen ein Protein, das bei Bestrahlung mit blauem Licht grün fluoresziert. Dieses grün fluoreszierende Protein (*engl. green fluorescent protein, GFP*) hat in der Zellbiologie besondere Bedeutung. Es lässt sich gentechnisch an andere Proteine anhängen. Werden diese Zellen dann mit blauem Licht bestrahlt, leuchtet das GFP grün und zeigt an, wo sich das markierte Protein in lebenden Zellen, Geweben oder Organismen befindet. So kann die räumliche und zeitliche Verteilung des markierten Proteins in lebenden Zellen, Geweben oder Organismen direkt beobachtet werden.

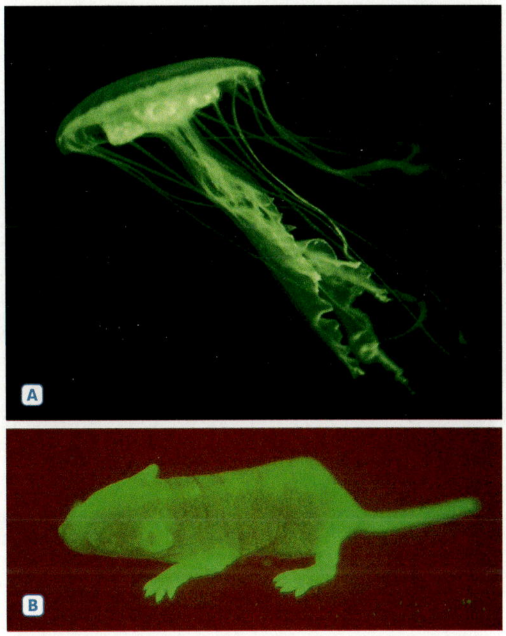

5 GFP: **A** Leuchtqualle *Aequorea victoria;* **B** gentechnisch modifizierte Maus

MATERIAL MIT AUFGABEN

B Tracerversuch zum Stoffwechsel von Mäusen

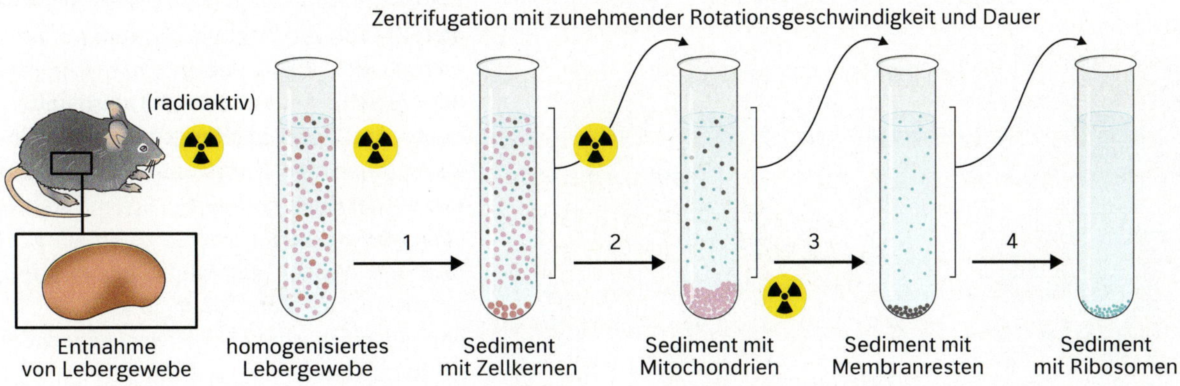

Um den Stoffwechsel von Mäusen zu untersuchen, fütterte man sie mit radioaktiv markierten Fetten. Nach einiger Zeit wurde ermittelt, in welchen Bestandteilen ihrer Leberzellen radioaktive Strahlung messbar war.

1 Beschreiben und erklären Sie die Durchführung des Versuchs anhand der Abbildung. ●○○

2 Deuten Sie die Versuchsbeobachtungen. ●●○

1 Die grüne Meeresschnecke *Elysia chlorotica*

2.3 Chloroplasten und Mitochondrien

Die grüne Meeresschnecke Elysia chlorotica ernährt sich von Algen. Sie verdaut jedoch die Chloroplasten der Algen nicht, sondern speichert sie in ihren Zellen. So wird die Schnecke grün und kann mehrere Monate leben, ohne Nahrung aufzunehmen. Warum speichert Elysia chlorotica die Chlorplasten?

Bau und Funktion der Chloroplasten – Chloroplasten sind fünf bis zehn Mikrometer groß und kommen in Algen sowie in fast allen Pflanzenzellen vor. In Blattzellen findet man etwa 50 bis 200 dieser linsenförmigen Zellorganellen. Chloroplasten sind von zwei Membranen umgeben. Sie enthalten mehrere ringförmige, identische DNA-Moleküle sowie eigene Ribosomen. Chloroplasten vermehren sich durch Zweiteilung. Die Grundsubstanz der Chloroplasten, das **Stroma**, wird von flachen Membransäckchen, den **Thylakoiden**, durchzogen. Diese sind an manchen Stellen kreisrund und geldrollenartig übereinander gestapelt. Man bezeichnet diese Stapel als **Grana**.

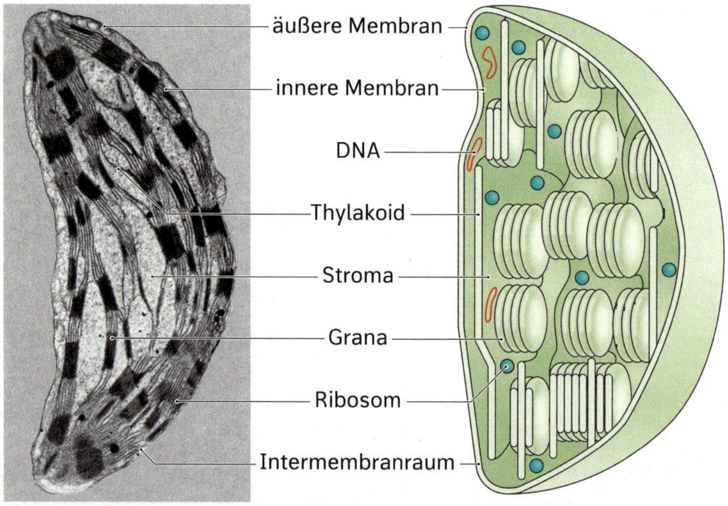

2 **Chloroplast** (EM-Aufnahme und Schema)

In den Chloroplasten findet die **Fotosynthese** statt. Dabei wird Lichtenergie zum Aufbau von energiereicher Glucose genutzt. Chlorophyll und verschiedene andere Blattfarbstoffe, mit denen das Licht eingefangen wird, sind in die Membranen der Thylakoide eingelagert. Der Aufbau der Glucose findet im Stroma statt. Glucose wird bei Bedarf wieder zu Kohlenstoffdioxid und Wasser abgebaut. Die dabei freigesetzte Energie kann dann in den Zellen für energieverbrauchende Stoffwechselreaktionen genutzt werden.

Die Meeresschnecke *Elysia chlorotica* betreibt mithilfe der Algen-Chloroplasten Fotosynthese und baut so Glucose auf. Diese liefert für energieverbrauchende Stoffwechselreaktionen Energie, sodass die Schnecke dann keine Nahrung aufnehmen muss.

Bau und Funktion der Mitochondrien – Mitochondrien sind stäbchenförmige Zellorganellen mit einer Größe von ein bis zehn Mikrometern. Ihre Zahl variiert in den verschiedenen Zellen. Beispielsweise enthält die Leberzelle eines Menschen über 1000 Mitochondrien. Wie Chloroplasten sind Mitochondrien von zwei Membranen umgeben, einer äußeren und einer inneren. Der zwischen ihnen liegende Raum wird als **Intermembranraum** bezeichnet. Die innere Membran ist in viele Falten gelegt, die sich in das Innere des Mitochondriums erstrecken. In der Grundsubstanz eines Mitochondriums, **Matrix** genannt, sind Ribosomen und viele ringförmige, identische DNA-Moleküle enthalten. Mitochondrien stellen einen kleinen Teil ihrer Proteine an ihren eigenen Ribosomen her. Den größten Teil importieren sie jedoch aus dem Cytoplasma der Zelle. Sie vermehren sich durch Zweiteilung und werden bei der Zellteilung auf die Tochterzellen verteilt.

In Mitochondrien werden energiereiche Stoffe wie Glucose mithilfe von Sauerstoff abgebaut.

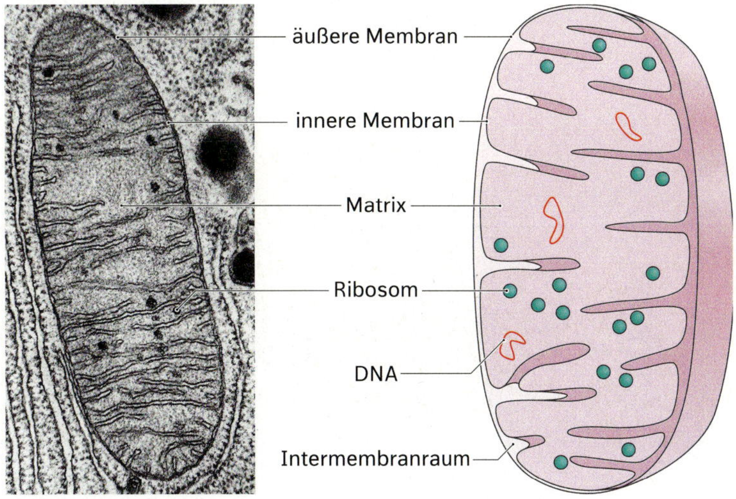

3 **Mitochondrium** (EM-Aufnahme und Schema)

Diesen Prozess bezeichnet man als **Zellatmung**. Die dabei freiwerdende Energie wird in Form von ATP-Molekülen gespeichert. Diese werden laufend in das Cytoplasma befördert und stellen dort für energieverbrauchende Reaktionen Energie bereit, zum Beispiel für den Stofftransport.

MATERIAL MIT AUFGABEN

A Chloroplastenbewegungen

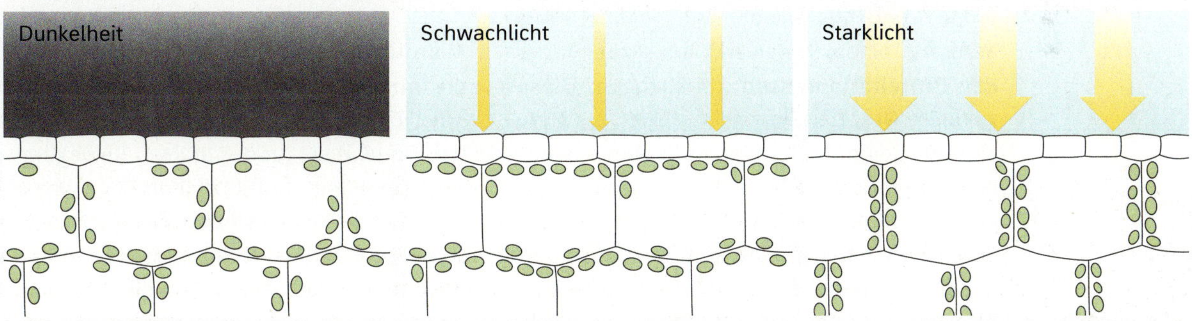

Im Lichtmikroskop kann man bei Pflanzenzellen eine fließende Bewegung des Cytoplasmas beobachten. Dabei werden die Zellbestandteile des Cytoplasmas passiv mit bewegt. Chloroplasten können sich dagegen auch aktiv zu unterschiedlichen Orten der Zellen hinbewegen.

1 In einem Versuch wurden Zellen der Kleinen Wasserlinse unterschiedlich belichtet. Beschreiben Sie die Versuchsbeobachtungen. ●○○

2 Deuten Sie die Versuchsbeobachtungen. ●●○

3 In einem Folgeversuch beleuchtete man die Pflanzenzellen nur in einem eng begrenzten Bereich des Cytoplasmas, der keine Chloroplasten enthielt. Trotzdem beobachtete man daraufhin freie Ortsbewegungen der Chloroplasten. Erklären Sie die Versuchsbeobachtung. ●●○

4 Untersuchen Sie mikroskopisch, ob Plasmaströmung bei der Wasserpest Elodea spec. im oder gegen den Uhrzeigersinn verläuft. ●●○

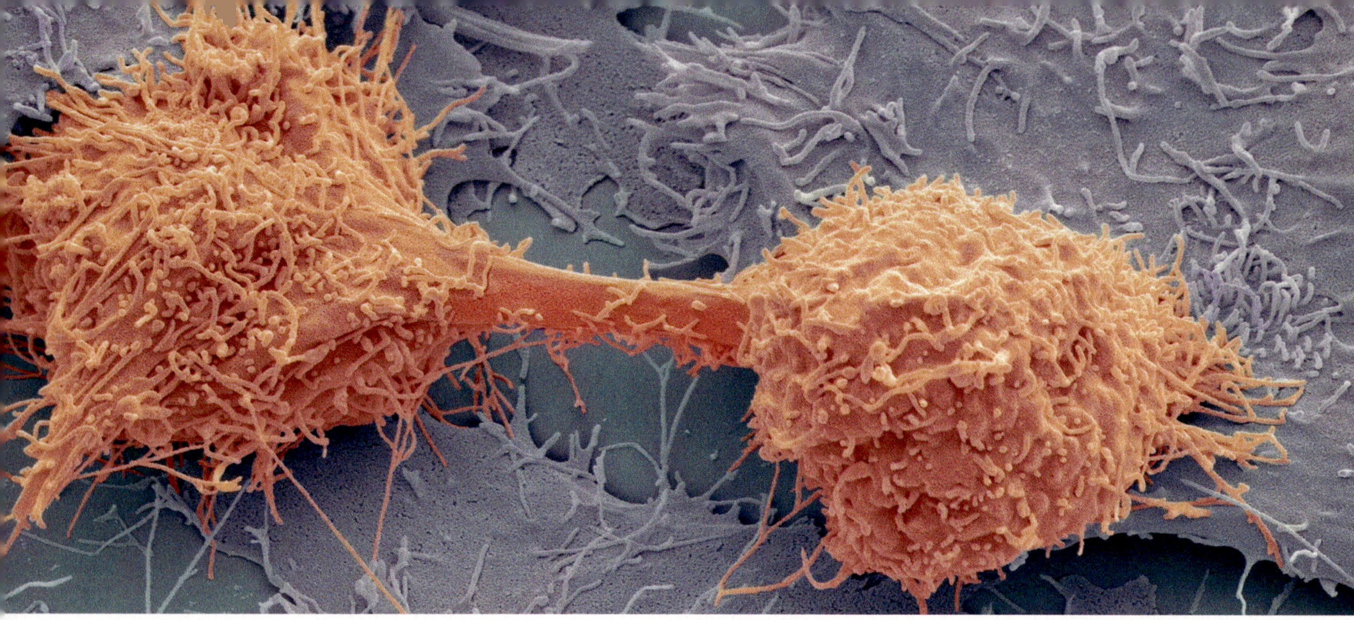

1 Durchschnürung einer Zelle am Ende der Zellteilung (REM-Aufnahme, coloriert)

2.4 Das Cytoskelett – Gerüst und Motor

Am Ende der Zellteilung wird die Zelle durchschnürrt. Wie läuft dieser Vorgang auf molekularer Ebene ab?

Bau und Funktion des Cytoskeletts – Das Cytoplasma, die flüssige, gelartige Grundsubstanz der Zelle, ist bei Eukaryoten von einem Netzwerk aus Proteinfäden, den **Proteinfilamenten,** durchzogen. Dieses zelluläre Netzwerk bezeichnet man als **Cytoskelett.** Seine Proteinfilamente sind aus kleinen Untereinheiten aufgebaut. Diese können sich innerhalb kürzester Zeit umlagern. Dadurch ist das Cytoskelett sehr dynamisch und anpassungsfähig. Es ist für die mechanische Stabilisierung der Zelle und ihre äußere Form verantwortlich. Außerdem ist es für die Bewegungen und den Transport von Zellbestandteilen innerhalb der Zelle zuständig sowie für die aktiven Bewegungen der Zelle als Ganzes.

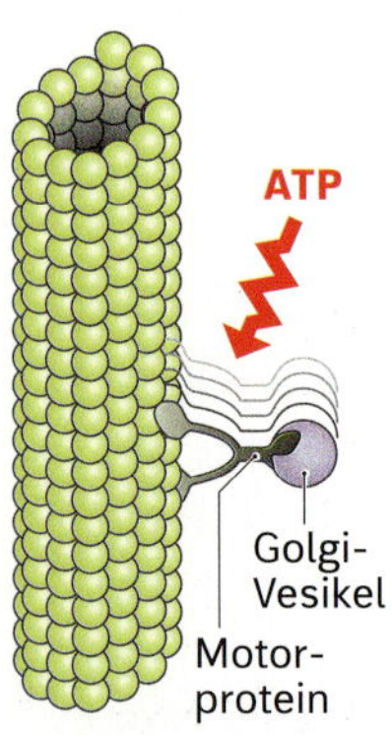

2 Vesikeltransport entlang der Makrofilamente

Makrofilamente – Proteinfilamente mit einem Durchmesser von etwa 25 Nanometern und einer Länge von bis zu 25 Mikrometern bezeichnet man als Makrofilamente. Sie sind aus zahlreichen, kugeligen Protein-Molekülen, dem **Tubulin,** aufgebaut. Diese lagern sich zu Röhren zusammen. Daher nennt man Makrofilamente auch **Mikrotubuli.** Andere Zellbestandteile sind oft an Mikrotubuli fixiert. In Tierzellen geht der Auf- und Abbau der Mikrotubuli von einem Bildungszentrum, dem **Centromer,** aus. Dieses befindet sich in der Nähe des Zellkerns.

Mikrotubuli haben besondere Bedeutung für die intrazellulären Bewegungen, wie zum Beispiel für die Umlagerungen von Zellbestandteilen. So sind sie an der aktiven Bewegung von Chloroplasten in pflanzlichen Zellen beteiligt. In tierischen Zellen werden mit ihrer Hilfe Golgi-Vesikel zur Zellmembran transportiert und Endosomen in das Innere der Zelle. Bei der Zellteilung bauen Mikrotubuli den Spindelapparat auf und ermöglichen die Bewegung der Chromosomen zu den Zellpolen. Mikrotubuli sind außerdem der zentrale Bestandteil von Geißeln, mit denen Einzeller sich fortbewegen.

Bestimmte Proteine, die **Motorproteine**, können sich mithilfe von ATP-Molekülen an den Mikrotubuli entlang bewegen. Sie verbinden sich mit Vesikeln oder anderen Zellbestandteilen und transportieren diese gezielt durch das Cytoplasma einer Zelle.

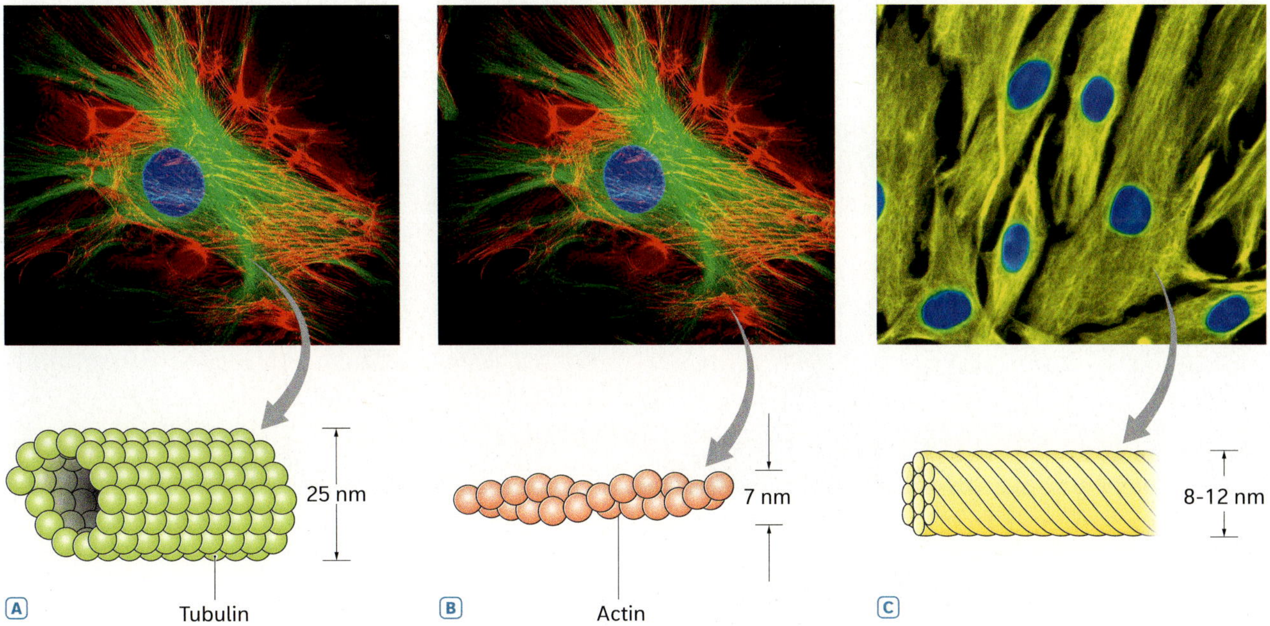

3 Cytoskelett (fluoreszenzmikroskopische Aufnahmen und Schemata): **A** Makrofilamente; **B** Mikrofilamente; **C** Intermediärfilamente

Mikrofilamente – Die dünnsten Elemente des Cytoskeletts, die **Mikrofilamente**, haben einen Durchmesser von etwa 7 Nanometer und eine Länge von etwa 100 Nanometer. Sie sind aus kugeligen Protein-Molekülen, dem Actin, aufgebaut. Diese bilden zwei Ketten, die umeinander gewunden sind. Mikrofilamente bilden häufig ein dichtes Geflecht unter der Zellmembran. Sie stabilisieren dadurch die Zellform und ermöglichen Aus- und Einstülpungen der Zellmembran. Mit ihrer Hilfe werden etwa bei der Endocytose die Grübchen in der Zellmembran gebildet und als Vesikel abgeschnürt. Zentrale Bedeutung haben Mikrofilamente außerdem bei der Kontraktion von Muskelzellen. Bei der Teilung tierischer Zellen schnürt ein Ring aus Mikrofilamenten die Ausgangszelle in der Mitte ein, sodass zwei Tochterzellen entstehen.

Intermediärfilamente – Proteinfilamente, deren Durchmesser zwischen dem Durchmesser von Mikrotubuli und Mikrofilamenten liegt, bezeichnet man als **Intermediärfilamente**. Sie kommen nur in tierischen Zellen vor. Oft sind sie zu dicken Bündeln und Netzen zusammengelagert. Diese Filamente durchziehen das Cytoplasma und verleihen den Zellen mechanische Festigkeit. Sie liegen auch direkt unter der Kernhülle und stabilisieren diese.

MATERIAL MIT AUFGABEN

A Umformungen einer Zelle mithilfe des Cytoskeletts

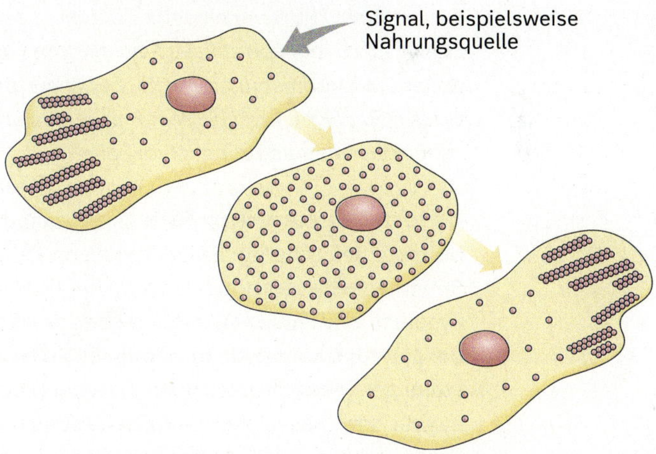

1 Erklären Sie anhand der Abbildung, wie tierische Zellen ihre Form verändern. ●●○

2 Erklären Sie, warum bei den zellulären Umformungen die Mikrofilamente in Actin-Moleküle zerfallen und nicht als komplette Filamente umgelagert werden. ●●●

3 Bestimmte Pilzgifte binden an Actin-Filamente und verhindern, dass sie wieder in einzelne Actin-Moleküle zerfallen können. Erklären Sie mögliche Auswirkungen dieser Gifte auf Zellen. ●●○

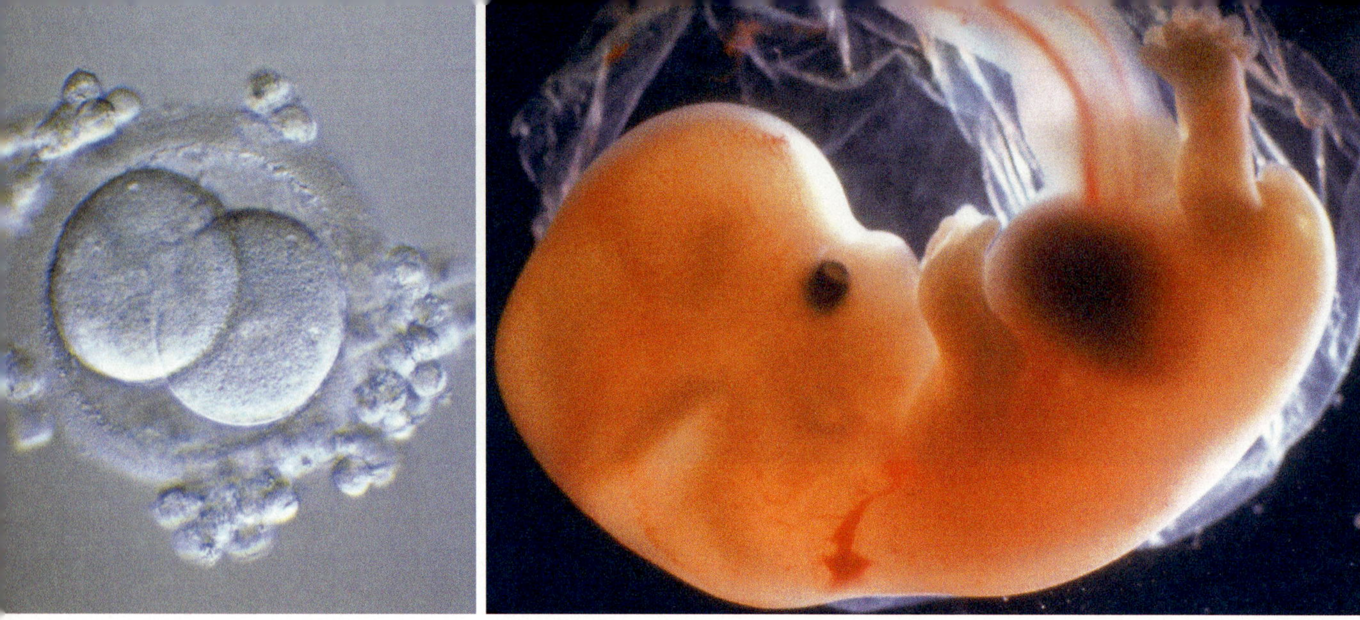

1 Embryo: **A** Zweizellstadium, **B** sieben Wochen alt

2.5 Zelldifferenzierung und Apoptose

In nur wenigen Wochen entwickelt sich aus einer befruchten Eizelle durch Zellteilungen ein Embryo mit über 200 verschiedene Zelltypen. Jeder Zelltyp ist darauf spezialisiert, bestimmte Funktionen im Organismus zu erfüllen. Wie entwickeln sich solche verschiedenen spezialisierten Zellen aus einer ursprünglichen Zelle?

Determinierung von Zellen – Nachdem bei einer Befruchtung die Zellkerne von Ei- und Spermienzelle verschmolzen sind, teilt sich die Zygote in zwei Zellen. Werden diese voneinander getrennt, kann sich aus jeder Zelle ein vollständiger Mensch entwickeln. Zellen, wie die Zygote oder Zellen des Zweizellstadiums aus denen sich ein vollständiges Lebewesen entwickeln kann, werden als **totipotent** bezeichnet. Die Entwicklungsmöglichkeiten der Zellen, die aus den folgenden Zellteilungen entstehen, werden nach und nach eingeschränkt. Obwohl zuerst keine äußeren Veränderungen der Zellen zu erkennen sind, ist bereits festgelegt zu welchem Zelltyp sich eine Zelle entwickelt. Sie wurden determiniert. Zum Beispiel wurden bestimmte Zellen **determiniert,** zum Typ Nervenzelle zu werden.

Differenzierung von Zellen – Während der anschließenden Entwicklung verändern sich die determinierten Zellen in der Gestalt und den Zellbestandteilen. Sie entwickeln sich zu spezialisierten Zellen. Ein Zelle, die zum Beispiel zum Typ Nervenzelle determiniert wurde, entwickelt sich zu einer Nervenzelle im Gehirn, eine andere zu einer Sinneszelle im Auge. Die Entwicklung von ursprünglich gleichartigen Zellen zu spezialisierten Zellen, wird **Zelldifferenzierung** genannt. So entstehen im Lauf der Entwicklung die unterschiedlichen Zelltypen in einem vielzelligen Organismus. Die **Spezialisierung** der verschiedenen Zelltypen ist in der Regel irreversibel und ermöglicht eine effektive Arbeitsteilung.

Genetische Regulation – Bei der Determinierung und Differenzierung von Zellen werden bestimmte Gene gezielt ein- und ausgeschaltet. Alle spezialisierten Zellen eines Organismus besitzen die gleiche Erbinformation, wie die der Zygote. Allerdings sind in ihnen nur die Gene aktiv, die für ihre Struktur und ihre speziellen Aufgaben notwendig sind. Nicht benötigte Gene sind inaktiviert worden.

Stammzellen – Durch die Differenzierung entstehen auch Zellen mit gleicher Gestalt und Funktion, die ein **Gewebe** bilden. Mehrere Gewebetypen bilden zusammen eine Funktionseinheit, die **Organ** genannt wird. Die ausdifferenzierten Zellen teilen sich in der Regel nicht mehr. Sie bilden ein Dauergewebe. In bestimmten Geweben, etwa im Knochenmark oder an den Wurzelspitzen der Pflanzen kommen aber auch undifferenzierte Zellen vor, die eine Teilungsfähigkeit besitzen. Sie sorgen für Ersatz, wenn Zellen des Dauergewebes absterben. Bei Säugetieren werden solche Zellen **Stammzellen** genannt.

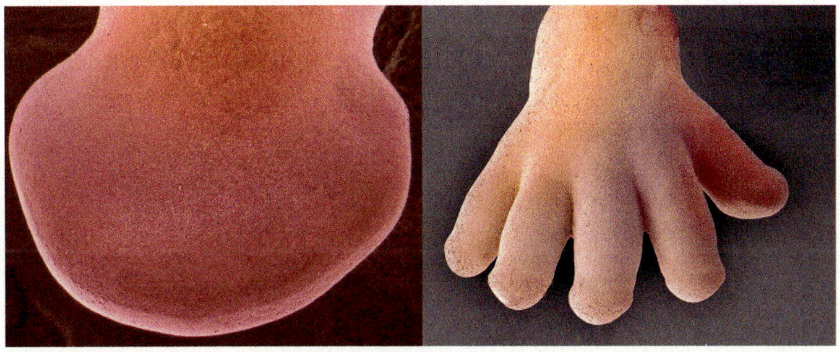

2 Embryonalentwicklung der Finger: **A** 35 Tage alt **B** 77 Tage alt

Apoptose – Im menschlichen Organismus sterben jede Stunde Milliarden von Zellen, dazu gehören zum Beispiel Blutzellen und Zellen der Schleimhäute, die den Darm oder die Atemwege auskleiden. Gleichzeitig werden genauso viele Zellen durch Zellteilungen neu gebildet. Die Anzahl der Zellen im ausgewachsenen Organismus ist im Gleichgewicht und wird durch Zellteilung und Zelltod streng reguliert. Zellen, die nicht mehr gebraucht werden oder gefährlich für den Organismus sind, sterben. Auch während der Entwicklung eines Embryos erfahren nicht mehr benötigte Zellen wie zum Beispiel die Häute zwischen den Fingern und Zehen den Zelltod. Dabei läuft schrittweise ein intrazellulärer Zerstörungsprozess ab. Er wird als programmierter Zelltod oder **Apoptose** bezeichnet.

Die Apoptose kann durch intrazelluläre oder extrazelluläre Signale ausgelöst werden. Sie beginnt mit der Aktivierung von Enzymen die bestimmte Proteine des Cytoplasmas und des Zellkerns abbauen. Als Folge schrumpft die Zelle und löst den Kontakt zu den benachbarten Zellen des Gewebes. Die Kernhülle löst sich auf und die Erbsubstanz wird zerstört, so dass die Zelle die Teilungsfähigkeit verliert. Schließlich zerfällt sie in mehrere kleinere Vesikel. Diese werden vollständig von Nachbarzellen und Fresszellen des Immunsystems aufgenommen. Ist die Apoptose einmal ausgelöst, läuft sie nach dem Alles oder Nicht-Prinzip ab und führt irreversibel zum Tod der Zelle.

MATERIAL MIT AUFGABEN

A Apoptose

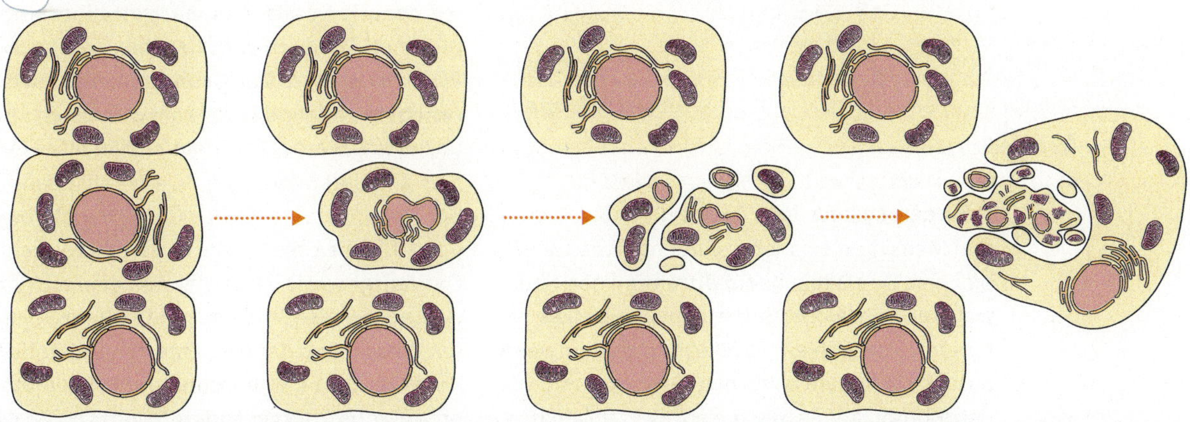

1 Fotografieren Sie die Abbildung und erstellen Sie daraus eine interaktive Grafik. ●●○

2 Formulieren Sie Bewertungskriterien für die interaktive Grafik zur Apoptose. ●●○

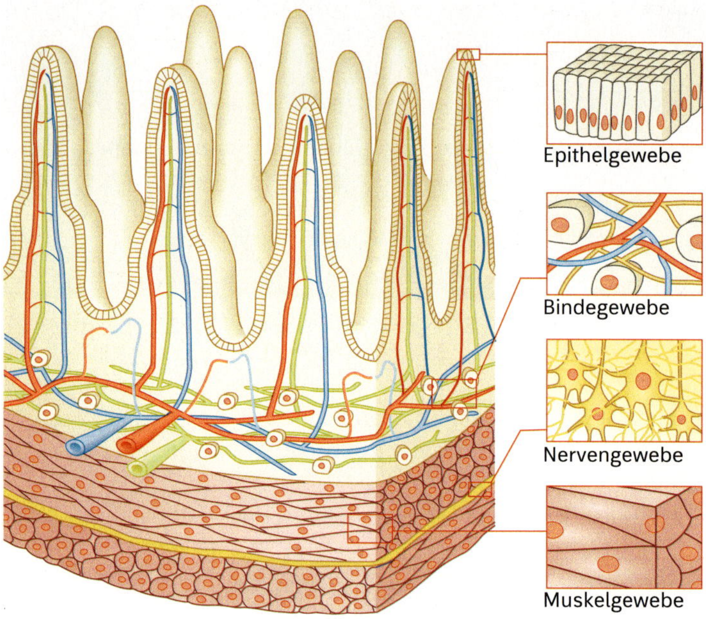

3 Darmwand (Schema)

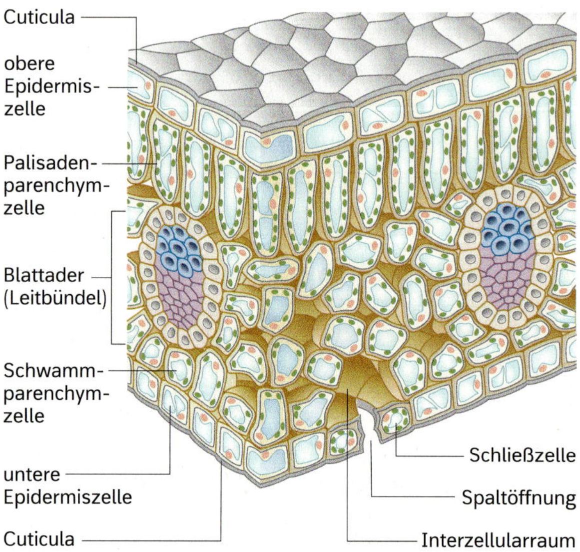

4 Laubblatt (Schema)

Gewebetypen bei Tieren – Bei Tieren und Menschen existieren verschiedene Gewebetypen: Das **Deck-** oder **Epithelgewebe** überzieht die Körperoberflächen und kleidet die inneren Körperhöhlen wie Darm und Atemwege aus. Es bildet zum einen eine Grenzschicht, die den Körper gegen die Außenwelt abschirmt. Zum anderen ist es wichtig für den Stofftransport, wie die Aufnahme von Nährstoffen im Darm. Das **Binde-** oder **Stützgewebe** verbindet verschiedene Gewebe miteinander und verleiht Organen Stabilität. Neben lockerem Bindegewebe, wie es in der Darmwand vorkommt, ist straffes Bindegewebe in Sehnen und Bändern zu finden. Auch Knochen und Knorpel zählen zum Bindegewebe. Das **Muskelgewebe** besteht aus langgestreckten Zellen, die kontrahieren und erschlaffen können. Es ermöglicht nicht nur die Fortbewegung, sondern auch den Herzschlag und die Darmbewegung. Das **Nervengewebe** enthält Nervenzellen und Gliazellen. Während Nervenzellen der Aufnahme, Verarbeitung und Weiterleitung von Signalen dienen, sind Gliazellen für die Isolation und Versorgung der Nervenzellen zuständig.

Gewebetypen bei Pflanzen – Im Gegensatz zu Tieren zeigen Pflanzen ein lebenslanges Wachstum. Verantwortlich hierfür sind Zellen des **Bildungsgewebes** oder **Meristems**, das sich beispielsweise in den Spross- und Wurzelspitzen findet. Es handelt sich um nicht spezialisierte Zellen, die durch fortgesetzte Teilungen und nachfolgender Differenzierung verschiedene **Dauergewebe** bilden. Sie lassen sich nach ihrer wichtigsten Funktion unterscheiden. Das **Abschluss-** oder **Epithelgewebe** bedeckt beispielsweise die Oberflächen von Pflanzenteilen und schützt sie damit. Das äußere Abschlussgewebe, die **Epidermis**, besteht meist aus einer Schicht dicht gepackter Zellen, die fest miteinander verbunden sind. Im Blatt bilden abgewandelte Epidermiszellen die **Schließzellen.** Indem diese ihre Form ändern, werden die Spaltöffnungen geschlossen oder geöffnet. Dadurch wird der Gasaustausch der Pflanze reguliert. Das **Grundgewebe**, auch **Parenchym** genannt, ist das am wenigsten spezialisierte Gewebe. Es findet sich in allen Organen. Im Blatt bildet es mit dem Palisaden- und Schwammparenchym das Gewebe, das vorwiegend für die Fotosynthese verantwortlich ist. Das **Leitgewebe** ist Bestandteil der Leitbündel. Diese durchziehen die gesamte Pflanze. Sie leiten Wasser und darin gelöste Mineralstoffe von der Wurzel zu den Blättern und Fotosyntheseprodukte von dort in andere Pflanzenteile. **Festigungsgewebe** besteht aus Zellen mit verdickten Zellwänden. Es verleiht Pflanzenteilen wie etwa Leitbündeln besondere Stabilität.

Individuelle und evolutive Entwicklung

Das Basiskonzept individuelle und evolutive Entwicklung beschreibt den Sachverhalt, dass sich lebende Systeme über verschieden lange Zeiträume im Zusammenhang mit Umwelteinflüssen verändern. Dabei bildet die individuelle Entwicklung von Lebewesen und die Weitergabe ihrer genetischen Information durch Fortpflanzung die Grundlage für die evolutive Entwicklung. Geschlechtliche Fortpflanzung führt zur Rekombination von genetischem Material und erhöht die genetische Variation. Zusammen mit Selektion ist genetische Variation eine wichtige Ursache für Artwandel. Wichtige biologische Prinzipien, die sich diesem Basiskonzept zuordnen lassen, sind die Zelldifferenzierung, die Reproduktion und die Selektion.

Zelldifferenzierung – Aus einer befruchteten Eizelle gehen durch rasche Teilungen Zellen hervor. Dabei differenzieren sie sich zu unterschiedlichen Zelltypen, die sich in ihrer Gestalt und Funktion stark unterscheiden. Aus diesen gehen dann die verschiedenen Gewebetypen hervor. Die verschiedenen Zell- und Gewebetypen ermöglicht Vielzellern eine effektive Arbeitsteilung.

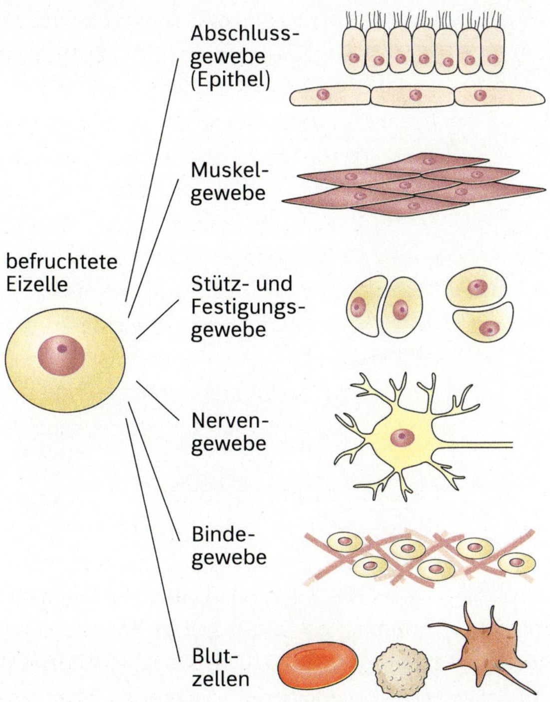

Reproduktion – Lebewesen sind zur Reproduktion oder Fortpflanzung fähig. Bei der ungeschlechtlichen Fortpflanzung, etwa von Einzellern, entstehen Nachkommen, die die gleiche Erbinformation wie das Ursprungslebewesen besitzen. Bei der geschlechtlichen Fortpflanzung, wie sie bei den meisten Eukaryoten vorkommt, erfolgt eine Rekombination des genetischen Materials. Dadurch wird die genetische Variabilität der Nachkommen erhöht.

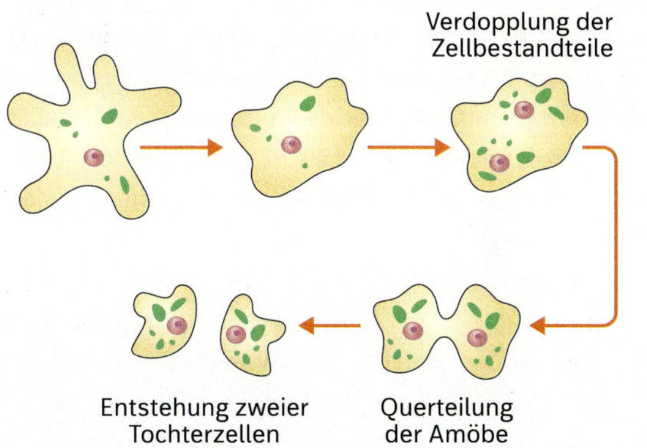

Selektion – Die genetische Variabilität kann zu Merkmalen führen, die sich bei einer Veränderung der Umwelt als vorteilhaft erweisen. Diejenigen Lebewesen, die den jeweiligen Umweltbedingungen am besten angepasst sind, kommen in der Population am häufigsten zur Fortpflanzung. Ihre Merkmale werden weitervererbt und setzen sich in einer Population durch. Unvorteilhafte Merkmale können dadurch verloren gehen. Durch diese Selektion verändern sich Lebewesen einer Art im Laufe vieler Generationen.

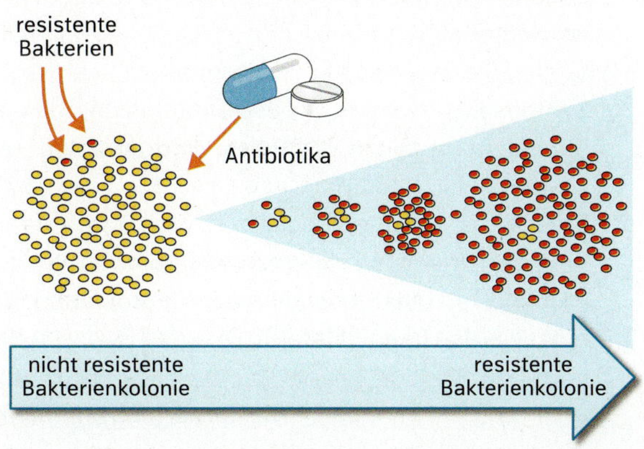

Klausuraufgaben

Chloroplasten

Chloroplasten sind typische Bestandteile von Pflanzenzellen. Sie sind der Ort an dem die Fotosynthese stattfindet. Sie sind somit hauptverantwortlich für die Energieversorgung einer Pflanzenzelle. Bei der Fotosynthese wird Glucose aufgebaut. Sie wird unter anderem direkt zum Aufbau zelleigener Strukturen und somit zum Wachstum genutzt. Die Fähigkeit, aus Licht organische Moleküle herzustellen, markiert einen elementaren Schritt in der Entstehung des Lebens auf der Erde, wie wir es heute kennen. In der folgenden Aufgabe werden die Entstehung von Chloroplasten im Laufe der Evolution, ihre Umwandlung aus Proplastiden und ihre Zusammenarbeit mit anderen Organellen thematisiert.

1.1 Ordnen Sie den Strukturen eines Chloroplasten anhand der Ziffern die entsprechenden Fachbegriffe zu und geben Sie Gemeinsamkeiten im Aufbau von Chloroplasten und Bakterien an. (Material A) (4 BE)

1.2 Erklären Sie, warum der Bau von Chloroplasten und Bakterien als Beleg für die Theorie vom Ursprung der Chloroplasten dienen kann. (Material A) (6 BE)

2.1 Beschreiben Sie die Entstehung der verschiedenen Typen von Plastiden und ihre möglichen Umwandlungen ineinander. (Material B) (8 BE)

2.2 Nennen Sie drei Beispiele für die Umwandlung eines Plastidentyps in einen anderen. (Material B) (3 BE)

3.1 Stellen Sie in einem Fließdiagramm die Schritte zur Synthese eines Chloroplasten-Proteins dar, dessen Bauanleitung in der DNA des Zellkerns verschlüsselt ist. (Material C) (8 BE)

3.2 Stellen Sie in einem Fließdiagramm die Schritte zur Synthese eines Fotosynthese-Proteins dar, dessen Bauanleitung in der DNA des Chloroplasten verschlüsselt ist. (Material C) (8 BE)

3.3 Stellen Sie eine Hypothese auf, warum die Anleitung der DNA des Zellkerns nicht zum Aufbau von Proteinen an den Ribosomen der Chloroplasten genutzt werden kann. (Material C) (6 BE)

(BE: Bewertungseinheiten)

A Chloroplasten und Bakterien im Vergleich

Einer Theorie zufolge sind Chloroplasten aus ursprünglich freilebenden fotosynthetisch aktiven Bakterien hervorgegangen. Nach dieser Vorstellung wurden die Bakterien von frühen Eukaryotenzellen durch Endocytose aufgenommen. Dabei wurden diese nicht verdaut, sondern lebten in der Eukaryotenzelle weiter. Sie waren vorteilhaft für die Eukaryotenzelle, da sie diese mit Glucose versorgten. Im Laufe der Zeit haben sich die in der Eukaryotenzelle aufgenommenen Bakterien zu Chloroplasten entwickelt.

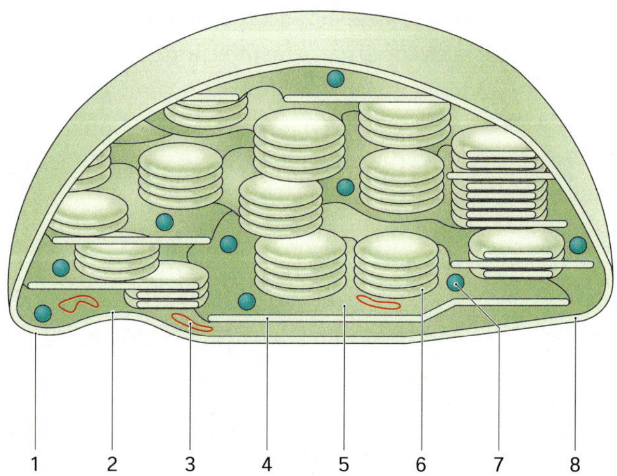

1 Schema eines Chloroplasten

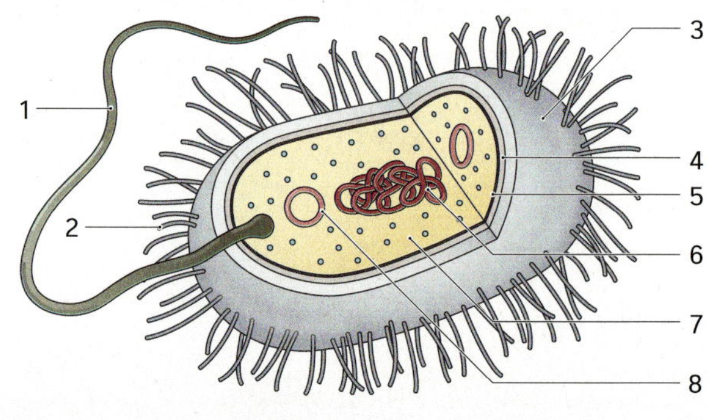

2 Schema eines Bakteriums

B Bildung und Umwandlung von Plastiden

Chloroplasten gehören zu einer Gruppe von Organellen, die man Plastiden nennt. Zu ihnen gehören neben grünen Chloroplasten auch farblose Leukoplasten und gelbrote Chromoplasten. Leukoplasten sind Speicherorte für Reservestoffe wie Fette und Stärke. Chromoplasten, die in Blüten und Früchten vorkommen, färben diese Pflanzenteile gelb, orange oder rot. Sie dienen der Anlockung von Tieren, die die Pflanzen bestäuben oder ihre Samen verbreiten. Alle Plastiden gehen aus farblosen Proplastiden, einer Plastidenvorstufe, hervor. Diese befinden sich vorwiegend in Zellen des Bildungsgewebes, des Meristem. Sie besitzen im Vergleich zu anderen Plastidentypen eine geringe Größe und wenige innere Membranen. Im Laufe des Wachstums und als Reaktion auf Umweltfaktoren können sich die unterschiedlichen Typen von Plastiden ineinander umwandeln.

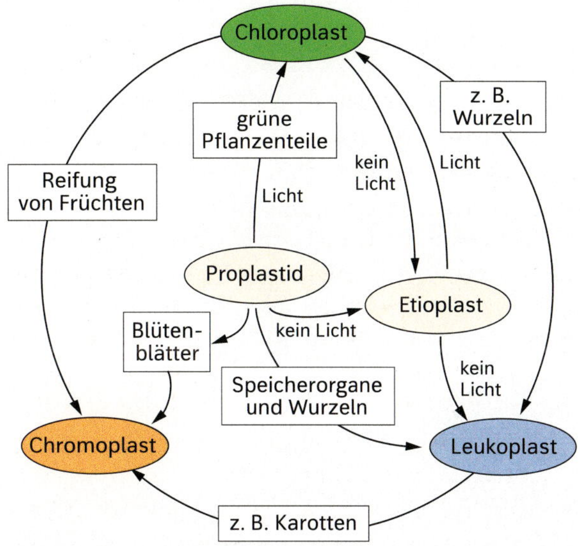

3 Plastiden und ihre Umwandlungen

C Zusammenarbeit zwischen Chloroplasten, Ribosomen und Zellkern

Chloroplasten besitzen eigene Erbsubtanz in Form von DNA und eigene Ribosomen. Die Ribosomen ähneln denen von Prokaryoten, unterscheiden sich aber deutlich von den Ribosomen im Cytoplasma. Von ihren bis zu 3000 verschiedenen Proteinen stellen Chloroplasten nur etwa 100 selbst her. Die übrigen Proteine werden aus dem Cytoplasma importiert. Dort werden sie nach der Bauanleitung aus dem Zellkern synthetisiert.

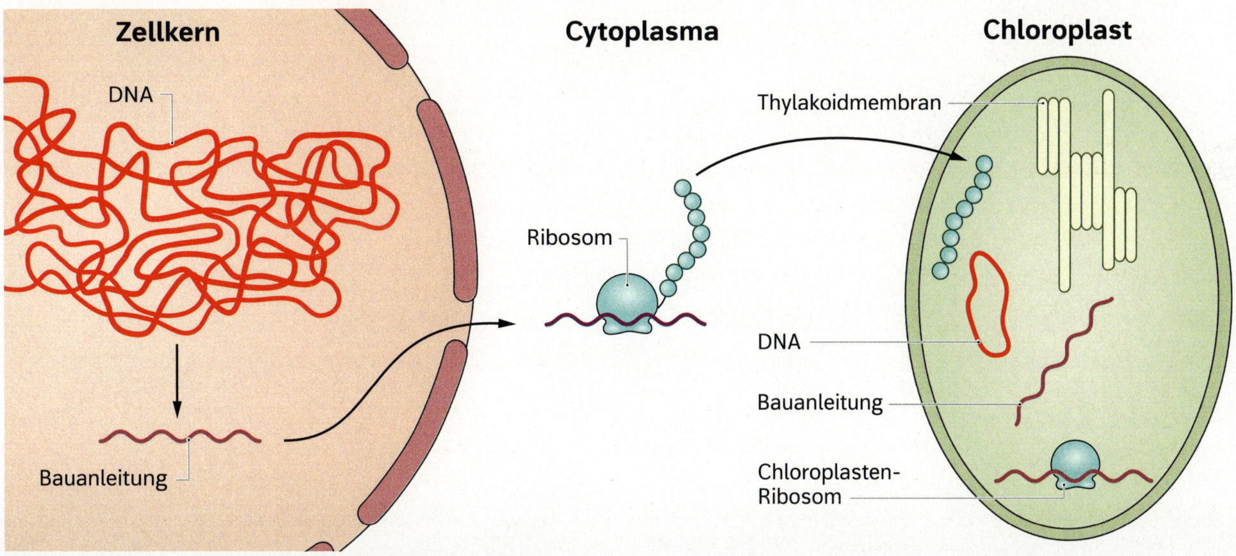

4 Zusammenarbeit von Chloroplasten mit anderen Organellen

Biomembranen- Barriere und Schleuse

Dieses Kapitel hat folgenden Inhalt:

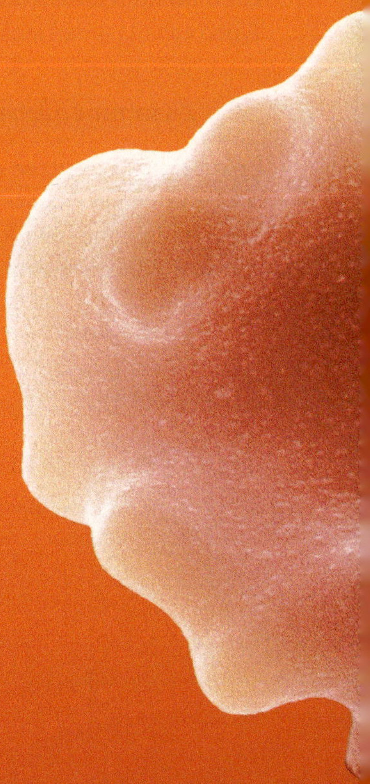

Bei der Sichelzellkrankheit verformen sich die linsenförmigen Erythrozyten sichelförmig. Sie verklumpen leicht miteinander und können Blutgefäße verstopfen. Dadurch tritt eine verminderte Blutversorgung von Organen auf sich unter anderem in Blutarmut, Schlaganfällen und starken Schmerzen äußert.

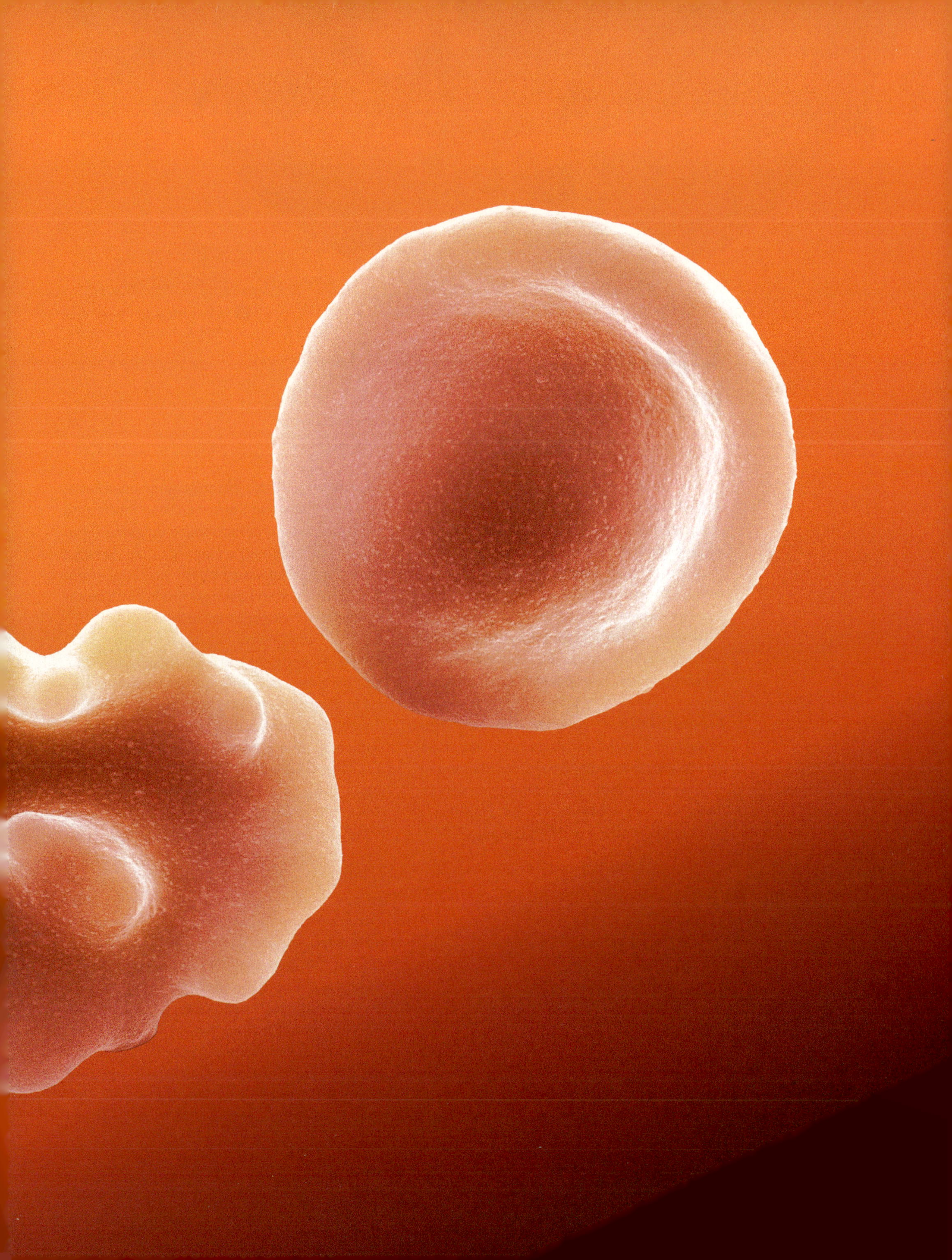

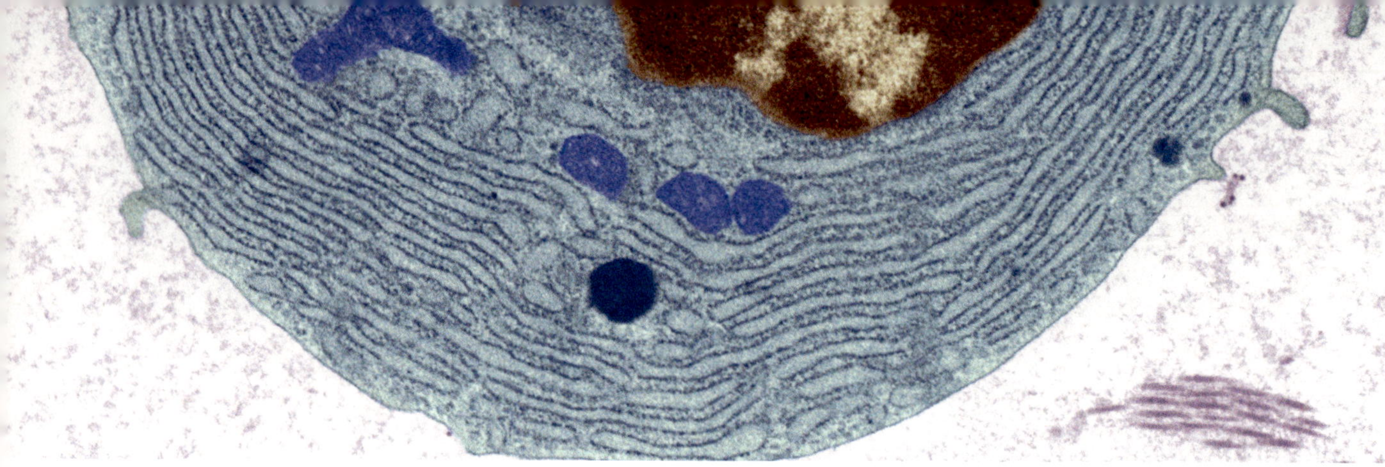

1 Ausschnitt einer Plasmazelle (TEM-Aufnahem, coloriert)

1.1 Lipide in Zellen

In der elektronenmikroskopischen Aufnahme wird die klare Abgrenzung der Plasmazelle vom umgebenden Medium durch die Zellmembran deutlich. Ebenso gut erkennt man die zahlreichen durch Membranen begrenzten inneren Kompartimente der Zelle. Nur in solchen abgegrenzten Räumen, also etwa in Zellen und Zellorganellen, können Stoffe angereichert werden und miteinander reagieren. Wie können Biomembranen Bereiche voneinander abgrenzen?

Biomoleküle – Zellen bestehen chemisch betrachtet aus Wasser, Biomolekülen und Salzen. Als **Biomoleküle** bezeichnet man organische Verbindungen, die in Lebewesen vorkommen. Wichtige Stoffklassen der Biomoleküle sind Lipide, Proteine und Kohlenhydrate.

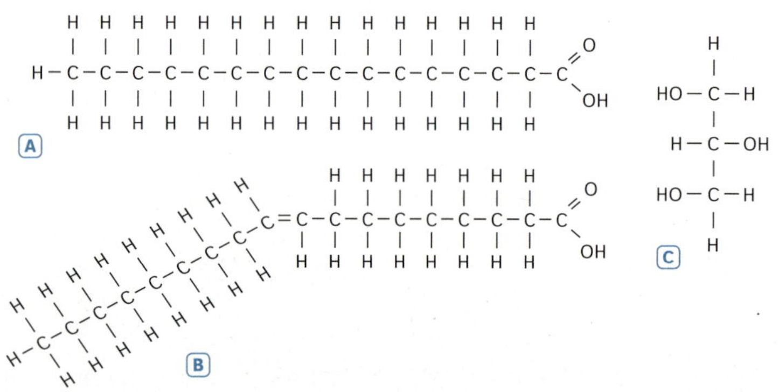

2 Lipid-Bausteine: **A** gesättigte Fettsäure; **B** ungesättigte Fettsäure; **C** Glycerin

Lipide – Zu den Lipiden gehören etwa Fette, Phospholipide und Steroide. Diese Stoffe sind chemisch zwar unterschiedlich aufgebaut, haben aber sehr ähnliche Eigenschaften. Sie sind in unpolaren Lösungsmitteln wie Benzin gut löslich. In polaren Lösungsmitteln wie Wasser lösen sie sich dagegen schlecht.

Fette – Fette dienen Lebewesen vor allem als Energiereserve. Bei Zimmertemperatur sind sie in der Regel fest und kommen bevorzugt in tierischen Zellen vor. Öle hingegen sind flüssig und meist pflanzlicher Herkunft. Fette werden aus Glycerin-Molekülen und Fettsäure-Molekülen aufgebaut. Glycerin ist ein Molekül mit drei Kohlenstoff-Atomen, von denen jedes eine Hydroxygruppe (–OH) trägt. Fettsäuren sind unverzweigte, kettenförmige Kohlenwasserstoff-Verbindungen, die am Ende eine Carboxygruppe (–COOH) tragen. Sind die Kohlenstoff-Atome nur durch Einfachbindungen miteinander verbunden, spricht man von **gesättigten Fettsäuren**. **Ungesättigte Fettsäuren** besitzen dagegen eine oder mehrere Doppelbindungen. Die drei Hydroxygruppen eines Glycerin-Moleküls können jeweils mit der Carboxygruppe eines Fettsäure-Moleküls reagieren. Unter Abspaltung von drei Molekülen Wasser entsteht auf diese Weise ein Fett- oder **Triglycerid-Molekül**. Die entstandenen Bindungen werden Esterbindungen genannt.

Phospholipide – Phospholipide bilden die Grundbausteine von Biomembranen. Bei ihnen ist das Glycerin-Molekül mit zwei Fettsäure-Molekülen und zusätzlich mit einem Phosphorsäure-Molekül, das noch mit einem organischen Rest (-R) verknüpft ist, verestert. Das Glycerin-Molekül bildet zusammen mit dem Phosphorsäure-Molekül und dem Rest den polaren Molekülbereich des Phospholipids. Dieser polare Kopf steht dem unpolaren Schwanz des Phospholipids, der durch die beiden Fettsäure-Moleküle gebildet wird, gegenüber. Der polare Kopf ist wasserliebend, **hydrophil**, der unpolare Schwanz dagegen wasserfeindlich, **hydrophob**. Phospholipid-Moleküle ziehen sich gegenseitig an. Deshalb lagern sie sich in einem wässrigen Milieu spontan zusammen und bilden kugelförmige einschichtige **Micellen**. Dabei liegen die lipophilen Schwänze innen, während die polaren Köpfe nach außen gerichtet sind und mit den Wasser-Molekülen in Wechselwirkung treten.

Phospholipide bilden in wässriger Umgebung bevorzugt **Lipid-Doppelschichten**, denn die Schwänze der Phospholipide sind oft zu sperrig, um in das Innere von Micellen zu passen. In den Lipid-Doppelschichten liegen die Schwänze der Phospholipide dicht zusammen und bilden eine hydrophobe innere Schicht. Sie verhindert, dass wasserlösliche Stoffe sie passieren können und sie ist der Grund, warum Biomembranen zelluläre Bereiche voneinander abgrenzen können.

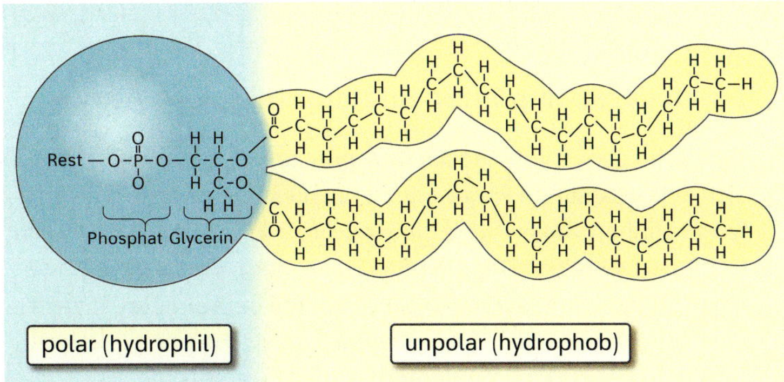

3 Phospholipid-Molekül

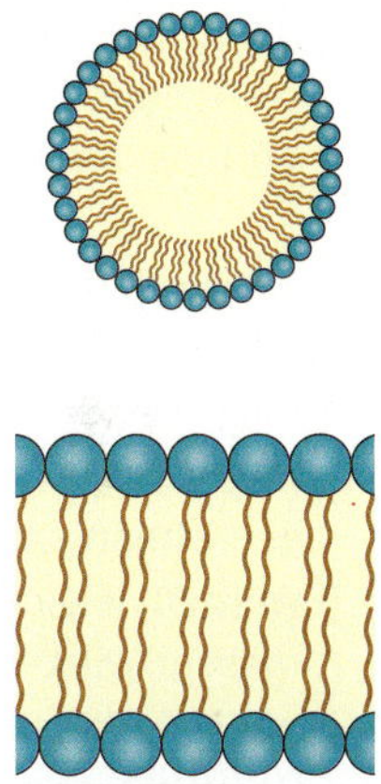

4 Micelle und Lipid-doppelschicht

Steroide – Steroide sind eine Stoffklasse der Lipide, die aus ringförmigen Kohlenwasserstoff-Verbindungen aufgebaut sind. Bei Menschen und Tieren bildet Cholesterin den Grundbaustein von Steroidhormonen wie etwa Testosteron und Östrogen. In den Membranen von tierischen Zellen kann Cholesterin in Wechselwirkung mit den hydrophoben Schwänzen der Phospholipide treten und sich in die Zwischenräume der Lipid-Doppelschicht lagern. So verfestigt es die Membran.

MATERIAL MIT AUFGABEN

A Vergleich von Seifen und Phospholipiden

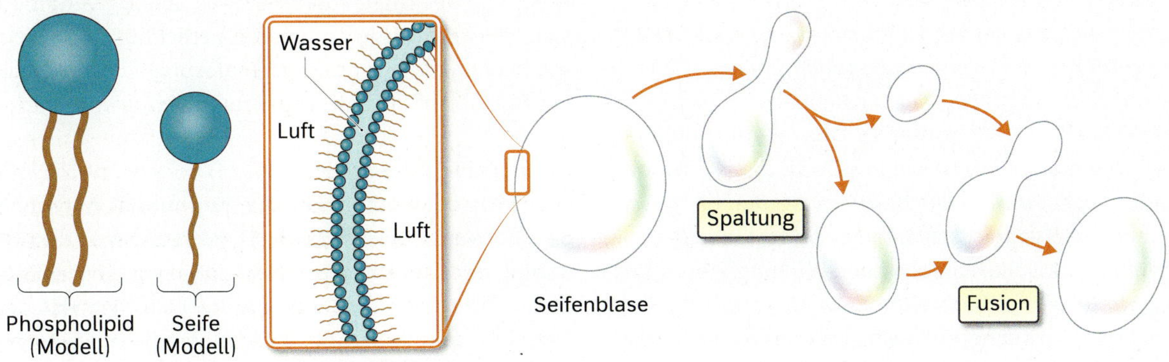

1 Seifen sind Natriumsalze der Fettsäuren. Vergleichen Sie den Bau von Seifen- und Phospholipid-Molekülen unter Berücksichtigung der Modelle ●○○

2 Vergleichen Sie die Haut einer Seifenblase mit einer Lipid-Doppelschicht hinsichtlich des Aufbaus und der Eigenschaften. ●●○

Einen Versuch planen und durchführen

Versuche gehen von **Beobachtungen** aus, aus denen sich eine bestimmte **Frage** ergibt. Um diese beantworten zu können, muss zuerst die konkrete Versuchsfrage formuliert werden. Dazu werden eine oder mehrere **Hypothesen** aufgestellt. Hypothesen sind begründete Vermutungen über den Zusammenhang zwischen zwei Größen. Sie beruhen auf Vorerfahrungen und Wissen. Eine Hypothese muss so formuliert werden, dass sie überprüfbar ist. Sie schließt eine Wenn-dann-Beziehung ein: Wenn die Hypothese zutrifft, dann kann eine bestimmte Beobachtung gemacht werden. Zur Überprüfung der Hypothese werden Versuche durchgeführt.

Planung der Versuchsdurchführung

Die Größen, die sich in einem Versuch verändern können, heißen **Variablen**. In einem Versuch wird ermittelt, welche Wirkung eine **unabhängige Variable** auf eine abhängige Variable hat. Zunächst muss festgelegt werden, wie die Größe der **abhängigen Variable** gemessen wird. Weiter gehört zur Planung, wie die unabhängige Variable systematisch verändert werden soll. Vermutet man, dass die abhängige Variable von mehreren unabhängigen Variablen beeinflusst wird, müssen mehrere Versuchsansätze geplant werden. Dabei wird in jedem Ansatz jeweils nur eine unabhängige Variable verändert, während die anderen Variablen konstant bleiben. Die Beobachtungen müssen jeweils mit einem **Kontrollansatz** verglichen werden, bei dem alle Variablen konstant gehalten werden.

Auswertung des Versuchs

Zur Auswertung des Versuchs gehört eine neutrale **Beschreibung** der Versuchsbeobachtungen. Danach werden die Hypothesen mit den Beobachtungen verglichen. Bei dieser **Hypothesen-Überprüfung** können sich Hypothesen als falsch erweisen, andere werden dadurch gestützt. In der **Deutung** werden die so gewonnenen Ergebnisse zusammengefasst, der Zusammenhang zwischen Ursache und Wirkung erklärt und die Versuchsfrage beantwortet. Zur Auswertung gehört auch eine **kritische Reflexion** des gesamten Vorgehens.

Beispiel

Beobachtung: Blauviolette Rotkohlblätter färben sich rötlich, wenn beim Kochen Essig hinzugefügt wird.

Versuchsfrage: Wodurch wird die Farbänderung der Rotkohlblätter verursacht?

Hypothesen

Die Farbänderung wird verursacht
- durch die Temperatur,
- durch die Veränderung des pH-Wertes.

Planung der Versuchsdurchführung

Kontrollansatz: blaue Farbe von Rotkohlsaft bei neutralem pH-Wert (pH 7 bei Raumtemperatur

Festlegung der Variablen: Die Farbe des Rotkohlsafts ist die abhängige, der pH-Wert und die Temperatur sind die unabhängigen Variablen.

Messung der variablen Größen: Vergleich der Farbveränderungen mit der Farbe im Kontrollansatz

Systematische Veränderung der unabhängigen Variablen: Im ersten Ansatz wird der pH-Wert konstant bei pH = 7 gehalten und die Temperatur systematisch erhöht. Im zweiten Ansatz wird die Temperatur konstant bei Raumtemperatur gehalten und der pH-Wert von pH 7 zuerst erniedrigt und dann erhöht.

Beobachtungen

Ansatz 1: keine Farbveränderungen des Rotkohlsaftes bei systematischer Erhöhung der Temperatur

Ansatz 2: Bei Zugabe einer sauren Lösung verändert sich die Farbe des Rotkohlsaftes in Richtung violett bis rot, bei Zugabe einer basischen Lösung verändert sich der Rotkohlsaft in Richtung blaugrün bis grün.

Auswertung des Versuchs

Die Farbe des Rotkohlsafts variiert mit der Änderung des pH-Werts. Dies stützt die Hypothese, dass die Änderung der Farbe vom pH-Wert abhängig ist. Der Rotkohlsaft verfärbt sich dagegen nicht rötlich mit der Temperaturveränderung. Diese Hypothese wird verworfen.

pH	3	4	5	6	7	8	9	10	11

B Erkenntnisgewinn durch Versuche: Bausteine von Biomembranen

Beobachtung
Beim Mikroskopieren beobachtet man, dass bestimmte fettlösliche Farbstoffe schneller in Zellen aufgenommen werden als wasserlösliche Farbstoffe. Sie passieren die Zellmembran leichter.

Versuchsfrage
Aus welchen chemischen Bausteinen bestehen Biomembranen?

Hypothesen
- Die Membran besteht aus Fetten.
- Die Membran besteht aus Proteinen.
- Die Membran besteht aus Fetten und Proteinen.

Versuchsdurchführung
Rotkohlblätter wurden in Streifen geschnitten und dann solange gewässert, bis kein roter Farbstoff mehr austrat. Danach gab man jeweils einen Rotkohlstreifen in ein Reagenzglas und füllte entweder Ethanol, Essig oder Wasser hinzu. Die Reagenzgläser wurden nicht geschüttelt.

Versuchsbeobachtung
nach 10 Minuten

Ethanol   Essig   Wasser

Zusatzinformationen

A Anthocyane sind wasserlösliche Pflanzenfarbstoffe, die in vielen Pflanzen vorkommen und den Blüten und Früchten die rote, violette bis blauschwarze Färbung geben. Die Farbe der Anthocyane ist pH-Wert-abhängig.

pH	Farbe
2	rot
4	violett
6	blau-violett
8	blau
10	blau-grün
12	grün
14	gelb

B Vorversuche Es wurden Speiseöl und Eiklar jeweils entweder mit Wasser, Essig oder Ethanol gemischt.

Mischung	Beobachtung
Speiseöl + Wasser	Fett und Wasser mischen sich nicht.
Speiseöl + Essig	Fett und Essig mischen sich nicht.
Speiseöl + Ethanol	Fett löst sich in Ethanol.
Eiklar + Wasser	Eiklar bildet Schlieren.
Eiklar + Ethanol	Eiklar bildet Schlieren.
Eiklar + Essig	Eiklar verklumpt.

1 Werten Sie die Zusatzinformationen aus und deuten Sie die Versuchsbeobachtungen bei den Rotkohlblättern. ●●●
2 Nennen Sie die abhängige und unabhängige Variable dieses Versuchs. ●●○
3 Überprüfen Sie die Hypothesen und beantworten Sie die Versuchsfrage. ●●●
4 ▶ Untersuchen Sie, wie Lösungen von Spülmittel, Feinwaschpulver, Shampoo und Nagellackentferner auf Biomembranen von Rotkohlzellen wirken. Formulieren Sie vor der Versuchsdurchführung die konkrete Versuchsfrage und die entsprechenden Hypothesen. ●●●
5 Fertigen Sie von einem der Versuche ein Protokoll mit Fotos der Versuchsbeobachtungen an. ●●○

1 Querschnitt einer Biomembran (TEM, coloriert)

1.2 Der Aufbau von Biomembranen

In elektronenmikroskopischen Aufnahmen von Biomembranen erkennt man zwei dunklere Linien zwischen denen sich eine hellere Linie befindet. Da alle Biomembranen eine solche dreischichtige Struktur zeigen, sprach man lange Zeit von einer Einheitsmembran. Findet sich eine solche vermeintlich einheitliche Struktur auch auf molekularer Ebene in den Biomembranen?

Phospholipid-Anordnung – In Biomembranen sind Phospholipide in einer zusammenhängenden Lipid-Doppelschicht angeordnet. Diese bildet die Grundstruktur jeder Biomembran. Darin sind die hydrophilen Bereiche der Phospholipide jeweils nach außen, zur wässrigen Umgebung hin, ausgerichtet. Die hydrophoben Bereiche der Phospholipide bilden dagegen eine hydrophobe innere Schicht. Die hellere Linie im elektronenmikroskopischen Bild deutete man zunächst als diese hydrophobe innere Schicht. Die beiden äußeren dunklen Linien sollten von den hydrophilen Bereichen der Phospholipide gebildet werden. Heute weiß man, dass die eigentliche Membran nur dem hellen Bereich der EM-Aufnahme entspricht. Die beiden dunklen Linien entstehen durch das bei der Präparation verwendete Kontrastmittel. Dieses lagert sich auf beide Seiten der Membran an.

Die Phospholipid-Moleküle können sich innerhalb der Membran frei bewegen und sind in ständiger Bewegung. Daher entspricht die Lipid-Doppelschicht einem Flüssigkeitsfilm, vergleichbar mit einem Ölfilm auf einer Wasseroberfläche. In Membranen von tierischen Zellen kann bis zu 50 Prozent Cholesterin enthalten sein. Es behindert die Beweglichkeit der Phospholipide, macht eine Membran also starrer.

Die verschiedenen Phospholipide sind in der Membran nicht gleichmäßig verteilt. In bestimmten Bereichen kommen bevorzugt Phospholipide mit langkettigen, gesättigten Fettsäuren vor. Zwischen ihnen wirken stärkere Wechselwirkungen als zwischen den Molekülen in den umgebenden Membranbereichen. Dadurch können sich die betreffenden Phospholipid-Moleküle nicht mehr frei in der Membran bewegen.
Zudem ist in diesen Bereichen vermehrt Cholesterin in die Zwischenräume benachbarter Phospholipide eingelagert. Durch die starken Wechselwirkungen zwischen den Molekülen ist dieser Membranbereich nur als Ganzes mobil, vergleichbar mit Baumstämmen, die zu einem Floß zusammengebunden sind. Deshalb nennt man diese dickeren und zähflüssigeren Membranbereiche Lipid-Flöße oder **Lipid-Rafts**.

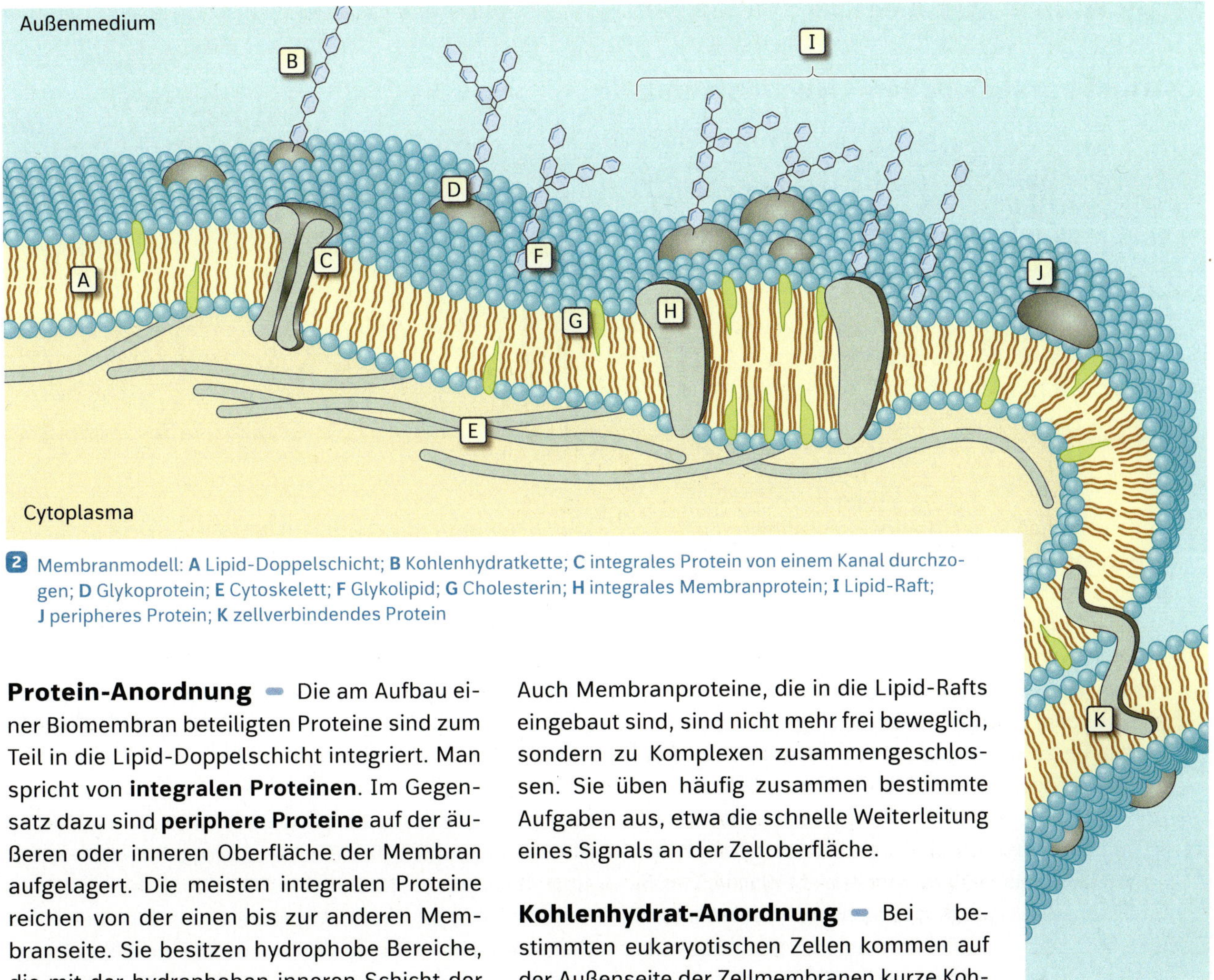

2 Membranmodell: **A** Lipid-Doppelschicht; **B** Kohlenhydratkette; **C** integrales Protein von einem Kanal durchzogen; **D** Glykoprotein; **E** Cytoskelett; **F** Glykolipid; **G** Cholesterin; **H** integrales Membranprotein; **I** Lipid-Raft; **J** peripheres Protein; **K** zellverbindendes Protein

Protein-Anordnung – Die am Aufbau einer Biomembran beteiligten Proteine sind zum Teil in die Lipid-Doppelschicht integriert. Man spricht von **integralen Proteinen**. Im Gegensatz dazu sind **periphere Proteine** auf der äußeren oder inneren Oberfläche der Membran aufgelagert. Die meisten integralen Proteine reichen von der einen bis zur anderen Membranseite. Sie besitzen hydrophobe Bereiche, die mit der hydrophoben inneren Schicht der Membran in Wechselwirkungen treten. Die hydrophoben Bereiche integraler Proteine ragen oft auf beiden Seiten aus der Lipid-Doppelschicht heraus. Solche **Transmembranproteine** haben vielfältige Funktionen. Zum Beispiel können sie Ionenkanäle bilden oder als Rezeptoren von außen ankommende Signale ins Innere einer Zelle weiterleiten. Periphere Membranproteine sind über Wechselwirkungen mit den polaren Bereichen der Phospholipide oder den integralen Proteinen verbunden. Einige sind auch fest in der Lipid-Doppelschicht verankert. Manche Membranproteine können sich frei in der Lipid-Doppelschicht bewegen. Die Beweglichkeit der meisten anderen Proteine ist jedoch eingeschränkt, da sie beispielsweise an Filamente des Cytoskeletts gebunden sind. Andere Membranproteine, die **zellverbindenden Proteine**, sind zwischen zwei Zellen verankert. Auch Membranproteine, die in die Lipid-Rafts eingebaut sind, sind nicht mehr frei beweglich, sondern zu Komplexen zusammengeschlossen. Sie üben häufig zusammen bestimmte Aufgaben aus, etwa die schnelle Weiterleitung eines Signals an der Zelloberfläche.

Kohlenhydrat-Anordnung – Bei bestimmten eukaryotischen Zellen kommen auf der Außenseite der Zellmembranen kurze Kohlenhydratketten aus etwa 15 Monosacchariden vor. Sind sie an Membranproteine gebunden, bezeichnet man sie als **Glykoproteine**, sind Phospholipide gebunden, nennt man sie **Glykolipide**. Glykoproteine spielen eine wichtige Rolle bei der Erkennung von Zellen untereinander und bei der Erkennung körperfremder Zellen durch das Immunsystem. Unterschiedliche Glykolipide bestimmen an der Oberfläche von Erythrozyten die menschlichen Blutgruppen.

Aufgrund ihrer Fluidität und der mosaikartig, sich ständig verändernden Struktur der Biomembran spricht man von einer **flüssigen Mosaikstruktur.** Je nach Zelltyp und Funktion des Kompartiments haben Biomembranen einen sehr unterschiedlichen Aufbau. Die frühere übliche Bezeichnung Einheitsmembran ist also nicht korrekt.

Arbeiten mit Modellen – Membranmodelle

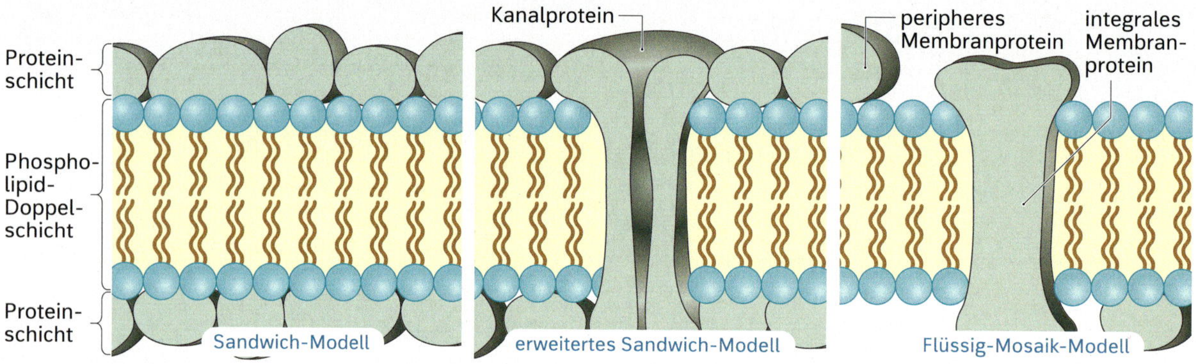

Modelle dienen in den Naturwissenschaften dazu, Erkenntnisse und Beobachtungen zusammenzufassen, zu vereinfachen und zu veranschaulichen. Ein Modell ist keine Kopie des Originals. Bestimmte Aspekte des Originals werden hervorgehoben, andere dagegen bewusst vernachlässigt. Neue Erkenntnisse können Modelle stützen, verfeinern, aber auch grundlegend verändern. Beispielhaft wird dies an der Entwicklung der Membranmodelle deutlich.

1917 erkannte Irving LANGMUIR (1881-1957) durch Versuche, dass Lipide auf einer Wasseroberfläche Schichten bilden, die aus einer einzigen Lage von Molekülen bestehen. Dabei tauchen ihre polaren Köpfe ins Wasser, während die unpolaren Kohlenwasserstoffketten senkrecht in die Luft ragen. 1925 extrahierten Evert GORTER (1881-1954) und Francois GRENDEL (1897-1969) Phospholipide aus den Zellmembranen einer bestimmten Anzahl von Roten Blutkörperchen und bildeten daraus Schichten auf einer Wasseroberfläche. Die Fläche der Schichten war insgesamt doppelt so groß wie die Oberflächen der verwendeten Roten Blutkörperchen. Daraus folgerten die Wissenschaftler, dass die Phospholipide in Zellmembranen als Doppelschicht angeordnet sein müssen.

Auf der Grundlage dieser Erkenntnisse entwickelten Jim DANIELLI (1911-1984) und Hugh DAVSON (1909-1996) 1936 das **Sandwich-Modell**. Es stellt die Biomembran als **Phospholipid-Doppelschicht** dar, auf deren beiden Seiten jeweils eine Schicht aus kugelförmigen Proteinen aufgelagert ist. Um den Transport von hydrophilen Stoffen durch Biomembranen erklären zu können, wurde das Sandwich-Modell durch die Annahme von Kanalproteine erweitert. Im weiteren Verlauf der Membranforschung ergaben sich immer mehr Widersprüche zu diesen Modellvorstellungen. Insbesondere wurde die Lage der Proteine bezweifelt. Membranen mit aufgelagerten Proteinschichten konnten nicht die Flexibilität haben, die man bei Biomembranen beobachtete.

Seymour SINGER (1924-2017) und Garth NICOLSON (1943) entwickelten 1972 ein Membranmodell, das von einer flüssigen Lipid-Doppelschicht ausgeht, in die mosaikartig angeordnete Proteine ein- und aufgelagert sind. Man spricht daher von einem **Flüssig-Mosaik-Modell**. Im Laufe der Jahre wurde dieses Modell auf der Grundlage neuerer Erkenntnisse modifiziert. So wurde berücksichtigt, dass Kohlenhydrate und Cholesterin am Membranbau beteiligt sind. Zudem erweiterte man das Modell durch zellverbindende Proteine und Verbindungen der Biomembran zum Cytoskelett.

Nachdem deutlich wurde, dass die Beweglichkeit der Membranproteine und Lipide in vielen Bereichen eingeschränkt ist, und dass sie nicht zufällig in der Lipid-Doppelschicht driften, erweiterte man das Flüssig-Mosaik-Modell auch um diese Erkenntnis. Man spricht heute daher vom Lipid-Raft- oder Lipid-Floß-Modell der Biomembran. Nach diesem Modell ähneln Biomembranen einem Flickenteppich. Wie dieser bestehen Membranen aus unterschiedlichen Regionen, die sich sowohl in der chemischen Zusammensetzung und der Struktur als auch in ihrer Funktion unterscheiden.

A Fluidität von Lipid-Doppelschichten

Im hydrophoben Bereich einer Lipid-Doppelschicht können die Fettsäurereste der Phospholipide einen sehr geordneten Zustand einnehmen oder in einen ungeordneten flüssigen Zustand übergehen. Die Temperatur, bei der dieser Übergang erfolgt, wird Übergangstemperatur, abgekürzt T_m, genannt.

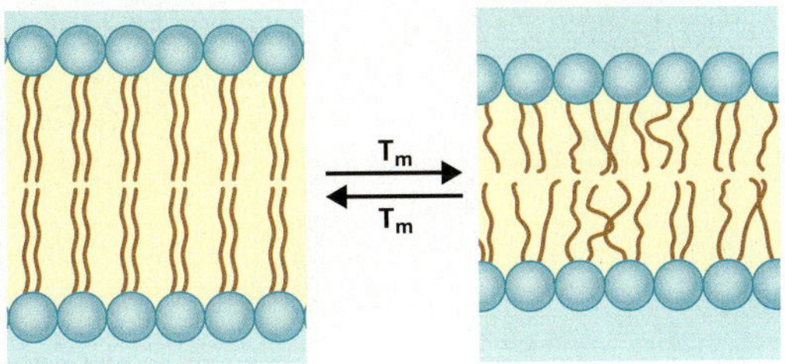

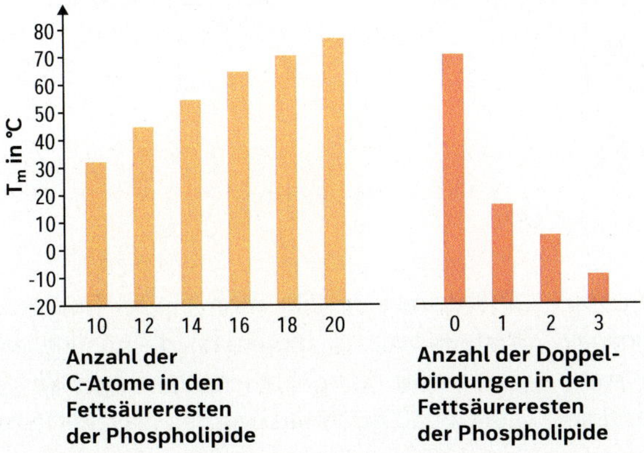

1 Erklären Sie, warum der Übergang der Lipid-Doppelschicht vom festen in den flüssigen Zustand von der Temperatur abhängig ist. ●●○

2 Erklären Sie unter Berücksichtigung des Diagramms, warum die Übergangstemperatur T_m einer Lipid-Doppelschicht von der Zusammensetzung der eingebauten Phospholipide abhängig ist. ●●●

B Versuch mit fusionierten Zellen

Zellen können wie Seifenblasen miteinander verschmelzen, fusionieren, wenn ihre Zellmembranen aufeinanderstoßen und sich verbinden.
In einem Versuch mit tierischen Zellen markierte ein Forscherteam auf der Oberfläche zweier Zellen jeweils spezifische periphere Membranproteine mit unterschiedlichen fluoreszierenden Farbstoffen und beobachtete ihre Verteilung auf der Hybridzelle in Abhängigkeit von der Zeit.

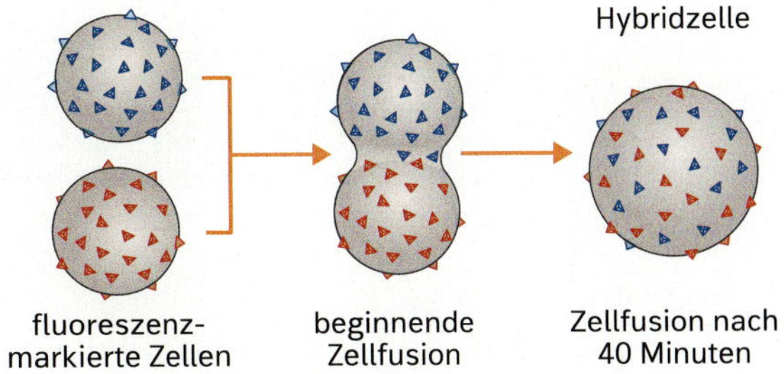

1 Beschreiben und erklären Sie die Versuchsbeobachtungen. ●○○

2 Prüfen Sie, ob die Versuchsbeobachtungen mit den heutigen Vorstellungen zum Aufbau von Biomembranen im Einklang stehen. ●●●

C Bau der Membranen von Archaeen

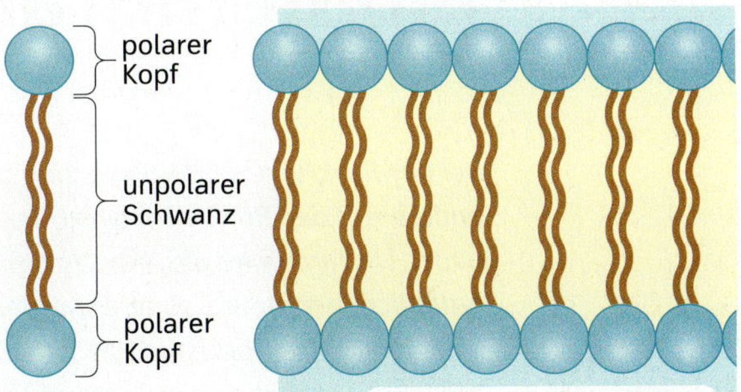

Archaeenmembran (Modell)

Die Biomembran der Archaeen unterscheiden sich im Aufbau von Bakterien und Eukaryoten. Bei Archaeen liegen in den Membranen langkettige, verzweigte Kohlenwasserstoff-Moleküle vor, die durch eine besonders stabile Bindung mit einem Glycerin-Molekül verknüpft sind. Bei extrem hitzebeständigen Archaeen sind sogar beide Enden dieser Kohlenwasserstoffketten mit je einem Glycerin-Molekül verknüpft. Somit besitzen diese an beiden Enden einen polaren Kopf und in der Mitte einen verknüpften unpolaren Schwanz.

1 Vergleichen Sie den Aufbau und die Anordnung der Membranlipide bei Archaeen mit der Anordnung der Phospholipide in Membranen von eukaryotischen Zellen. ●○○

2 Erklären Sie, wieso sich Lipide mit zwei polaren Köpfen als Membranbausteine eignen. ●○○

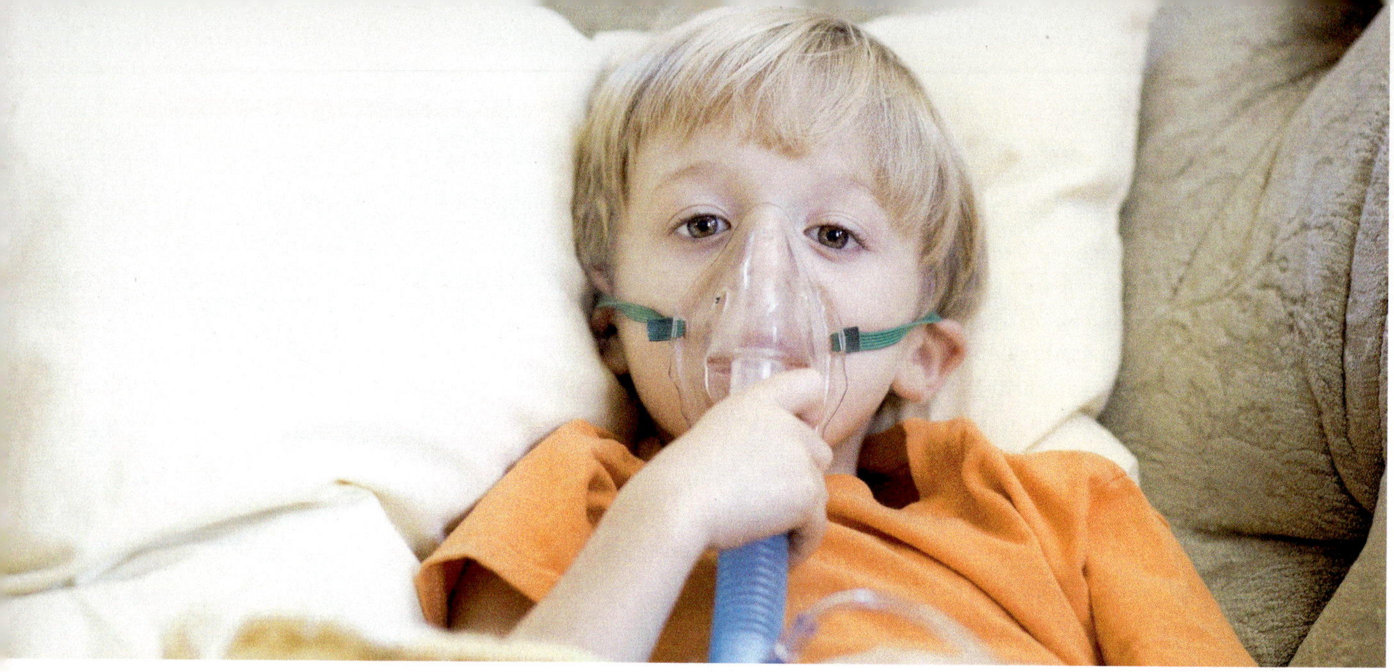

1 Junge mit Mukoviszidose bei der Inhalationstherapie

2.1 Transport durch Biomembranen

Bei der Erbkrankheit Mukoviszidose wird unter anderem in den Bronchien ein zäher Schleim gebildet. Dadurch wird die Atmung der Betroffenen erheblich behindert. Eine Inhalationstherapie kann ihnen das Abhusten des Schleims erleichtern. Bei Mukoviszidose ist der Transport von Chlorid-Ionen durch Biomembranen gestört. Wie werden diese und andere Ionen sowie Moleküle üblicherweise durch die Biomembranen transportiert?

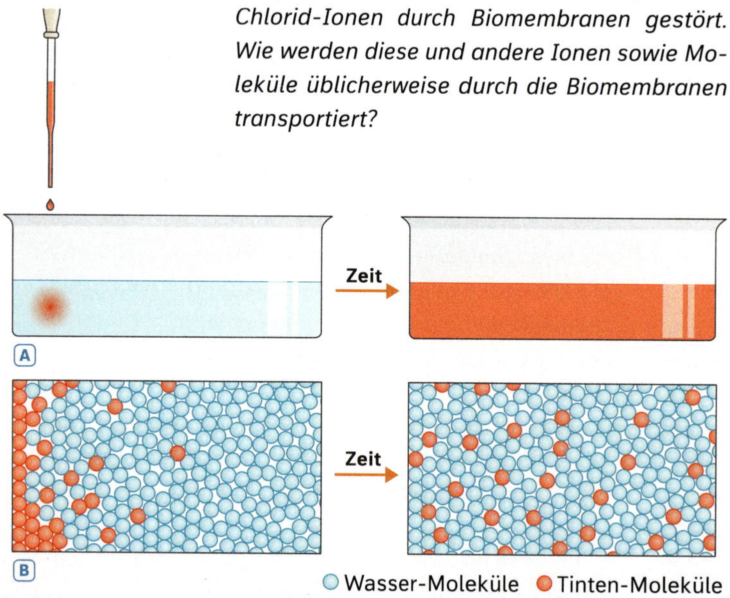

2 Diffusion: **A** Versuch; **B** Modell

Diffusion – Gibt man einige Tropfen rote Tinte in Wasser, ohne dass die Lösung umgerührt wird, kann man nach einiger Zeit eine gleichmäßige Rotfärbung des Wassers feststellen. In Flüssigkeiten und Gasen befinden sich die Teilchen ständig in regelloser Bewegung. Je höher die Temperatur ist, desto schneller bewegen sie sich. So verteilen sich die Teilchen im Verlauf der Zeit gleichmäßig in dem ihnen zur Verfügung stehenden Raum. Diesen Vorgang bezeichnet man als **Diffusion**. Die Tinten- und Wasser-Moleküle diffundieren aufgrund ihrer regellosen Bewegung aus den Bereichen, in denen ihre Konzentration hoch ist, in Bereiche geringer Konzentration. Teilchen bewegen sich also entlang ihres Konzentrationsgefälles.

Einfache Diffusion – Sehr kleine, unpolare Moleküle wie Sauerstoff oder Kohlenstoffdioxid können durch die Lipid-Doppelschicht diffundieren. Man spricht von **einfacher Diffusion**. Für diese gilt: Je unpolarer ein Molekül ist, desto schneller kann es die Membran überwinden. Polare Moleküle und Ionen können die hydrophobe Schicht der Biomembran nicht passieren. Eine

Ausnahme bilden polare Wasser-Moleküle. Sie können aufgrund ihrer geringen Größe durch eine Biomembran diffundieren. Die Geschwindigkeit dieser einfachen Diffusion ist jedoch relativ gering.

Erleichterte Diffusion durch Kanalproteine – Viele Zellen, etwa Nierenzellen, sind auf einen sehr schnellen Transport von Wasser-Molekülen angewiesen. Integrale Membranproteine, die von einem zentralen Kanal durchzogen werden, ermöglichen diesen schnellen Transport. Durch einen Kanal können pro Sekunde etwa drei Milliarden Wasser-Moleküle diffundieren. Solche Wasserkanalproteine, **Aquaporine** genannt, lassen nur Wasser-Moleküle hindurch. Andere Kanalproteine ermöglichen bestimmten Ionen, die Membran zu passieren. Einige Proteinkanäle lassen dabei wie bei einem Sieb nur Ionen einer bestimmten Größe durch. Durch andere Proteinkanäle können dagegen nur Ionen mit einer bestimmten Ladung diffundieren. Die Diffusion von Molekülen oder Ionen durch den Kanal eines Membranproteins bezeichnet man als **kanalvermittelte Diffusion**.

Bei einigen Kanalproteinen ist der Kanal ständig offen. Bei anderen öffnet oder schließt sich der Kanal erst durch ein bestimmtes Signal. Ist ein Kanal jedoch geöffnet worden, strömen in Abhängigkeit vom Konzentrationsgefälle viele Ionen gleichzeitig durch die Membran. Solche **gesteuerten Ionenkanäle** haben für die Reizaufnahme und Erregungsweiterleitung durch Sinnes- und Nervenzellen große Bedeutung.

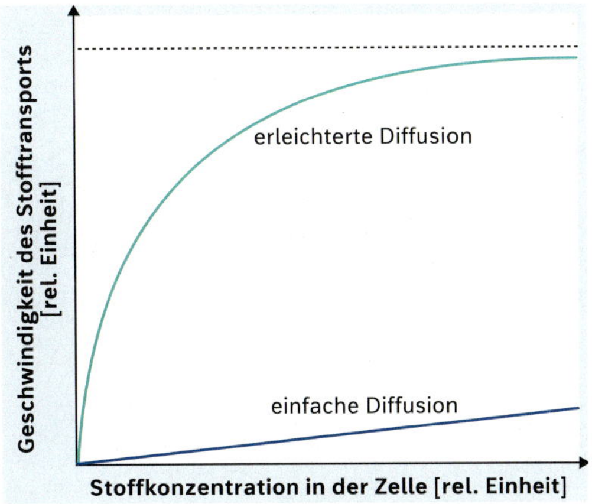

3 Geschwindigkeit des Stofftransports bei der einfachen und erleichterten Diffusion

Die kanalvermittelte Diffusion von Teilchen durch Membranen wird auch als **erleichterte Diffusion** bezeichnet. Sie unterscheidet sich von der einfachen Diffusion durch ihre hohe Geschwindigkeit und durch ihre Spezifität. Kennzeichnend ist auch, dass ihre Geschwindigkeit bei steigender Stoffkonzentration einen Sättigungswert erreicht. Bei diesem sind alle Kanäle durch zu transportierende Stoffe belegt. Ein weiteres Kennzeichen der erleichterten Diffusion ist, dass bestimmte Stoffe die Proteinkanäle blockieren und dadurch den Stofftransport hemmen können.

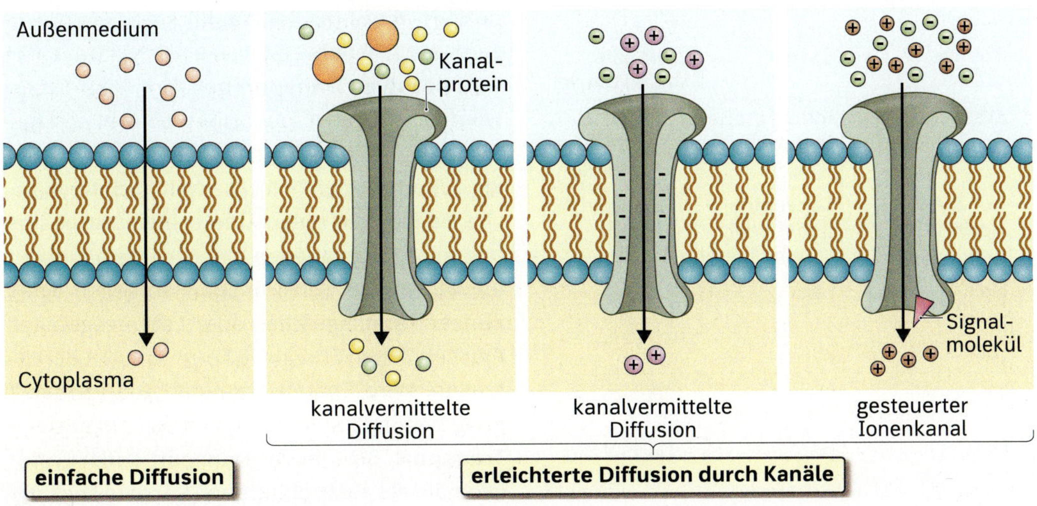

4 Einfache und erleichterte Diffusion durch Biomembranen

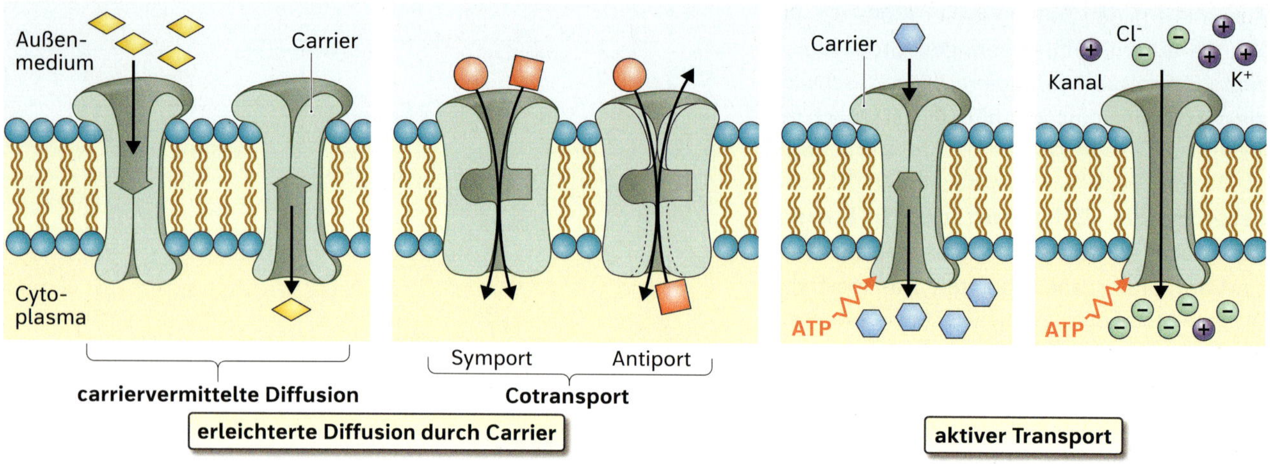

5 Erleichterte Diffusion durch Carrier und aktiver Transport durch Biomembranen

Erleichterte Diffusion durch Carrier — Bestimmte Membranproteine haben charakteristische Bindungsstellen für Moleküle, die durch die Membran transportiert werden sollen. Nur genau passende Moleküle können an diese Stellen binden. Durch die Bindung verändert sich die räumliche Struktur des Proteins so, dass dabei das gebundene Molekül durch die Membran bewegt wird. Solche spezifischen Transportproteine werden **Carrier** genannt. Der Transportvorgang wird als **carriervermittelte Diffusion** bezeichnet. Er besitzt die typischen Eigenschaften der erleichterten Diffusion. Da Carrier für den Transport des Moleküls ihre räumliche Struktur verändern müssen, ist die carriervermittelte Diffusion langsamer als die kanalvermittelte Diffusion. Manche Carrier besitzen mehrere Bindungsstellen für unterschiedliche Stoffe. Zum Beispiel bindet der für Glucose spezifische Carrier neben einem Glucose-Molekül gleichzeitig Natrium-Ionen. Nur wenn alle Bindungsstellen besetzt sind, erfolgt der Transport. Der gekoppelte Transport zweier Stoffe durch eine Membran wird **Cotransport** genannt. Es wird zwischen dem Transport beider Stoffe in die gleiche Richtung, dem **Symport,** und dem Transport in entgegengesetzter Richtung, dem **Antiport**, unterschieden.

	passiver Transport			aktiver Transport
	einfache Diffusion	erleichterte Diffusion		
Membranproteine		Kanäle	Carrier	Kanäle und Carrier
Stoffe	kleine, lipophile Moleküle	Wasser, Ionen, große Moleküle	Ionen, große Moleküle	Ionen, große Moleküle
treibende Kraft	Konzentrationsgefälle	Konzentrations- oder Ladungsgefälle	Konzentrations- oder Ladungsgefälle	Energiezufuhr
ATP-Verbrauch	nein	nein	nein	ja
Spezifität	nein	ja	ja	ja
Hemmbarkeit	nein	ja	ja	ja
Sättigungswert	nein	ja	ja	ja

6 Übersicht über die Transportprozesse durch Biomembranen

Aktiver Stofftransport — Werden Moleküle oder Ionen mit dem Konzentrations- oder Ladungsgefälle durch die Membran transportiert, muss die Zelle dafür keine Energie in Form von ATP aufwenden. Ein solcher Transport wird **passiver Transport** genannt. Viele Stoffe werden in Zellen transportiert, obwohl dort bereits eine höhere Stoffkonzentration vorliegt als außerhalb der Zelle. Dies gilt auch für manche Zellen, die einen Überschuss an positiv oder negativ geladenen Ionen in ihrem Inneren aufweisen. Für den Transport entgegen eines Konzentrationsgefälles oder Ladungsgefälles müssen Zellen Energie in Form von ATP bereitstellen. Wird Energie für einen Transportvorgang benötigt, spricht man von einem **aktiven Transport**. Sowohl der Transport durch Proteinkanäle als auch mithilfe von Carriern kann aktiv sein.

Der Energieüberträger ATP — Das Molekül Adenosintriphosphat, abgekürzt ATP, stellt **chemische Energie** in jeder Zelle bereit. Es besteht aus der Base Adenin, die an den Zucker Ribose gebunden ist. An den Zucker sind außerdem drei Phosphatgruppen gebunden. Die Bindungen zwischen den Phosphatgruppen sind sehr energiereich. Reagiert ein Molekül ATP mit Wasser, wird eine Phosphatgruppe abgespalten. Es entsteht Adenosindiphosphat, kurz ADP. Bei dieser Reaktion wird Energie frei, die dann für energieverbrauchende Prozesse zur Verfügung steht.

$ATP + H_2O \rightarrow ADP + P$ −32 kJ/mol

Zellen regenerieren ständig ATP in den Mitochondrien. Dabei wird eine Phosphatgruppe unter Energieverbrauch an ein ADP-Molekül angelagert.

$ADP + P \rightarrow ATP + H_2O$ +32 kJ/mol

Werden in Zellen energiereiche Stoffe, etwa Glucose zu energiearmen Stoffen wie Kohlenstoffdioxid und Wasser abgebaut, wird die dabei freigesetzte Energie in Form von ATP-Molekülen gespeichert. Bei Vorgängen, die Energie benötigen, etwa beim Stofftransport durch Membranen, beim Aufbau von zelleignen Stoffen oder bei der Bewegung stellen ATP-Moleküle die notwendige Energie zur Verfügung. Im Gegensatz zur Glucose kann ATP sehr schnell abgebaut werden. Außerdem wird bei der ATP-Spaltung Energie in sehr kleinen Portionen freigesetzt, die für die energieverbrauchenden Reaktionen passend sind. So ist die Energie in den Zellen jederzeit schnell und in richtiger Portionierung verfügbar.

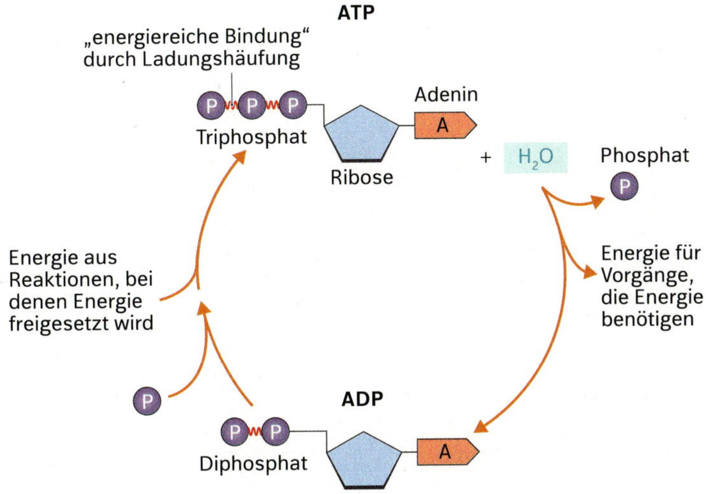

7 Der ATP-ADP-Zyklus

MATERIAL MIT AUFGABEN

A Energieübertragung in Modellen

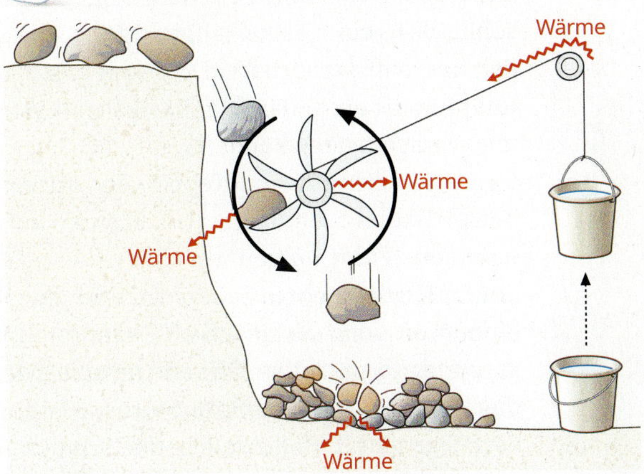

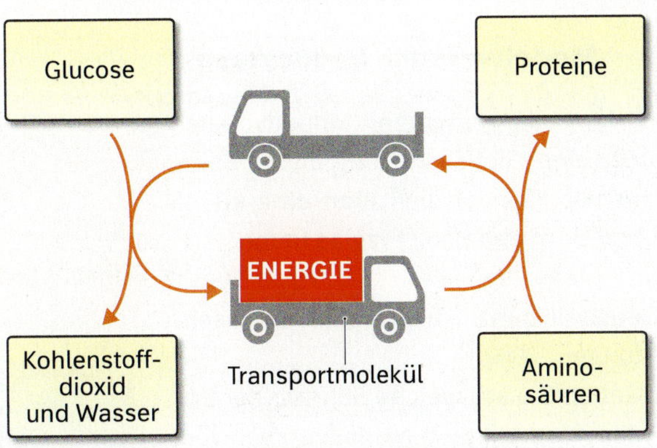

1 Erklären Sie die Energieübertragung in den Modellen A und B. ●○○

2 Vergleichen Sie die beiden Modelldarstellungen mit der Energieübertragung in Zellen. ●●○

3 Vergleichen Sie die Aussagekraft der beiden Modelle und zeigen Sie die Modellgrenzen auf. ●●○

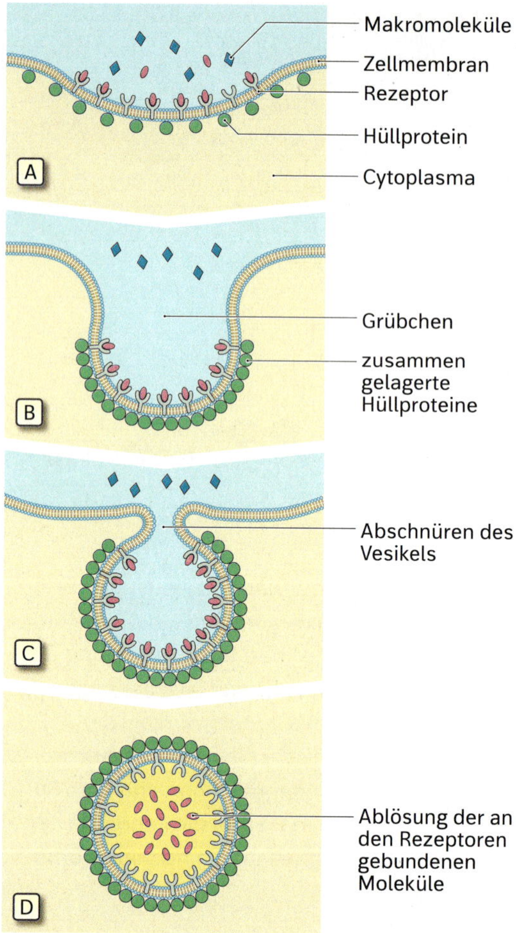

8 Rezeptorvermittelte Endocytose

Endocytose – Lagern sich große Moleküle, Makromoleküle genannt, wie etwa Proteine oder Polysaccharide an eine Zellmembran, senkt sich diese an der betreffenden Stelle zu einem Grübchen ein. Das Grübchen vertieft sich, sodass die Makromoleküle schließlich von allen Seiten von der Membran umgeben sind. Das so gebildete Membranbläschen wird **Vesikel** genannt. Es wird von der Plasmamembran abgeschnürt und ins Zellinnere transportiert. Dort verschmilzt das Vesikel mit Lysosomen, sodass der Inhalt des Vesikels verarbeitet werden kann. Eine solche Stoffaufnahme wird als **Endocytose** bezeichnet. Beispielsweise nehmen Fresszellen oder Makophagen des Immunsystems in den Körper eingedrungene Bakterien oder Reste von abgestorbenen Zellen durch Endocytose auf. Pro Minute können sie dabei über 100 Vesikel bilden.

In den meisten Zellen erfolgt die Endocytose als **rezeptorvermittelte Endocytose**, bei der Zellen selektiv ganz bestimmte Makromoleküle aufnehmen. Hierbei binden die Makromoleküle spezifisch an Rezeptoren von integralen Membranproteinen. Diese befinden sich an leichten Vertiefungen der Membranoberfläche. Auf der dem Zellinneren zugewandten Seite der Membran finden sich Hüllproteine. Sie lagern sich unter den gebundenen Makromolekülen zusammen und formen so ein Membrangrübchen. Vollständig von Hüllproteinen umgeben wird schließlich ein Vesikel abgeschnürt und ins Zellinnere transportiert. Dort lösen sich die Hüllproteine ab, sodass das Vesikel mit Lysosomen verschmelzen kann.
Durch die rezeptorvermittelte Endocytose wird beispielsweise Cholesterin in Zellen aufgenommen. Viren nutzen ebenfalls diese Form der Endocytose um in Zellen einzudringen. Sie binden oft sehr spezifisch an Rezeptoren bestimmter Körperzellen. So kann beispielsweise das Humane Immundefizienz Virus, HIV abgekürzt, gezielt T-Helferzellen des Immunsystems infizieren.

Der entgegengesetzte Vorgang, bei dem Stoffe über Vesikel durch Verschmelzen mit der Zellmembran aus der Zelle heraus transportiert werden, heißt **Exocytose.**

MATERIAL MIT AUFGABEN

B Modellversuch Endocytose

In dem dargestellten Modellversuch wurde eine Kochsalzlösung mit Öl überschichtet. Danach ließ man eine kleine Holzperle in das Reagenzglas fallen

1 Beschreiben Sie die Versuchsbeobachtungen. ●○○
2 Geben Sie an, welche Schritte der Endocytose mit dem Modellversuch verdeutlicht werden können, welche dagegen nicht. ●●○
3 Nennen Sie Grenzen des Modellversuchs. ●●○
4 ▶ Erstellen Sie zur rezeptorvermittelten Endocytose ein Erklärvideo. ●●○

C Zäher Schleim bei Mukoviszidose

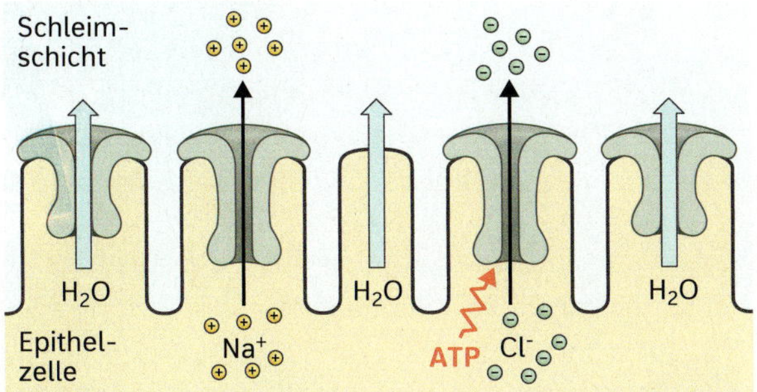

Die innere Oberfläche der Bronchien wird normalerweise von einer Schleimschicht bedeckt. Fremdkörper und Krankheitserreger aus der Atemluft bleiben darin haften und werden mit dem Schleim in den Rachen transportiert. Von dort kann er abgehustet oder geschluckt werden. Der Schleim wird von den Epithelzellen der Bronchien gebildet. An ihren Zellmembranen werden negativ geladene Chlorid-Ionen aus dem Cytoplasma in den Schleim transportiert. Natrium-Ionen folgen ihnen aufgrund ihrer positiven Ladung. So liegt im Schleim eine höhere Ionenkonzentration vor als in den Epithelzellen. Deshalb diffundieren Wasser-Moleküle aus dem Cytoplasma der Epithelzellen in den Schleim hinein. Er wird dadurch wässrig und dünnflüssig.

1 Stellen Sie die Bildung eines dünnflüssigen, wasserhaltigen Schleims in den Bronchien in einem Fließdiagramm dar. ●●○
2 An den Membranen von Mukoviszidose-Patienten ist der spezifische Chlorid-Ionentransport nicht oder nur eingeschränkt möglich. Erklären Sie, wie dadurch ein zähflüssiger Bronchialschleim entsteht. ●●●
3 Die Erbkrankheit Mukoviszidose ist nicht heilbar, der Verlauf kann aber durch verschiedene Maßnahmen positiv beeinflusst werden. Die Inhalationstherapie ist ein fester Bestandteil der Behandlung von Mukoviszidose. Dabei inhalieren die Betroffenen unter anderem Aerosole aus Natriumchlorid-Lösungen. Begründen Sie diese Therapiemaßnahme. ●○○

D Resorption von Glucose

Die Resorption von Glucose aus dem Darm ins Blut erfolgt durch unterschiedliche Transportprozesse. Zunächst wird Glucose aus dem Darmlumen in die Darmepithelzellen aufgenommen und von dort ins Blut transportiert. Obwohl die Konzentration an Glucose-Molekülen in den Darmepithelzellen höher ist als im Darmlumen, werden Glucose-Moleküle ohne direkten ATP-Verbrauch passiv in die Darmepithelzellen transportiert. Die Aufnahme der Glucose-Moleküle wird durch den hohen Konzentrationsgradienten von Natrium-Ionen an der Membran angetrieben. Dieser wiederum wird durch eine Natrium-/Kalium-Ionenpumpe aufrecht erhalten. Sie transportiert aktiv Natrium-Ionen aus den Epithelzellen ins Blut.

1 Benennen Sie anhand der Ziffern in der Abbildung die Transportprozesse, die an der Resorption von Glucose beteiligt sind. ●○○
2 Erklären Sie anhand der Abbildung die Resorption von Glucose-Molekülen. ●●○
3 Begründen Sie, warum man bei der Resorption von Glucose-Molekülen von einem sekundär aktiven Transport spricht.

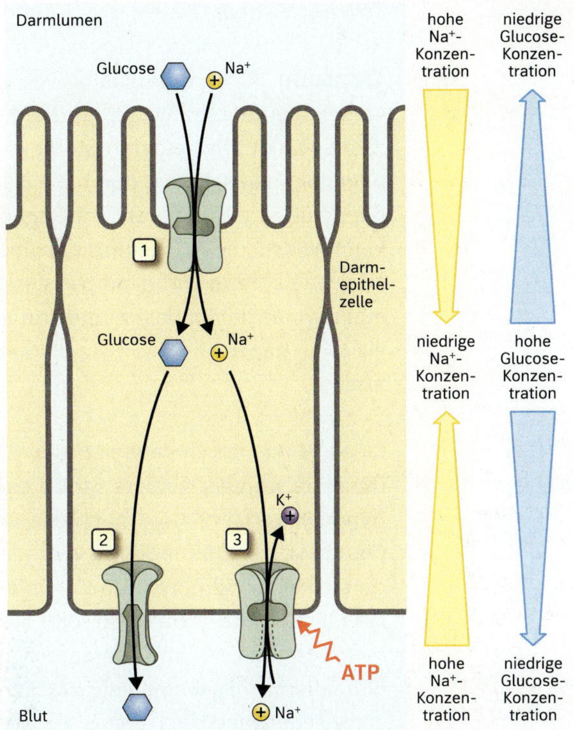

1 aufgeplatzte Kirschen

2.2 Osmose und Plasmolyse

Im Spätsommer, wenn Kirschen fast reif sind, kann ein Regenschauer sie zum Platzen bringen. Das kann zu großen Ernteausfällen bei den Obstbauern führen. Warum platzen reife Kirschen im Regen?

Osmose – Im Cytoplasma von Zellen sind verschiedene organische und anorganische Stoffe gelöst. Die gelösten Stoffe können nicht oder nur eingeschränkt durch die Zellmembran nach außen diffundieren. Im Gegensatz dazu kann Wasser die Zellmembranen über einfache oder erleichterte Diffusion passieren. Da Biomembranen nur für bestimmte Stoffe durchlässig sind, bezeichnet man sie als **semipermeabel.**

hypoton (gr. hypo: unter; tonos: Spannung).

hyperton (gr. hypo: über

isoton (gr. isos: gleich)

Eine Lösung, die im Vergleich zum Cytoplasma der Zelle weniger gelöste Stoffe enthält, wird **hypoton** genannt. Gibt man Zellen in eine hypotone Lösung diffundieren Wasser-Moleküle durch die Zellmembran. Da sich in der hypotonen Lösung mehr Wasser-Moleküle pro Volumen befinden als im Cytoplasma der Zellen, diffundieren insgesamt mehr Wasser-Moleküle in die Zellen hinein als hinaus. Es findet also ein Nettoeinstrom von Wasser in die Zellen statt. Dadurch erhöhen sich das Volumen und der Druck in den Zellen. Der Nettoeinstrom erfolgt solange, bis ein Konzentrationsausgleich hergestellt ist oder die Zelle sich nicht weiter ausdehnen kann. In diesem Zustand diffundieren gleich viele Wasser-Moleküle in die Zellen hinein wie hinaus. Dann hat sich ein Fließgleichgewicht eingestellt.
Eine **hypertone** Lösung enthält im Vergleich zum Cytoplasma der Zelle mehr gelöste Stoffe und weniger Wasser-Moleküle. Befinden sich Zellen in einer hypertonen Lösung diffundieren insgesamt mehr Wasser-Moleküle aus den Zellen hinaus als hinein. Durch diesen Nettoausstrom von Wasser nehmen das Volumen und der Druck in den Zellen ab. Die Diffusion von Wasser-Molekülen durch eine semipermeable Membran entlang eines Konzentrationsgefälles bezeichnet man als **Osmose**. Sie spielt eine wichtige Rolle für die Regulation des Wasserhaushalts von Lebewesen.

In einer **isotonen** Lösung sind die Konzentrationen von gelösten Stoffen und Wasser-Molekülen innerhalb und außerhalb der Zelle gleich. So diffundieren gleich viele Wasser-Moleküle aus den Zellen hinaus wie hinein. Das Volumen

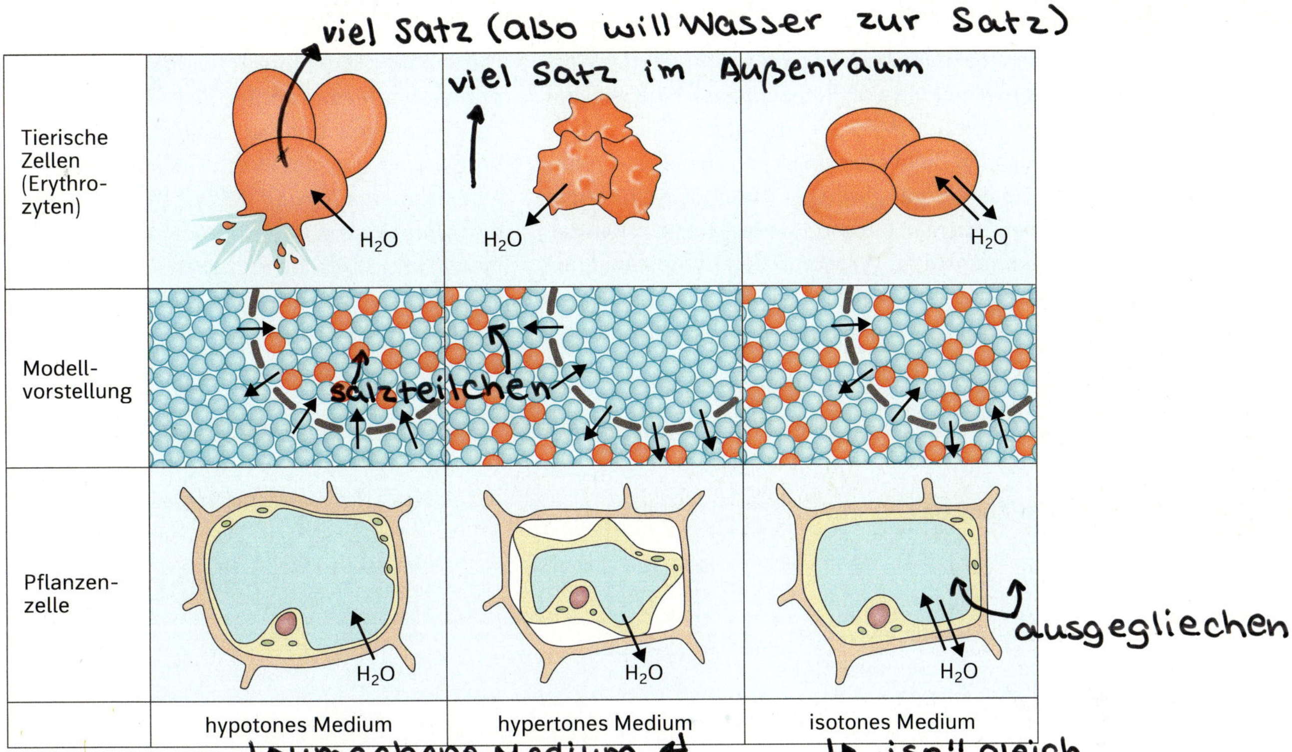

2 Zellen in einem hypotonen Medium, einem hypertonen Medium und einem isotonen Medium

und der Druck in den Zellen ändern sich nicht. Tierische Zellen, etwa Erythrozyten, sind darauf angewiesen, dass das Außenmedium isoton ist. Konzentrationsschwankungen können sie nur in geringem Maße ausgleichen. In einem hypotonen Medium werden dazu Proteinkanäle aktiviert, die Ionen aktiv aus der Zelle hinaus transportieren. Durch die Abnahme der Ionenkonzentration nimmt der Wassereinstrom ab, sodass sich wieder isotone Bedingungen einstellen. Diese Fähigkeit, unabhängig von Schwankungen der Umgebung im Innern von Zellen, Organen und Organismen annähernd gleich bleibende Bedingungen zu erhalten, wird als **Homöostase** bezeichnet.

Plasmolyse bei Pflanzenzellen – In einer hypotonen Lösung diffundieren solange Wasser-Moleküle in eine Pflanzenzelle hinein, bis die Zellmembran an die Zellwand gedrückt wird und sich nicht weiter ausdehnen kann. Dann diffundieren in demselben Zeitraum gleich viele Wasser–Moleküle durch die Zellmembran in die Zelle hinein wie hinaus. Die Zellwand verhindert also eine zu große Volumenzunahme durch einströmendes Wasser. Der durch das einströmende Wasser erzeugte Druck im Zellinneren,wird **Turgor** genannt. Er spannt die Zellwände. Dadurch sorgt er bei krautigen Pflanzen für die Stabilität und die Festigkeit des Gewebes. Durch Wassermangel nimmt der Turgor ab und die Pflanzen welken. Turgorveränderungen sind auch für bestimmte Bewegungen bei Pflanzen verantwortlich. Zum Beispiel verursachen sie die Spaltöffnungen eines Blattes. Bei Mimosen erfolgt bei Erschütterungen oder Berührungen eine osmotische Wasserabgabe von Zellen in ihren Blattgelenken. Dadurch klappen die Fiederblättchen zusammen und die Blattstiele senken sich.

3 Fliederblättchen einer Mimose

In einer hypertonen Lösung diffundieren Wasser-Moleküle aus Pflanzenzellen hinaus in das umgebende Medium. In Folge dessen lösen sich die Zellmembranen von den Zellwänden. Dieser Vorgang wird als **Plasmolyse** bezeichnet. Gibt man plasmolysierten Zellen in Wasser, strömt wieder Wasser in das Cytoplasma und die Zellmembran wird wieder an die Zellwand gedrückt. Dieser Vorgang wird **Deplasmolyse** genannt.

Die Fruchthaut der Kirsche wirkt wie eine semipermeable Membran. Im Spätsommer, wenn die Früchte reif sind, ist die Zuckerkonzentration in den Zellen der Kirsche sehr hoch. Bei Regen strömen aufgrund des hypotonen Außenmediums Wasser-Moleküle durch die Fruchthaut in und zwischen die Zellen der Kirsche. Es erhöht sich das Volumen der Kirsche. Die Fruchthaut wird stark gedehnt und sie kann aufreißen – die Kirsche platzt.

MATERIAL MIT AUFGABEN

A Versuch zur Osmose

In einem Versuch wurde ein Dialyseschlauch mit einer Stärkelösung gefüllt. Ein Dialyseschlauch besteht aus einer semipermeablen Membran. Das Schlauchstück wurde in ein Becherglas mit Wasser gelegt. In das Wasser wurden einige Tropfen Iod Kaliumiodid-Lösung gegeben. Die rötlichbraune Iod-Kaliumiodid-Lösung, auch Lugolsche-Lösung genannt, ist ein Nachweisreagenz für Stärke. Ist Stärke in einer Lösung vorhanden, tritt eine tiefblaue, violette bis schwarze Färbung auf. Die Abbildung zeigt den Versuch (links Dialyseschlauch mit Stärkelösung im Wasser nach mehreren Stunden, rechts Kontrollansatz).

1 Erklären Sie die Versuchsbeobachtungen ●●○

B Osmometerversuch

Mit einem Osmometer lassen sich osmotische Vorgänge untersuchen.

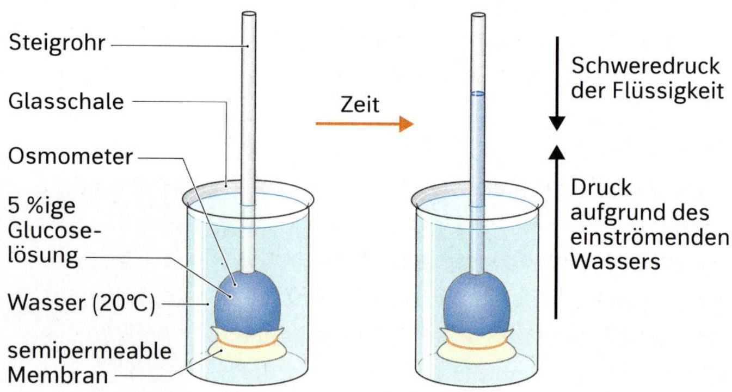

1 Erklären Sie, warum in dem Versuch die Flüssigkeit im Steigrohr des Osmometers ansteigt. ●○○
2 Erklären Sie, warum der Anstieg nach einiger Zeit zum Stillstand kommt. ●●○
3 Beschreiben Sie Anstieg und Stillstand auf molekularer Ebene. ●●●
4 In einem zweiten Versuch wird die Temperatur des Wassers in der Glasschale auf 30 °C erhöht. Beschreiben und begründen Sie, welche Versuchsbeobachtungen Sie erwarten. ●●●
5 In einem weiteren Versuch reduziert man die Konzentration der Glucoselösung auf 1 %. Beschreiben und begründen Sie, welche Versuchsbeobachtungen Sie erwarten. ●●○
6 Planen Sie einen Osmometerversuch, mit dem Sie die Zucker-Konzentration eines Fruchtsafts ermitteln können. ●●●

C Erkenntnisgewinn durch Versuche: Osmose

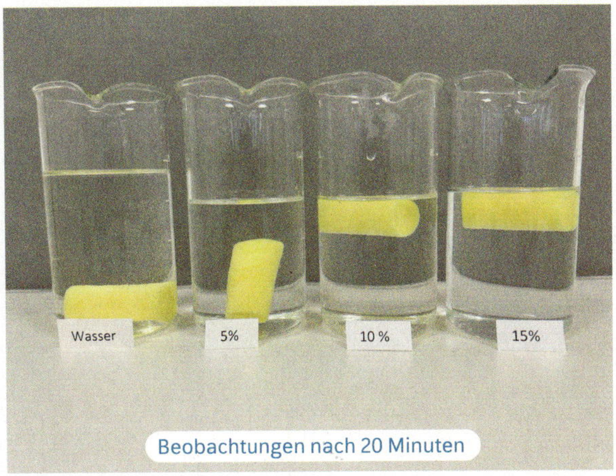

Beobachtung
Bestreut man ungekochte Kartoffelscheiben mit Salz und lässt diese stehen, so bildet sich nach ein paar Minuten eine Flüssigkeit auf den Kartoffelscheiben.

Versuchsfrage
Warum verlieren gesalzene Kartoffelscheiben Flüssigkeit?

Hypothesen
- Kartoffelzellen werden beim Schneiden der Kartoffeln verletzt, so dass die Zellflüssigkeit ausläuft.
- Salz bewirkt, dass Flüssigkeit durch die Membranen aus den Zellen austritt.
- Salz bewirkt, dass Flüssigkeit durch die Membranen aus den Zellen austritt. Zusätzlich werden Kartoffelzellen beim Schneiden verletzt.

Durchführung
Mit einem Apfelausstecher werden vier zylinderförmige Stücke aus einer Kartoffel gestanzt und in gleiche Längen geschnitten. Die Kartoffelzylinder werden gewogen und in unterschiedlich konzentrierte Salzlösungen gelegt. Nach 60 Minuten werden sie erneut gewogen.

Beobachtungen
Die Kartoffelzylinder schwimmen in den Salzlösungen oben, während sie im Wasser nach unten sinken. Nach 20 Minuten sinkt auch der Kartoffelzylinder in der 5 %- igen Salzlösung nach unten.

Gewicht der Kartoffelzylinder in Gramm

	Wasser	Salzlösung		
		5 %ig	10 %ig	15 %ig
Versuchsbeginn	9,45 g	10,17 g	9,87 g	11,30 g
nach 24 Stunden	12,03 g	11,97 g	8,75 g	8,82 g

1 Geben Sie den Kontrollansatz sowie die abhängigen und unabhängigen Variablen des Versuchs an. Geben Sie an, wie die Größe der abhängigen Variablen gemessen und die unabhängige Variable systematisch verändert wird. ●○○

2 Werten Sie die Beobachtungen im Hinblick auf die Hypothesen aus und deuten Sie die Versuchsbeobachtungen. ●●○

3 Um die gleiche Versuchsfrage zu klären, schnitt ein Schüler Kartoffeln in unterschiedlich große Stücke. Er gab diese in je ein Becherglas. Nach 30 Minuten hatte sich in den Bechergläsern keine Flüssigkeit gesammelt. In seiner Auswertung formulierte der Schüler, dass die erste Hypothese durch die Versuchsbeobachtungen nicht gestützt wird und verworfen werden kann. Seine Antwort auf die Versuchsfrage lautete: Die Versuchsbeobachtungen zeigen, dass Salz den Austritt der Flüssigkeit aus den Zellen bewirkt.
Beurteilen Sie die Versuchsplanung und -auswertung des Schülers. ●●●

EXKURS

Dialyse

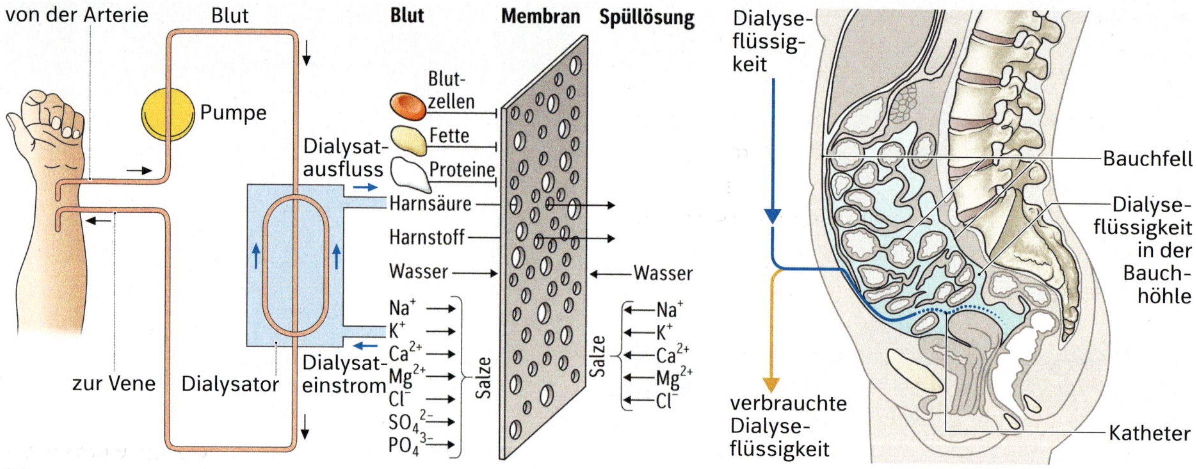

A *Dialyseschema **A** Hämdialyse, **B** Peritonealdialyse*

Dialyse – Der menschliche Körper produziert täglich giftige Stoffwechselprodukte, die ins Blut abgegeben werden. In den Nieren gelangen sie osmotisch aus dem Blut in den Harn und werden mit ihm ausgeschieden. Zudem regulieren die Nieren den Wasser- und Mineralstoffhaushalt des Körpers. Zu den harnpflichtigen Stoffen gehören beispielsweise Harnsäure und Harnstoff. Können die Nieren ihre Aufgaben aufgrund einer Krankheit oder Verletzung nicht mehr erfüllen, sammeln sich diese Stoffe im Körper an und schädigen ihn. Ein Nierenversagen wird in kurzer Zeit lebensbedrohend. Um das Blut Betroffener von den giftigen Stoffen zu befreien kann eine künstliche Blutwäsche, die Dialyse, durchgeführt werden. Eine solche Behandlung kann dann unter Umständen ein Leben lang nötig sein.

Hämodialyse – Bei einer Hämodialyse wird der Blutkreislauf der Betroffenen mit einem Gerät, dem Dialysator verbunden. Dafür wird Ihnen ein dauerhafter Zugang zum Blutgefäßsystem gelegt. Der Dialysator enthält eine Spüllösung und eine Membran, die für harnpflichtige Substanzen, Ionen und Wasser permeabel ist, nicht aber für Erythrozyten, Proteine und Fette. Das Blut strömt kontinuierlich aus dem Körper in den Dialysator und wieder zurück in den Körper. Im Dialysator fließt es von oben nach unten an der Membran vorbei, während die Spüllösung – getrennt durch die semipermeable Membran – in entgegengesetzter Richtung hochsteigt. An der Membran diffundieren die harnpflichtigen Stoffe entlang ihres Konzentrationsgefälles aus dem Blut in die Spüllösung und werden darin abtransportiert. Die Hämodialyse wird etwa 3-mal pro Woche in einem Dialysezentrum durchgeführt. Sie dauert etwa 4 bis 5 Stunden.

Peritonealdialyse – Bei dieser Form der Dialyse wird das Bauchfell, auch Peritoneum genannt, als semipermeable Membran genutzt. Das Bauchfell ist eine dünne, gut durchblutete Membran, die die Bauchhöhle auskleidet. Ihre Gesamtoberfläche beträgt etwa ein bis zwei Quadratmeter. Bei der Peritonealdialyse lassen die Betroffenen zuhause in regelmäßigen Zeitabständen selbst eine Spüllösung in die Bauchhöhle fließen. Dafür wird ihnen operativ ein Katheter in den Bauchraum gelegt. Aufgrund des Konzentrationsunterschieds zwischen Spüllösung und Blut diffundieren die harnpflichtigen Stoffe aus dem Blut über das Bauchfell in die Spüllösung. Nach einigen Stunden ist die Spüllösung damit gesättigt. Deshalb muss sie mehrfach am Tag gegen frische Lösung ausgetauscht werden.

Eine weitere Aufgabe der Hämo- und Peritonealdialyse besteht darin, dem Körper der Betroffenen überschüssiges Wasser zu entziehen, man spricht von **Ultrafiltration**. Die meisten Spüllösungen enthalten daher auch Glukose. Wasser gelangt so durch Osmose in die Spüllösung und lässt sich dann aus dem Körper entfernen.

Steuerung und Regelung

Das Basiskonzept Steuerung und Regelung beschreibt den Sachverhalt, dass biologische Systeme viele Zustandsgrößen in Grenzen halten, auch wenn innere oder äußere Faktoren sich kurzfristig stark ändern. Dabei werden innere Zustände aufrechterhalten oder funktionsbezogen verändert. Innerhalb dieses Basiskonzepts gibt es wesentliche Prinzipien wie etwa das Prinzip der positiven und negativen Rückkopplung und das Prinzip der Homöostase.

Steuerung – Beim Fahrradfahren werden vor allem die Beinmuskeln beansprucht. Je nach Steigung des Weges wird diesen signalisiert, sich kräftig oder weniger kräftig zu kontrahieren. So wird ihre Tätigkeit an die unterschiedlichen Anforderungen des Weges angepasst. Werden Lebewesen oder biologische Systemen so beeinflusst, dass ihre Funktionen an veränderte Bedingungen angepasst werden, spricht man von **Steuerung.** Bei der Steuerung handelt es um eine einseitig gerichtete Beeinflussung eines Vorgangs.

Regelung – Gibt man eine Amöbe in eine hypotone Lösung, strömt Wasser osmotisch in die Amöbe hinein. Das Volumen und der Druck auf die Zellmembran nehmen dabei zu. Das Wasser sammelt sich in der pulsierenden Vakuole. Diese dient dazu, das Konzentrationsverhältnis von Salzen und Wasser im Cytoplasma aufrechtzuhalten, selbst wenn sich das äußere Milieu verändert. Vorgänge, die zur Aufrechterhaltung eines bestimmten Zustandes in einem biologischen System führen, bezeichnet man als **Regelung.**

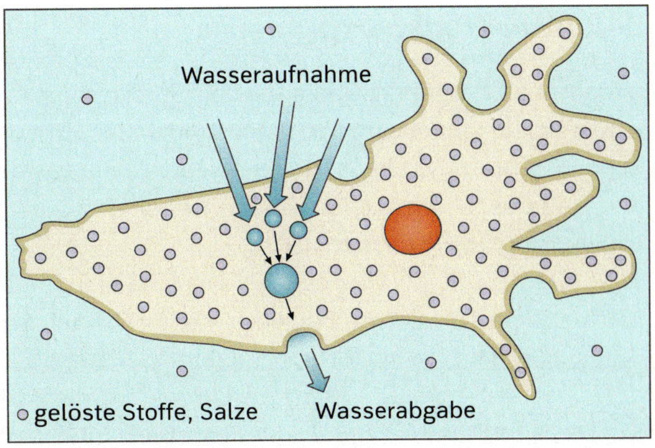

Homöostase – In allen Lebewesen werden bestimmte Zustände durch Regulation innerhalb bestimmter Grenzen aufrechterhalten. Diesen Gleichgewichtszustand nennt man **Homöostase**. Beispiele sind die Regulation des osmotischen Drucks von Körperflüssigkeiten oder die Regulation des Blutzuckerspiegels mithilfe von Hormonen.

Positive und negative Rückkopplung – Steigt die Glucosekonzentration im Blut nach der Aufnahme einer Mahlzeit über den Wert an, gibt die Bauchspeicheldrüse das Hormon Insulin ab. Dieses bewirkt, das Glucose aus dem Blut in die Muskelzellen aufgenommen wird, so dass die Glucosekonzentration im Blut gesenkt wird. Erreicht sie wieder den angestrebten Wert, stoppt die Bauchspeicheldrüse die Insulinausschüttung. Der Anstieg der Glucosekonzentration im Blut und die Insulinausschüttung beeinflussen sich also gegensinnig. Eine solch gegensinnige Beeinflussung wird als negative Rückkopplung bezeichnet.
Der Zustand der Homöostase wird immer durch eine Steuerung mit negativer Rückkopplung erreicht. Diese wird als Regulation bezeichnet.
Bei einer positiven Rückkopplung, werden Vorgänge, die miteinander verknüpft sind gleichsinnig beeinflusst. Saugt ein Kind nach der Geburt an der Brust der Mutter, beeinflusst das Saugen die Milchbildung. Es regt die Bildung des Hormons Oxytocin an. Dieses stimuliert die Milchbildung bei der Frau. Je intensiver das Saugen des Kindes, um so mehr Milch wird gebildet. Wird das Kind nicht mehr gestillt, sinkt der Oxytocinspiegel und die Milchproduktion nimmt ab.

Klausuraufgaben

Zelluläre Transportprozesse

Membranen bilden die Basis für den Stofftransport in Zellen hinein und aus diesen hinaus. Auch der intrazelluläre Stofftransport hängt von ihnen ab. In der folgenden Aufgabe werden verschiedene Aspekte zellulärer Transportprozesse thematisiert.

1.1 Skizzieren Sie den Aufbau einer Membran nach dem Flüssig-Mosaik-Modell von Singer und Nicolson. (8 BE)

1.2 Das Zaun- und Zaunpfahl-Modell wurde von Suzuki 2005 auf der Basis verschiedener neuerer Befunde zum Membranaufbau veröffentlicht. Beschreiben Sie das Zaun- und Zaunpfahl-Modell und erklären Sie, wie die neueren Befunde zum Aufbau von Membranen in dem Modell berücksichtigt wurden. (Material A und B) (12 BE)

1.3 Vergleichen Sie das Zaun- und Zaunpfahl-Modell mit dem Flüssig-Mosaik-Modell.
Nennen sie Gemeinsamkeiten und Unterschiede. (Material B) (10 BE)

2.1 Beschreiben Sie den Transportweg des Proteins Insulin durch die Zelle ausgehend von seiner Bildung bis zur Exocytose. (Material C) (10 BE)

3.1 Beschreiben Sie das Zusammenspiel des GLUT 2-Carriers und der Ionen-Kanäle, das zur Exocytose des Insulins führt. (Material D) (12 BE)

3.2 Erklären Sie die Wirkung der Sulfonylharnstoffe bei Diabetikern des Typs II. (Material E) (8 BE)

(BE: Bewertungseinheiten)

A Neuere Befunde zum Membranaufbau

Die ersten Erkenntnisse zum Aufbau von Biomembranen wurden bereits Ende des 19. bis Anfang des 20. Jahrhunderts gewonnen. Das erste Modell entstand daraufhin 1925 und umfasste den groben Aufbau der Biomembran. Mit Zunahme der technischen Fortschritte und Entwicklungen und den daraus resultierenden Erkenntnissen werden Modelle ständig weiterentwickelt, verworfen und neu entwickelt. So existieren für den Aufbau von Biomembranen mehrere Modellvorstellungen.

- Die Beweglichkeit der Membranbausteine insbesondere der Proteine ist eingeschränkt.
- Nach Abbau des Zytoskeletts nimmt die Beweglichkeit von Proteinen in der Zellmembran zu.
- Die Zwischenräume, die durch Aktinfasern des zellulären Zytoskeletts ausgebildet werden, haben die Größe, der Areale in denen sich Membranproteine bewegen.
- Die abgegrenzten Areale können von peripheren Proteinen übersprungen werden.

B Zaun-Zaunpfahl-Modell

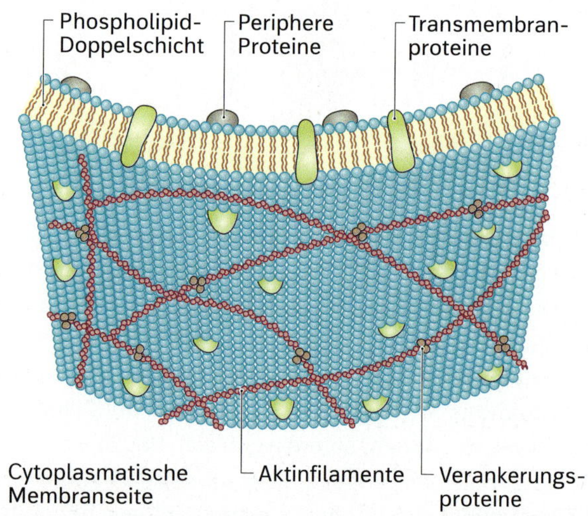

1 Zaun-Zaunpfahl-Modell

C Intrazellulärer Insulin Transport

Das Peptidhormon Insulin wird von den Betazellen der Bauchspeicheldrüse gebildet und bei hohen Glucosekonzentrationen ins Blut freigesetzt. Es aktiviert Glucose-Carrier der Zellmembran bestimmter Körperzellen, etwa der von Muskelzellen. Diese nehmen dann verstärkt Glucose aus dem Blut auf, so dass die Glucose-Konzentration im Blut sinkt. Vor der Freisetzung durchläuft das Insulinprotein einer Prozessierung in der Zelle.

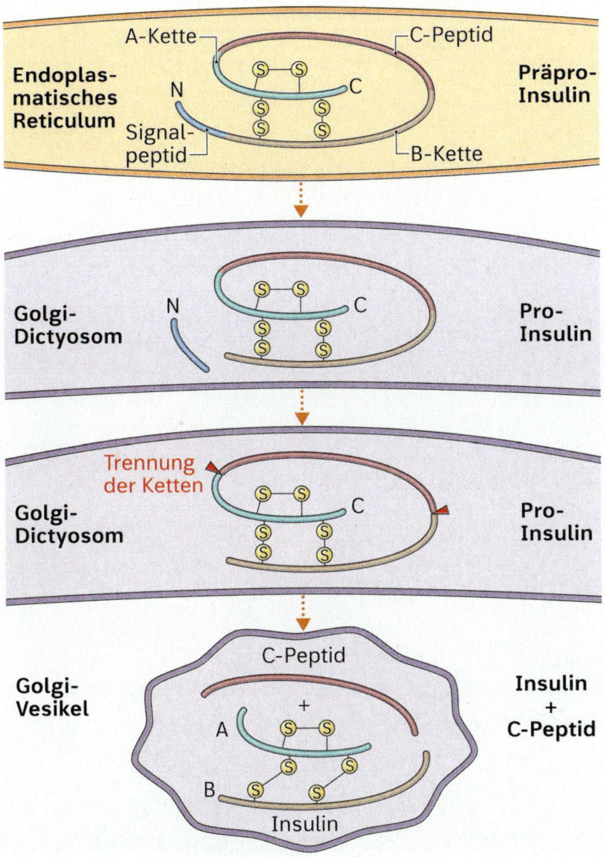

2 Prozessierung des Insulinprotein im ER und Golgi-Apparat

D Freisetzung von Insulin

Das Hormon Insulin wird von den Betazellen der Bauchspeicheldrüse gebildet und bei hohen Glucosekonzentrationen ins Blut freigesetzt. An der Exocytose des Insulins sind GLUT-2-Carrier, ATP-abhängige Kalium-Ionen-Kanäle und spannungsgesteuerte Calcium-Ionen-Kanäle beteiligt. Die GLUT-2-Carrier der Betazellen werden nicht, wie andere Glucose-Carrier von Insulin gesteuert.

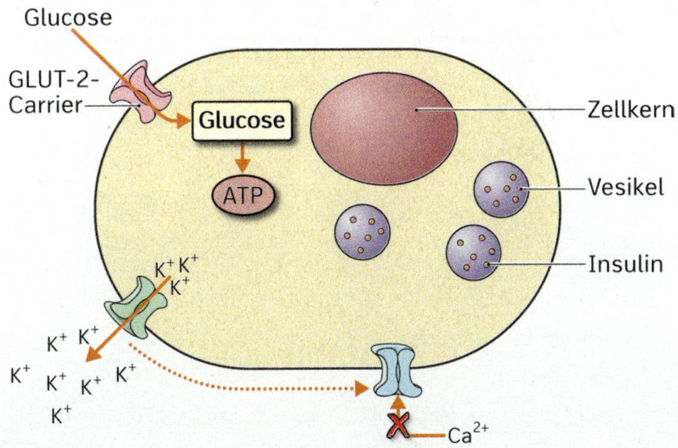

3 Transport durch Membran bei niedriger Glucose-Konzentration

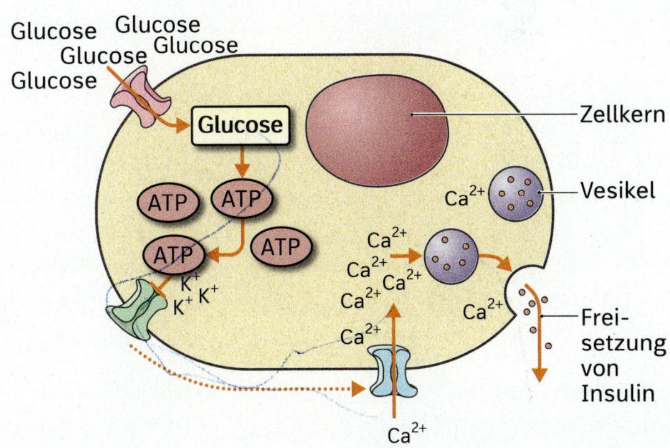

4 Transport durch Membran bei hoher Glucose-Konzentration

E Sulfonylharnstoffe

Sulfonylharnstoffe blockieren die ATP-abhängigen Kalium-Ionen-Kanäle. Sie dienen als Medikamente für die Therapie von Diabetes Typ II. Bei diesem Typ produziert die Bauchspeicheldrüse zu Beginn der Erkrankung noch Insulin. Allerdings werden die Körperzellen, etwa Muskelzellen, zunehmend unempfindlich gegenüber Insulin.

Enzyme steuern Stoffwechselvorgänge in Zellen

Dieses Kapitel hat folgenden Inhalt:

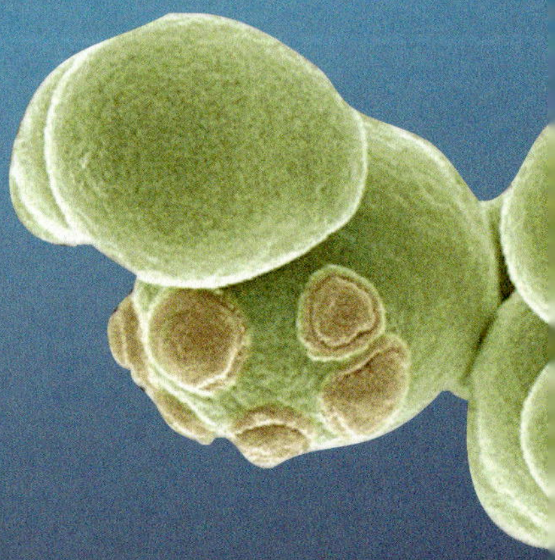

Hefen, wie die Bäckerhefe *Saccharomyces cerevisiae*, vermehren sich durch Sprossung. Dabei bildet die Ausgangszelle eine blasige Ausstülpung, in die einer der durch Mitose entstandenen Tochterkerne einwandert. Die Knospe wird abgeschnürt noch bevor sie die Größe der Ausgangszelle erreicht hat.

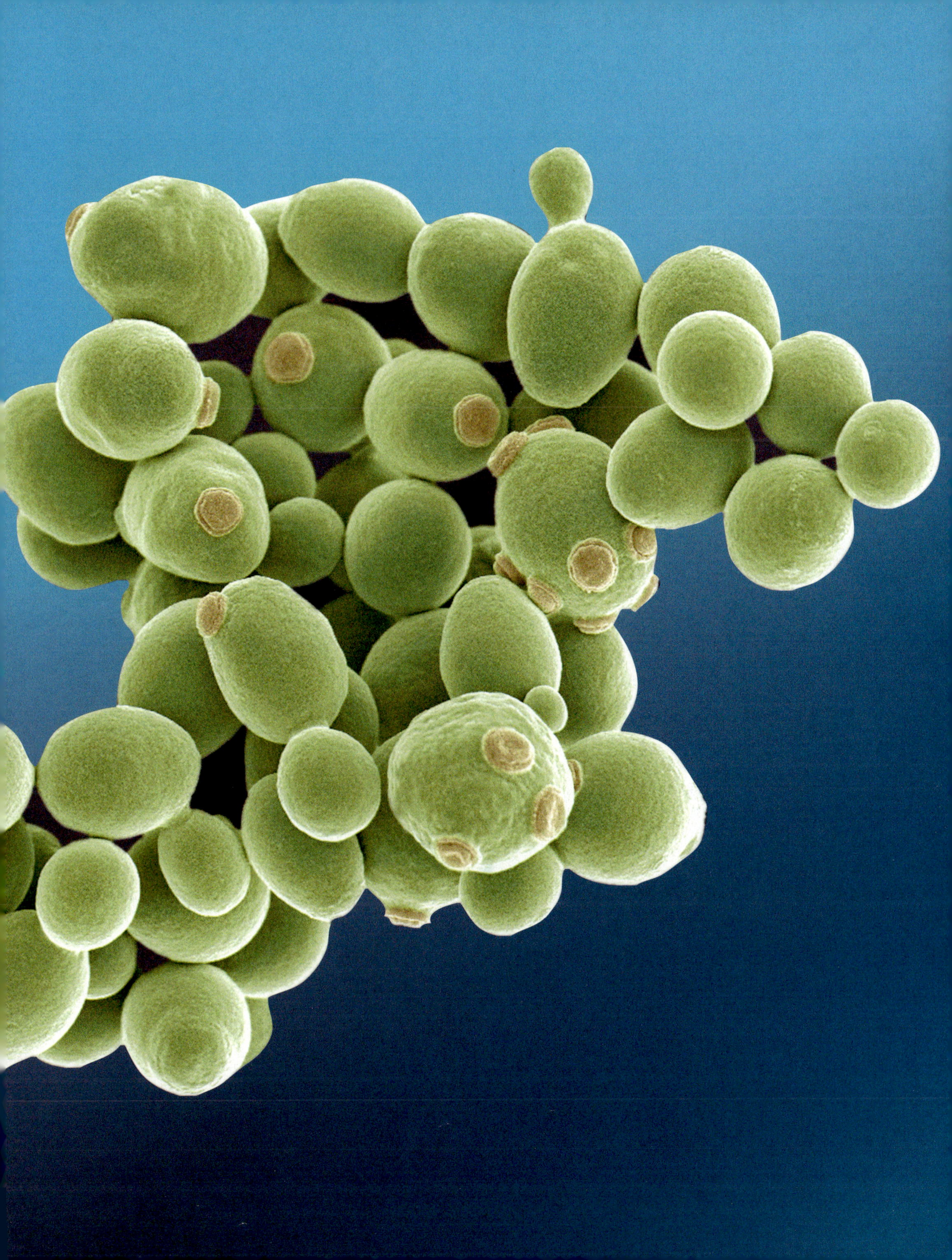

1 Dickgelegte Milch bei der Käseherstellung

1.1 Enzyme – Biokatalysatoren aus Proteinen

Lab ist ein Gemisch aus proteinspaltenden Enzymen, das aus dem Labmagen von Kälbern gewonnen wird. Bei der Käseherstellung gibt man es zur Milch, wodurch das Milcheiweiß gerinnt. Um 100 Liter Milch auf diese Weise dickzulegen benötigt man nur etwa 20 Milliliter Lab. Wie kann eine so geringe Menge Enzyme so viel Milch zum Gerinnen bringen?

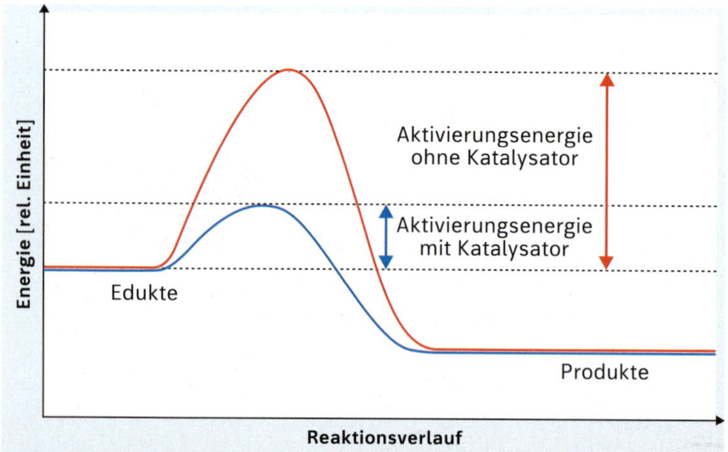

2 Wirkung von Katalysatoren (Energiediagramm)

Aktivierungsenergie – Chemische Reaktionen können nur dann spontan ablaufen, wenn ihre Ausgangsstoffe, die **Edukte,** mehr Energie enthalten als die entstehenden **Produkte**. Aber auch solche Reaktionen verlaufen oft so langsam, dass man sie kaum wahrnimmt. Beispielsweise kann man energiereiche Glucose jahrelang aufbewahren, ohne dass sie mit dem Sauerstoff der Luft zu den energieärmeren Produkten Kohlenstoffdioxid und Wasser reagiert.

Damit eine chemische Reaktion abläuft, muss sie zunächst durch die Zufuhr von Energie aktiviert werden. Diese **Aktivierungsenergie** kann beispielsweise in Form von Wärmeenergie zugeführt werden. Dadurch nehmen die Edukt-Moleküle einen energiereicheren Übergangszustand ein. Hierbei sind Bindungen zwischen den Atomen der Edukte schon teilweise gelöst und die neuen Bindungen zwischen den Atomen des Produkts zum Teil schon geknüpft. Danach reagiert das Molekül spontan weiter zum Produkt-Molekül wobei die Reaktionsenergie freigesetzt wird.

Wirkung von Katalysatoren

Katalysatoren gehen mit Edukt-Molekülen Wechselwirkungen ein. Dadurch ermöglichen sie einen anderen Reaktionsweg mit einem energieärmeren Übergangszustand. Katalysatoren senken also die Aktivierungsenergie chemischer Reaktionen. Sie erhöhen dadurch die Geschwindigkeit der Reaktion, denn je geringer die Aktivierungsenergie einer Reaktion ist, umso höher ist ihre Reaktionsgeschwindigkeit. Katalysatoren können aber jeweils nur für bestimmte chemische Reaktionen die Aktivierungsenergie senken. Sie wirken spezifisch. Bei der Bildung der Produkt-Moleküle wird der Katalysator unverändert wieder freigesetzt. Daher kann bereits eine geringe Menge an Katalysatoren, die spezifische Reaktion für eine große Edukt-Menge beschleunigen.

Biokatalysatoren

In Zellen wirken **Enzyme** als Katalysatoren. Sie setzen die Aktivierungsenergie jeweils für bestimmte Stoffwechselreaktionen herab, so dass diese bei Körpertemperaturen mit hoher Geschwindigkeit ablaufen können. Enzyme werden daher auch als **Biokatalysatoren** bezeichnet.
Wird eine wässrige Lösung von Wasserstoffperoxid erhitzt, zerfällt Wasserstoffperoxid in Sauerstoff und Wasser. Dabei wird Energie freigesetzt. Gibt man einen Platinkatalystor zu einer Lösung von Wasserstoffperoxid findet die Reaktion bereits bei 20 Grad Celsius statt. Durch den Platinkatalysator erhöht sich die Geschwindigkeit der Reaktion um den Faktor Zehntausend. Mit dem Enzym Katalase verläuft die Reaktion sogar 10 Millionen mal schneller. Enzyme beschleunigen demnach Reaktionen um ein Vielfaches mehr als technische Katalysatoren wie Platin.

Das Dicklegen der Milch durch Lab wird durch das Enzym Chymosin bewirkt. Es spaltet das wasserlösliche Milcheiweiß Casein an bestimmten Stellen, sodass unlösliches Casein entsteht. Dieses verklumpt und trennt sich von der wässrigen Molke ab. Da Enzyme chemische Reaktionen sehr stark beschleunigen und unverändert aus Reaktionen hervorgehen, genügt bereits eine geringe Menge an Lab um viele Liter Milch dick zu legen.

MATERIAL MIT AUFGABEN

A Chemische Reaktion im Modell

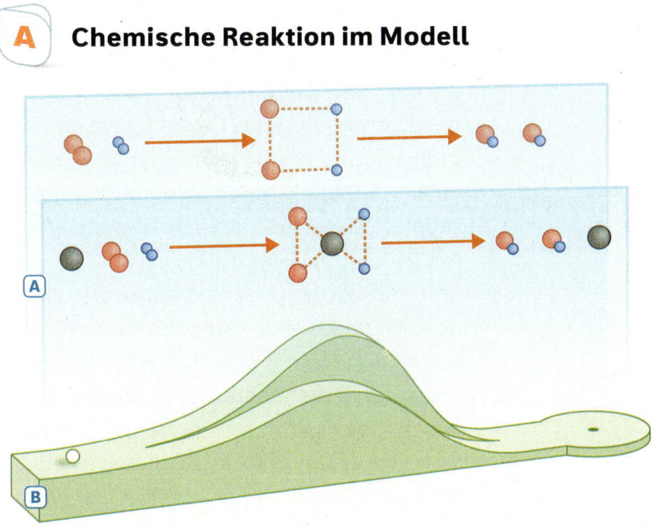

1 Erklären Sie anhand der Modelle A und B den Verlauf einer chemischen Reaktion mit und ohne chemischen Katalysator. ●○○
2 Erklären Sie an der Modellvorstellung B, weshalb ein Katalysator zwar die Aktivierungsenergie für eine chemische Reaktion herabsetzen kann, aber nicht die Energie, die bei der Reaktion freigesetzt wird. ●●○
3 Erklären Sie die Grenzen der Modelle A und B. ●●○
4 Prüfen Sie, wie man die Modelle verändern könnte, sodass sie die Wirkung eines Enzyms verdeutlichen und skizzieren Sie Ihre Modellvorstellung. ●●●

B Katalase in Zellen

Das Enzym Katalase kommt in fast allen tierischen und pflanzlichen Zellen vor und spaltet Wasserstoffperoxid. So werden die Zellen vor dieser toxischen Substanz geschützt. Die Abbildung zeigt die Reaktion einer Wasserstoffperoxid-Lösung mit einem Stück ungekochter Kartoffel.

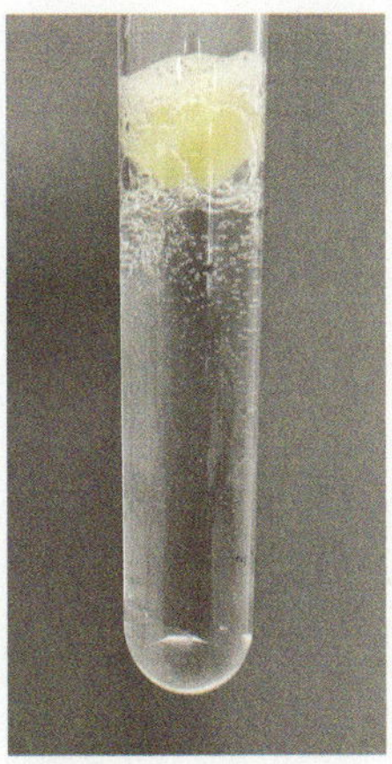

1 Deuten Sie die Beobachtung. ●○○
2 Nach Ablauf der oben genannten Reaktion wurde in einem Fall ein frisches Kartoffelstück zur Lösung gegeben, im anderen Fall etwas frische Wasserstoffperoxid-Lösung. Geben Sie an, welche Reaktionen Sie in beiden Fällen erwarten und begründen Sie Ihre Erwartungen. ●●○

Enzyme sind Proteine Fast alle bekannten Enzyme sind Proteine. Diese besitzen eine spezifische Raumstruktur mit zahlreichen verschiedenen funktionellen Gruppen. Proteine werden aus **Aminosäuren** aufgebaut. Diese besitzen ein zentrales C-Atom, dessen vier Bindungsstellen mit jeweils einer Aminogruppe, einer Carboxy-Gruppe, einem Wasserstoff-Atom sowie einer Seitengruppe besetzt sind. Die Seitengruppe wird auch als Rest bezeichnet und verleiht jeder Aminosäure charakteristische Eigenschaften. So können Aminosäuren polar oder unpolar sein. Außerdem können sie aufgrund ihres Restes mit Wasser neutral, sauer oder basisch reagieren. Die Aminosäure Cystein trägt am Ende ihres Restes eine Schwefelwasserstoff-Gruppe, abgekürzt SH-Gruppe. Über diese SH-Gruppe kann sie mit der SH-Gruppe einer zweiten Cystein-Aminosäure eine Verbindung ausbilden, eine **Disulfidbrücke.** Sie ist für die räumliche Struktur und Stabilität von Proteinen besonders wichtig.

Bindungen zwischen Aminosäuren So wie mit den 26 Buchstaben des Alphabetes unbegrenzt viele verschiedene Wörter gebildet werden können, lässt sich mit den 20 natürlich vorkommenden Aminosäuren eine unbegrenzte Anzahl verschiedener Proteine aufbauen. Bei der Verknüpfung zweier Aminosäuren reagiert jeweils die Carboxygruppe einer Aminosäure mit der Aminogruppe einer anderen Aminosäure unter Abspaltung eines Wasser-Moleküls. Es entsteht eine **Peptidbindung.** Durch die Verbindung von zwei Aminosäuren entsteht ein **Dipeptid.** Es besitzt an einem Ende eine Aminogruppe und am anderen Ende eine Carboxy-Gruppe, sodass weitere Aminosäuren daran gebunden werden können. Je nach Anzahl der verknüpften Aminosäuren unterscheidet man zwischen **Oligopeptiden, Polypeptiden** und **Proteinen.** Oligopeptide bestehen aus zwei bis zehn Aminosäuren, Polypeptide aus mehr als zehn Aminosäuren. Proteine sind Polypeptide, die aus mehr als 100 Aminosäuren bestehen und eine charakteristische räumliche Struktur aufweisen.

Proteinstrukturen Die Reihenfolge oder **Sequenz** der verschiedenen Aminosäuren in der Aminosäurekette eines Proteins wird **Primärstruktur** genannt. Eine **Sekundärstruktur** ergibt sich daraus, dass sich die Kette aufgrund von Wasserstoffbrücken zwischen den Peptidbindungen schraubenförmig aufdrehen oder ziehharmonikaartig falten kann. Man spricht von einer **alpha (α)-Helixstruktur** beziehungsweise **beta (β)-Faltblattstruktur**. Helixstruktur und Faltblattstruktur können auch innerhalb eines Protein-Moleküls in unterschiedlichen Abschnitten auftreten. Oft liegen auch noch Kettenbereiche dazwischen, die keine bestimmte Ordnung erkennen lassen. Während in der α-Helixstruktur die Reste der verschiedenen Aminosäuren nach allen Seiten herausragen, befinden sie sich in der β-Faltblattstruktur ober- und unterhalb der Faltblattebene. Wechselwirkungen zwischen den Resten verändern die räumliche Struktur des Polypeptids zusätzlich. Proteine können so zum Beispiel eine kugelförmige Gestalt einnehmen. Die Raumstruktur eines Proteins, die auf-

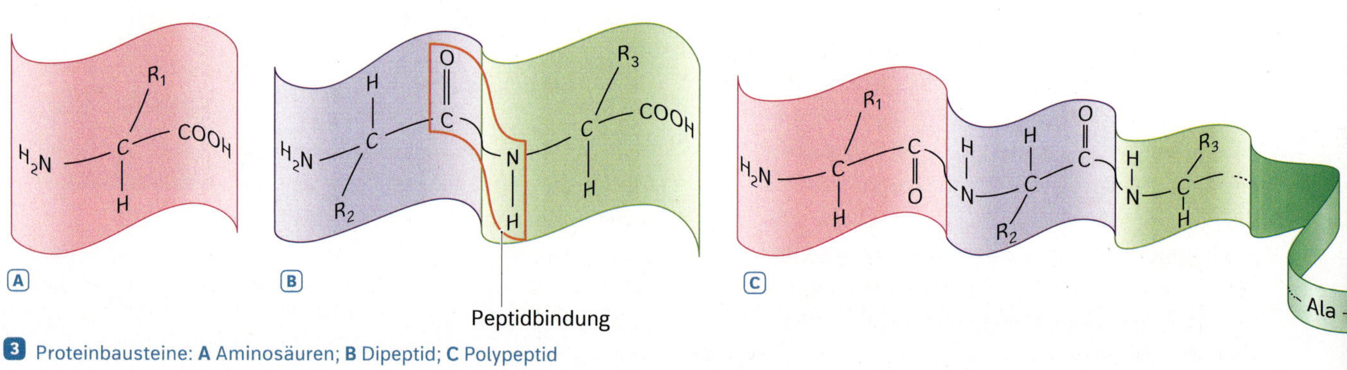

3 Proteinbausteine: **A** Aminosäuren; **B** Dipeptid; **C** Polypeptid

grund von Wechselwirkungen zwischen den Resten ausgebildet wird, bezeichnet man als **Tertiärstruktur**.
Viele Proteine setzen sich aus mehreren Polypeptidketten zusammen. Diese werden durch Wechselwirkungen zwischen den Ketten zusammengehalten und bilden eine Funktionseinheit, etwa einen Proteinkanal in der Membran. Die räumliche Struktur eines aus mehreren Polypeptidketten zusammengesetzten Proteins nennt man **Quartärstruktur**. Nicht alle Proteine haben eine Quartärstruktur.
Die räumliche Struktur von Proteinen wird durch Veränderungen des pH-Werts, der Temperatur oder der Salzkonzentration beeinflusst. Verlieren Proteine dabei ihre natürliche räumliche Struktur, spricht man von **Denaturierung**. Durch die Denaturierung werden Wechselwirkungen im Protein-Molekül gelöst und seine Sekundär-, Tertiär- und Quartärstruktur zerstört. Nur die Primärstruktur bleibt erhalten.

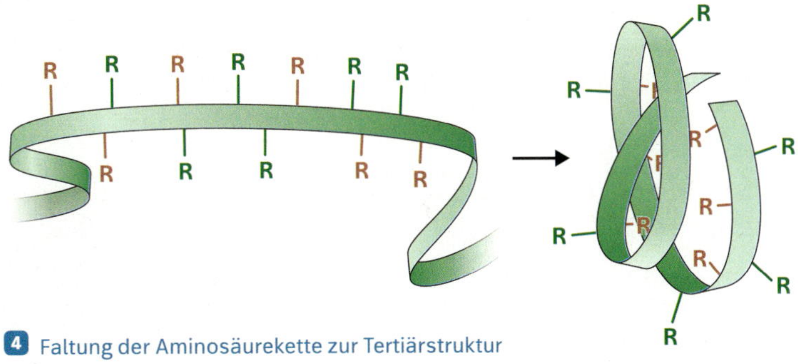

4 Faltung der Aminosäurekette zur Tertiärstruktur

Bedeutung des Protein-Aufbaus – Die korrekte räumliche Struktur von Protein-Molekülen und die chemischen Gruppen, die in ihnen vorkommen, sind grundlegend für die vielfältigen Funktionen von Proteinen. Sie transportieren zum Beispiel Stoffe durch Membranen, ermöglichen Bewegung und wirken als Biokatalysatoren. Durch ihre spezifische Raumstruktur können Enzym-Moleküle an bestimmte Moleküle, zum Beispiel die Edukte chemischer Reaktionen binden. Ihre speziellen chemischen Gruppen ermöglichen es Enzymen, Wechselwirkungen mit diesen Edukten einzugehen und sie auf einen Reaktionsweg mit einem energieärmeren Übergangszustand zu lenken. Auf diese Weise senken sie die Aktivierungsenergie chemischer Reaktionen und wirken als Katalysator. Der Verlust der räumlichen Struktur und damit der Funktion eines Proteins ist für die meisten Zellen tödlich. Daher verfügen alle Zellen über Schutz- und Reparaturmechanismen, um die Struktur ihrer Proteine zu erhalten.

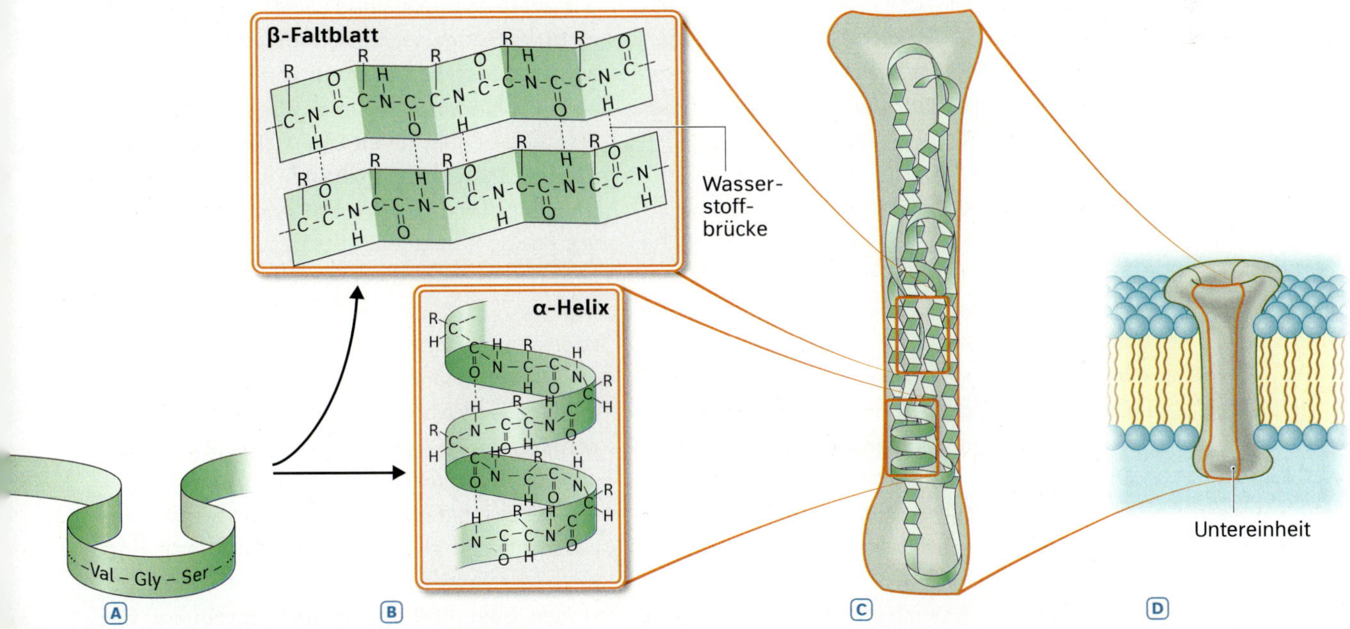

5 Proteinstrukturen: **A** Primärstruktur; **B** Sekundärstruktur; **C** Tertiärstruktur; **D** Quartärstruktur eines Membranproteins

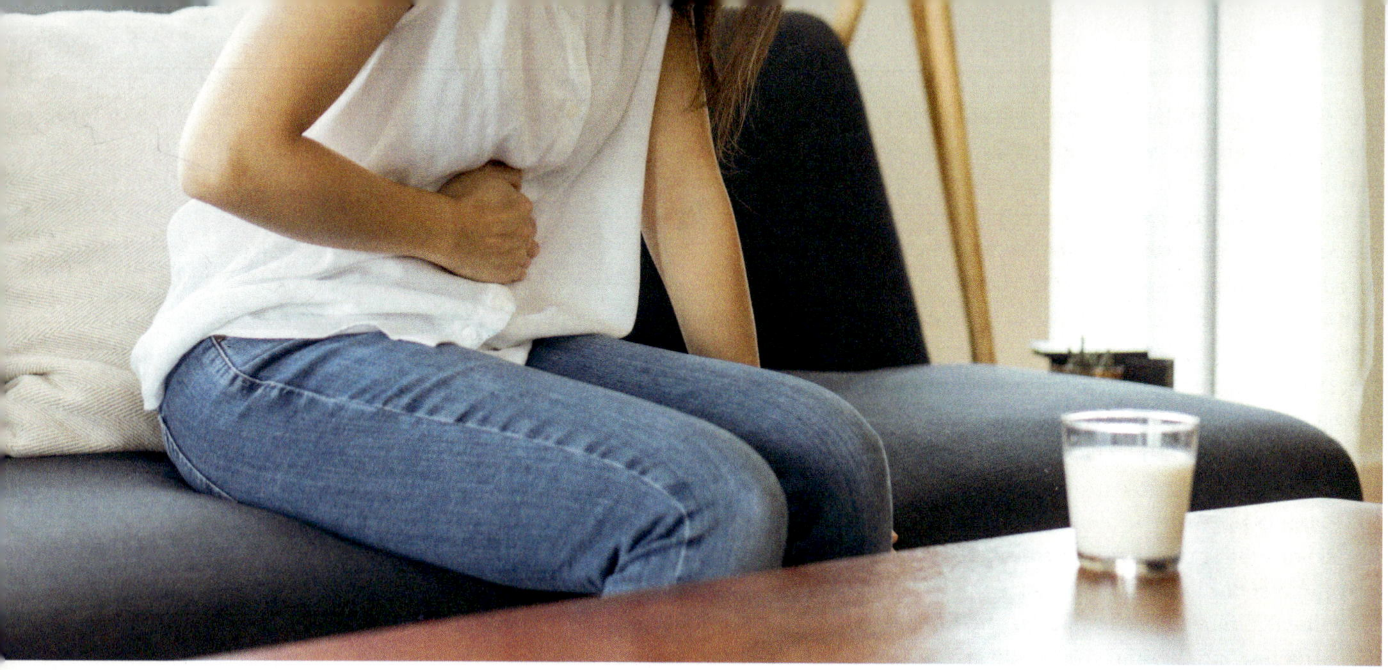

1 Bauchschmerzen nach einem Schluck Milch

1.2 Enzyme sind substratspezifisch

Manche Menschen bekommen nach dem Genuss von Milch und Milchprodukten Verdauungsprobleme. Sie vertragen den Milchzucker, die Laktose, nicht. Der Darm Betroffener produziert das Laktose abbauende Enzym Laktase nicht oder nicht in ausreichenden Mengen. Warum kann Laktose nicht von anderen Enzymen, die im Darm Betroffener vorkommen, abgebaut werden?

Substratspezifität von Enzymen

Enzyme können die Aktivierungsenergie nur für ganz bestimmte chemische Reaktionen senken, da sie aufgrund ihrer räumlichen Struktur nur spezifisch bestimmte Moleküle binden und mit ihnen Wechselwirkungen eingehen können. Diese Edukt-Moleküle werden bei enzymatischen Reaktionen **Substrate** genannt.
Die Anlagerung des Substrats an das Enzym ist der erste Schritt einer enzymatischen Reaktion. Enzym-Moleküle besitzen wie alle Protein-Moleküle eine bestimmte räumliche Struktur. Auf ihrer Oberfläche besitzen sie eine besondere Einbuchtung. Diese bildet das **aktive Zentrum** des Enzym-Moleküls. In dieses passt meist nur ein bestimmtes Substrat-Molekül räumlich exakt hinein. Beispielsweise passt in das aktive Zentrum des Enzyms Saccharase nur das Disaccharid Saccharose. Andere Disaccharide wie etwa Maltose oder Lactose können dort nicht angelagert werden. In gleicher Weise kann Laktose im Darm nur von Laktase, nicht aber von anderen Enzymen abgebaut werden. Man bezeichnet diese Eigenschaft von Enzymen als **Substratspezifität.**
Säuglinge produzieren relativ viel Laktase. Dieses Enzym bindet im Darm Laktose und katalysiert die Spaltung des Disaccharids Laktose in Glucose und Galaktose. Diese Monosaccharide können resorbiert werden. Wird ein Kind von der Milch entwöhnt, so wird in seinem Darm allmählich weniger Laktase produziert. Die noch vorhandene Menge an Laktase reicht dann bei manchen Menschen nicht mehr aus, um die mit der Milch aufgenommene Laktose zu spalten. Laktose gelangt dann in den Dickdarm und wird von Darmbakterien umgesetzt. Dabei entstehen Gase und andere Abbauprodukte, die die charakteristischen Beschwerden verursachen.

Die Substratspezifität von Enzymen lässt sich vergleichen mit einem Schloss, zu dem nur ein bestimmter Schlüssel passt. Eine Erweiterung dieses **Schlüssel-Schloss-Modells** ist das **Modell der induzierten Passform**, auch **Induced-fit-Modell** genannt. Nach dieser Modellvorstellung induzieren die chemischen Wechselwirkungen zwischen dem Substrat-Molekül und dem aktiven Zentrum des Enzym-Moleküls bei beiden Molekülen Veränderung der Raumstruktur. Erst dann passen sie exakt zusammen.

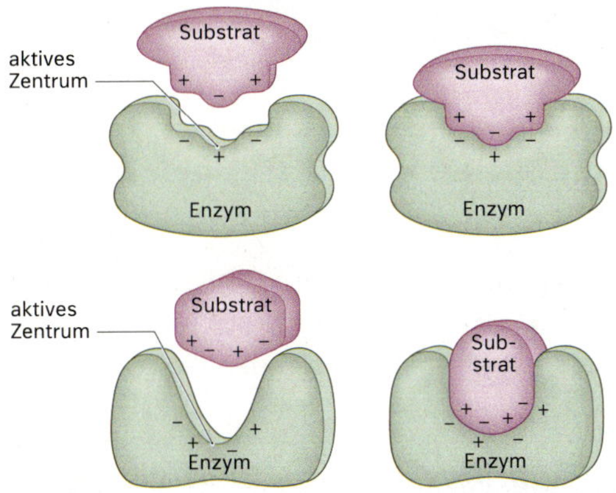

2 Substratspezifität. **A** Schlüssel-Schloss-Modell, **B** Modell der induzierten Anpassung

Gruppenspezifität – Substrat-Moleküle binden nur mit einem Teilbereich an das aktive Zentrum eines Enzym-Moleküls. Der restliche Bereich des Substrat-Moleküls ist für die Bindung ohne Bedeutung. Deshalb können auch unterschiedliche Substrat-Moleküle vom gleichen Enzym-Molekül umgesetzt werden, wenn sie über den spezifischen Teilbereich verfügen, der in das aktive Zentrum des Enzym-Moleküls passt.

Man spricht von einer **Gruppenspezifität** der Enzyme. Beispielsweise setzt Alkohol-Dehydrogenase verschiedene Alkohole, etwa Methanol, Ethanol und Propanol um. Das Enzym ist also spezifisch für die Gruppe der Alkohole. Nur wenige Enzyme sind streng substratspezifisch. Die meisten Enzyme sind gruppenspezifisch.

MATERIAL MIT AUFGABEN

A Methanolvergiftung

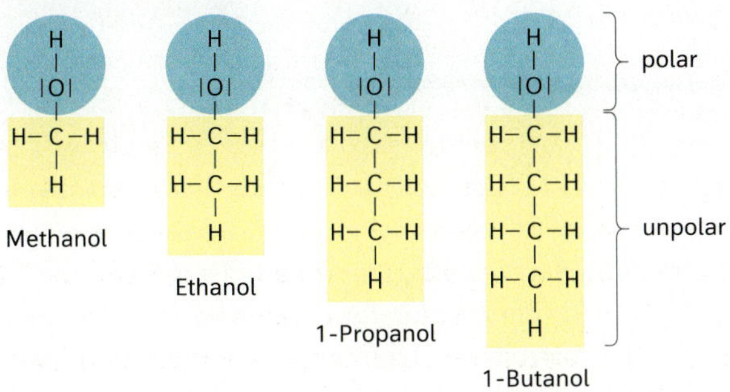

Immer wieder kommt es zu Vergiftungen mit Methanol, etwa bei Kindern, die die wasserklare, geruchlose Flüssigkeit unbeabsichtigt getrunken haben, oder bei Erwachsenen, die selbstgebrannte Schnäpse konsumierten, die nicht fachgerecht destilliert wurden. Selbst das Einatmen von Methanoldämpfen kann zur Vergiftung führen.
Bei einer Methanolvergiftung treten zuerst Schwindel, ein Rauschzustand und Übelkeit auf. Dann folgen Kopfschmerzen, Sehstörungen, Bewusstlosigkeit und Atemnot. Unbehandelt werden das zentrale Nervensystem und zahlreiche Organe schwer geschädigt. Der Konsum von einem Gramm Methanol pro Kilogramm Körpergewicht gilt als lebensbedrohlich. Solange Methanol noch im Blut ist, kann es durch die Nieren ausgeschieden werden. In den Zellen der Leber wird es, wie Ethanol, durch das Enzym Alkoholdehydrogenase oxidiert und dann durch weitere Enzyme abgebaut. Methanol wird aber im Vergleich zu Ethanol wesentlich langsamer von der Alkoholdehydrogenase gebunden und umgesetzt. Während beim Abbau von Ethanol als Zwischenprodukt das weniger gefährliche Ethanal entsteht, bilden sich beim Abbau von Methanol giftiges Methanal und Methansäure. Dies sind die eigentlich schädigenden Stoffe bei einer Methanolvergiftung.

1 Fertigen Sie eine Skizze an, die die Gruppenspezifität der Alkoholdehydrogenase mit dem Schlüssel-Schloss-Modell verdeutlicht. Berücksichtigen Sie dabei die Abbildung. ●●○
2 Methanolvergiftungen werden im Rahmen der Erstversorgung unter anderem behandelt, indem man den Patienten große Mengen Ethanol zuführt. Erklären Sie diese Therapie. ●●●

MATERIAL MIT AUFGABEN

B Erkenntnisgewinn durch Versuche: Enzymatische Spaltung von Disacchariden

Beobachtung

Das Enzym Lactase katalysiert die Spaltung des Disaccharids Lactose. Andere Disaccharid-Moleküle wie Maltose oder Saccharose sind chemisch sehr ähnlich wie Lactose aufgebaut.

Lactose
(Galactose + Glucose)

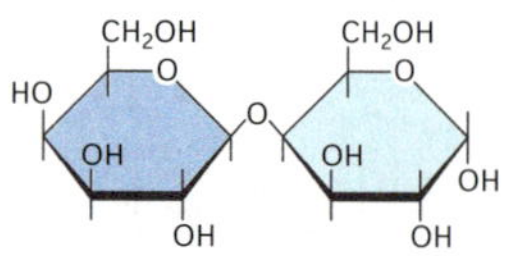

Saccharose
(Glucose + Fructose)

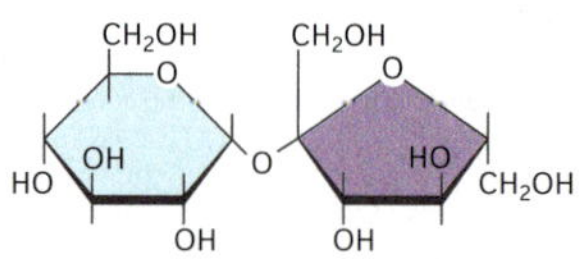

Maltose
(Glucose + Glucose)

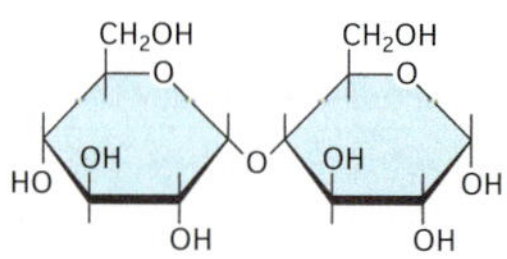

Versuchsfrage

Katalysiert Lactase ausschließlich die Spaltung von Lactose oder auch die Spaltung anderer Disaccharide wie von Maltose und Saccharose?

Hypothesen

- Lactase katalysiert nur die Spaltung von Lactose.
- Lactase katalysiert auch die Spaltung anderer Disaccharide etwa von Saccharose und Maltose.

Versuchsdurchführung

In 0,1-molaren wässrigen Lösungen von Lactose, Saccharose und Maltose wurden jeweils der pH-Wert 6 und eine Temperatur von 25 Grad Celsius eingestellt. Vor dem Versuch wurden die Zuckerlösungen mit einem Glucose-Teststreifen auf Glucose geprüft. Sämtliche Tests verliefen negativ.

Anschließend wurden zwei in Drogerien erhältliche Lactase-Tablette gemörsert und in 10 ml Wasser aufgeschwemmt. 1 ml dieser Lactase-Lösung wurde jeweils zu 10 ml der Zuckerlösungen getropft. Nach 20 Minuten wurde mithilfe von Glucose-Teststreifen geprüft, ob in den Zuckerlösungen Glucose vorhanden war.

Zusatzinformationen

In der Reaktionszone der Glucose-Teststreifen befinden sich die Enzyme Glucose-Oxidase (GOD), Peroxidase (POD) und ein farbloser Indikator. Sie wirken folgendermaßen zusammen:

$$\text{Glucose} + \text{Sauerstoff} \xrightarrow{\text{GOD}} \text{Gluconolacton} + \text{Wasserstoffperoxid}$$

$$\text{Wasserstoffperoxid} + \text{Indikator}_{\text{(farblos)}} \xrightarrow{\text{POD}} \text{Wasser} + \text{Indikator}_{\text{(grün)}}$$

Versuchsbeobachtung

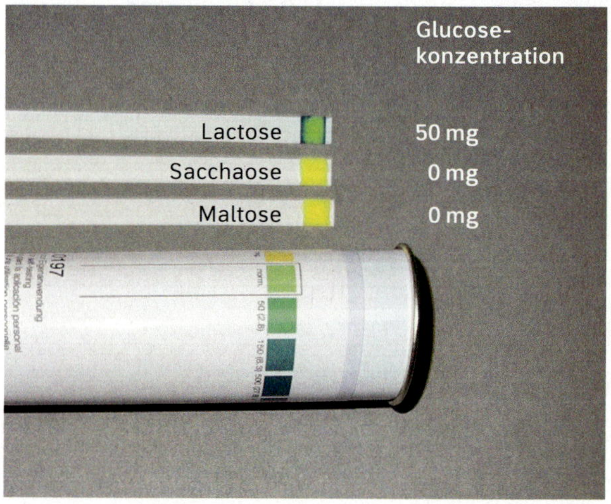

1 Erklären Sie die Versuchsdurchführung. ●●○
2 Werten Sie die Zusatzinformationen aus und deuten Sie die Versuchsbeobachtungen im Hinblick auf die Hypothesen. ●●○
3 Erstellen Sie mit einem Grafikprogramm eine Grafik, die die Spezifität von Lactase verdeutlicht. ●○○
4 Geben Sie die Substratspezifität der beiden Enzyme der Glucose-Teststreifen an. ●○○
5 Obwohl Enzyme unverändert aus den von ihnen katalysierten Reaktionen hervorgehen, kann ein Teststreifen nicht mehrmals zum Glucose-Nachweis benutzt werden. Erklären Sie diesen Sachverhalt. ●●○
6 ▶ Planen Sie einen Versuch, mit dem Sie überprüfen können, ob Buttermilch, fettarme Milch, Sahne und Sojamilch Lactose enthalten. Berücksichtigen Sie dabei einen Kontrollversuch. ●●○

Struktur und Funktion

Lebewesen und Lebensvorgänge sind an Strukturen gebunden, die im engen Zusammenhang mit ihrer Funktion stehen. In einer Zelle sind zum Beispiel Vakuolen durch eine Membran vom umgebenden Cytoplasma abgegrenzt. Diese Struktur ermöglicht die Speicherfunktion der Vakuole. Neben diesem Prinzip der Kompartimentierung lassen sich das Schlüssel-Schloss-Prinzip, das Prinzip der Oberflächenvergrößerung, das Gegenstromprinzip und das Gegenspielerprinzip auf den Zusammenhang zwischen Struktur und Funktion zurückführen.

Prinzip der Kompartimentierung – Innerhalb eines biologischen Systems wie einer Zelle findet man voneinander abgegrenzte Bereiche, die Kompartimente. In diesen können verschiedene Vorgänge zur gleichen Zeit ablaufen, ohne dass sich diese gegenseitig stören.

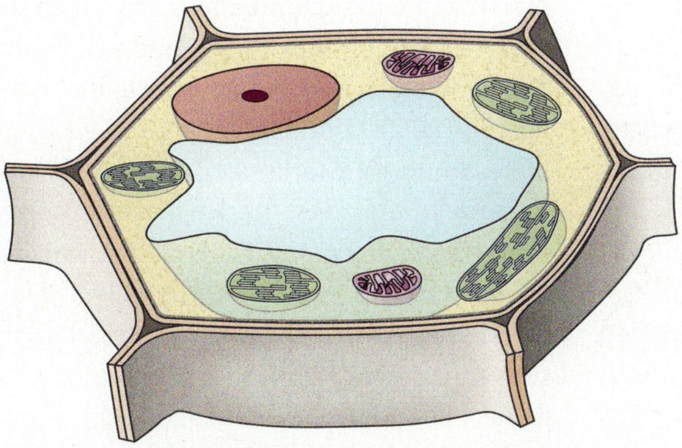

Schlüssel-Schloss-Prinzip – Bestimmte Moleküle passen aufgrund ihres komplementären Aufbaus zueinander. Zum Beispiel sind das aktive Zentrum eines Enzym-Moleküls und ein bestimmter Bereich des Substrat-Moleküls zueinander komplementär. Bildlich gesprochen passen sie wie Schlüssel und Schloss zueinander.

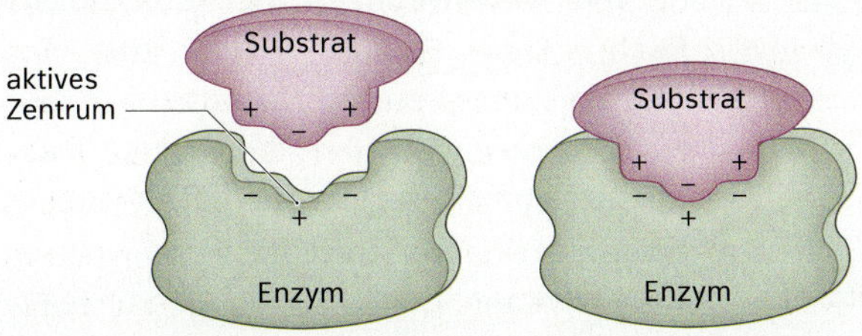

Prinzip der Oberflächenvergrößerung – Je größer die Oberfläche einer Struktur ist, desto mehr Stoffe oder Energie können im gleichen Zeitraum an dieser ausgetauscht werden.

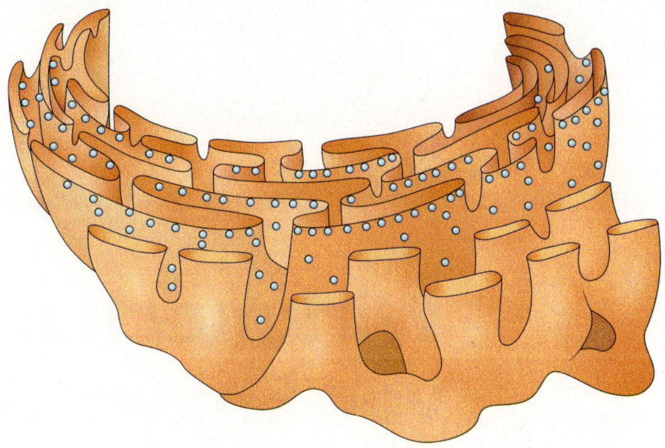

Gegenstromprinzip – Durch die gegenläufige Fließrichtung von Gasen, Flüssigkeiten oder Wärme in benachbarten anatomischen Strukturen ist ein effizienter Stoff- oder Wärmeaustausch möglich.

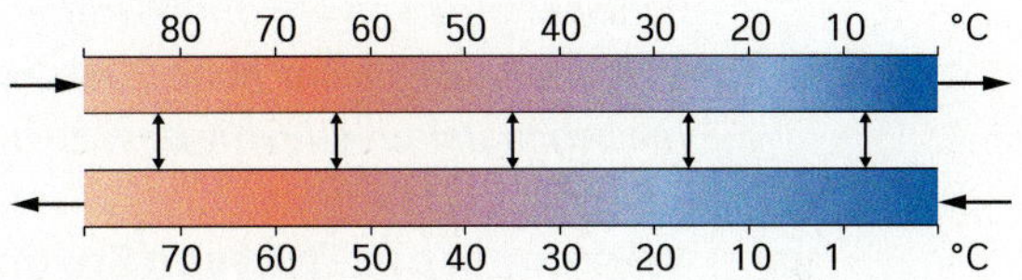

Gegenspielerprinzip – Verschiedene Systemstrukturen oder Signalstoffe können zusammenwirken, indem sie als Gegenspieler gegeneinander wirken.

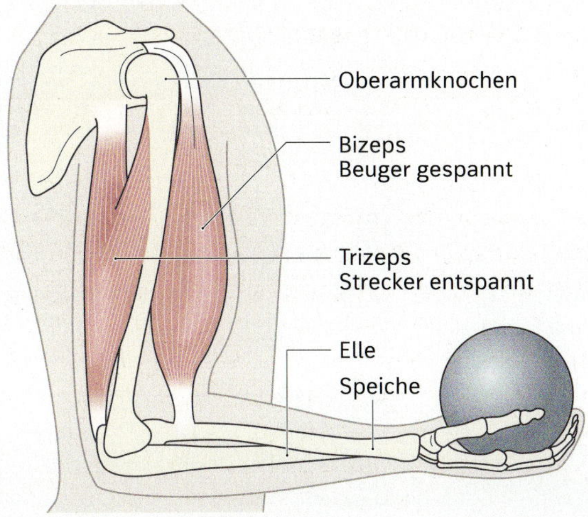

1 Süßigkeiten

1.3 Wirkmechanismen von Enzymen

In Deutschland lag der Pro-Kopf-Verbrauch von Zucker in den letzten Jahren durchschnittlich bei 30 Kilogramm im Jahr. Dies entspricht einer täglichen Menge von etwa 100 Gramm pro Person. Wie lässt sich dieser hohe Zuckerbedarf durch die Lebensmittelindustrie decken?

Wirkungsspezifität von Enzymen — Der weltweit steigende Bedarf an verschiedenen Zuckern kann nicht allein durch Saccharose, dem Haushaltszucker aus Zuckerrüben und Zuckerrohr gedeckt werden. Deshalb verwendet man in der Lebensmittelindustrie vor allem bei der Herstellung von Süßigkeiten zunehmend Zucker wie Glucose, Fructose oder Maltose, die aus Stärke gewonnen werden. Die wichtigsten Lieferanten für Stärke sind Mais, Weizen und Kartoffeln. Bei der Stärkeverzuckerung wird Stärke zunächst durch das Enzym α-Amylase in ein Kohlenhydrat-Gemisch umgewandelt. Mit der Wahl weiterer Enzyme kann man dann die Umsetzung des Gemischs gezielt steuern, sodass man Maltose, Glucose oder Fructose erhält. Das gleiche Substrat wird also durch verschiedene Enzyme zu unterschiedlichen Produkten umgesetzt.

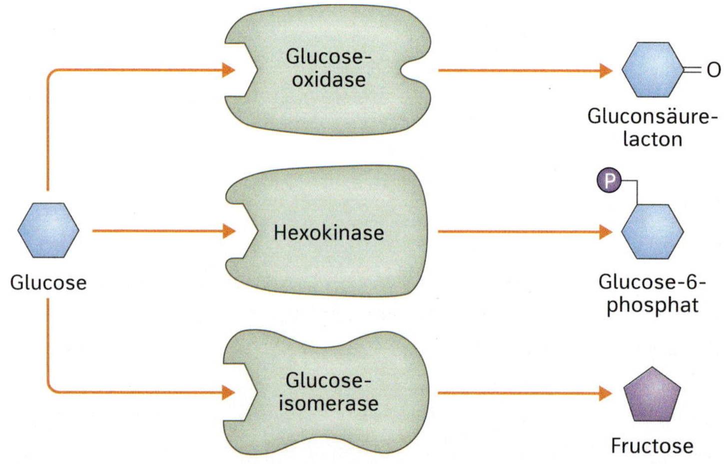

2 Wirkungsspezifität von Enzymen

Jedes Enzym katalysiert bei einem Substrat nur eine ganz bestimmte chemische Reaktion. Nur für diese kann es die Aktivierungsenergie senken. Diese Eigenschaft eines Enzyms bezeichnet man als **wirkungs-** oder **reaktionsspezifisch**. Zum Beispiel kann das Enzym Glucoseoxidase nur die Oxidation von Glucose zu Gluconsäurelacton bewirken, während Glucoseisomerase zwar ebenfalls Glucose bindet, diese aber ausschließlich zu Fructose umwandeln kann. Die verschiedenen Enzyme haben zwar die gleiche Substratspezifität, aber sie unterscheiden sich in der Wirkungsspezifität.

Ablauf der Enzymreaktion – Durch die Bindung des Substrat-Moleküls an das aktive Zentrum des Enzym-Moleküls entsteht ein Enzym-Substrat-Komplex. Das Substrat-Molekül befindet sich dabei in einem Übergangszustand. Durch die Auflösung vorhandener Bindungen und Ausbildung neuer Bindungen entsteht das Produkt-Molekül. Aus dem Enzym-Produkt-Komplex werden das Produkt-Molekül und das Enzym-Molekül freigesetzt. Das Enzym-Molekül steht sofort wieder für die Umsetzung eines neuen Substrat-Moleküls zur Verfügung.

Benennung von Enzymen – Heute sind weit über 3000 verschiedene Enzyme bekannt. Ihr Name setzt sich aus dem Namen des Substrats, der Wirkungsspezifität des Enzyms und der Endung *-ase* zusammen. Zum Beispiel katalysiert Glucoseoxidase die Oxidation von Glucose. Nur bei wenigen Enzymen verwendet man noch den Trivialnamen wie etwa Pepsin und Trypsin.

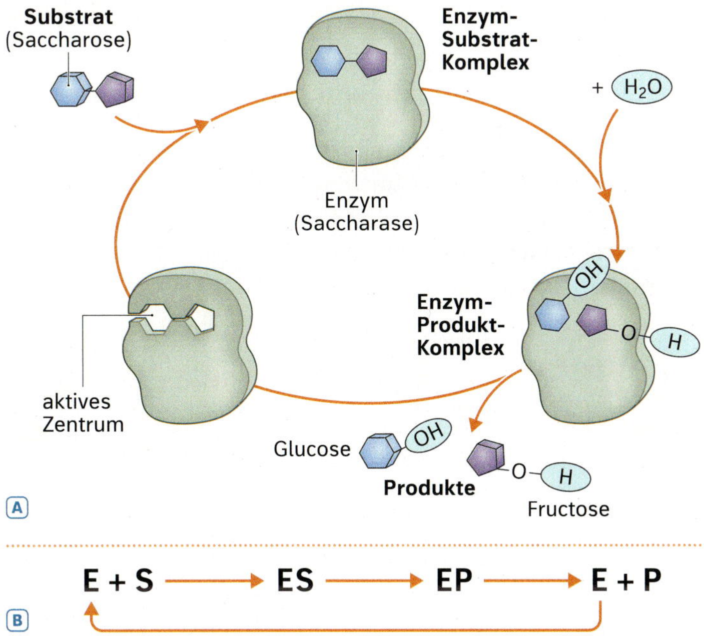

3 Ablauf der Enzymreaktion: **A** Modell; **B** Buchstabenschema (E = Enzym; S = Substrat; ES = Enzym-Substrat-Komplex; EP = Enzym-Produkt-Komplex; P = Produkt)

MATERIAL MIT AUFGABEN

A Konzentrationsveränderungen im Verlauf einer enzymatischen Reaktion

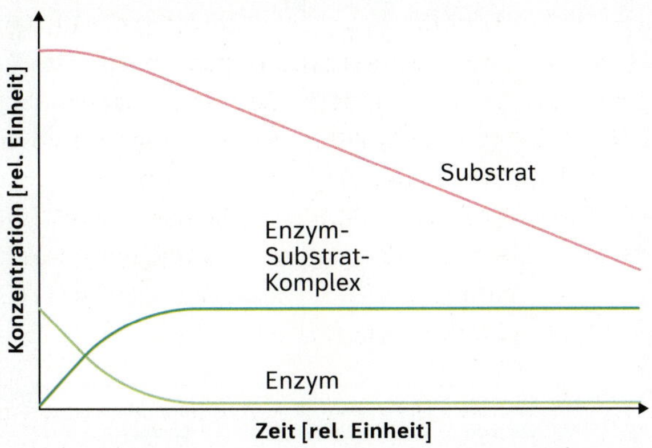

Die Abbildung stellt dar, wie sich die Konzentrationen von freiem Enzym, freiem Substrat und vom Enzym-Substrat-Komplex im zeitlichen Verlauf einer Enzymreaktion verändern.

1 Erklären Sie die Konzentrationsveränderungen und beschreiben Sie, wie sich parallel dazu die Konzentration des Produkts entwickelt. Gehen Sie davon aus, dass aus einem Substrat-Molekül ein Produkt-Molekül entsteht. ●●○

2 Erklären Sie, wie sich die Konzentrationen von Enzym, Enzym-Substrat-Komplex und Substrat bis zum Ende der Reaktion weiter verändern. ●●●

B Enzyme bei der Stärkeverzuckerung

Bei der Stärkeverzuckerung nutzt man die unterschiedliche Wirkungsspezifität der Enzyme, um die verschiedenen Zucker zu gewinnen. Das Enzym α-Amylase setzt zuerst die langen Glucoseketten der Stärke in Malto-Dextrin um, ein Gemisch aus Stärkebruchstücken von vier bis 35 Glucose-Molekülen. Diese können einerseits durch β-Amylase in Maltose, ein Disaccharid aus zwei Glucose-Molekülen, gespalten werden. Andererseits kann Malto-Dextrin durch Glucoamylase zu Glucose abgebaut werden. Mithilfe des Enzyms Glucoseisomerase lässt sich dann Glucose noch in Fructose umwandeln.

1 Stellen Sie die Stärkeverzuckerung in einem Fließdiagramm dar. ●●○

C Wirkung von Alpha- und Beta-Amylase auf Stärke

Das Polysaccharid Stärke kommt in zwei Formen vor: Amylose und Amylopektin. **Amylose** besteht aus einer Kette von mehreren hundert Glucose-Einheiten, die sich schraubenartig aufwindet. Zwischen den Glucose-Molekülen liegt eine 1-4-glykosidische Bindung vor.

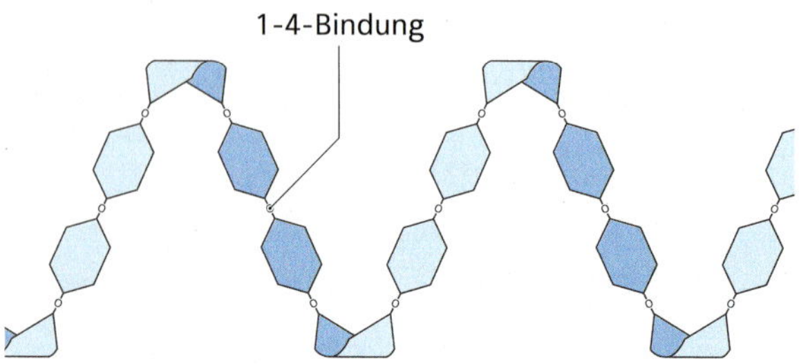

Amylopektin besteht im Vergleich zu Amylose aus mehreren tausend Glucose-Molekülen. Die Kette ist stark verzweigt. An den Verzweigungsstellen liegt eine 1-6-glykosidische Bindung vor.

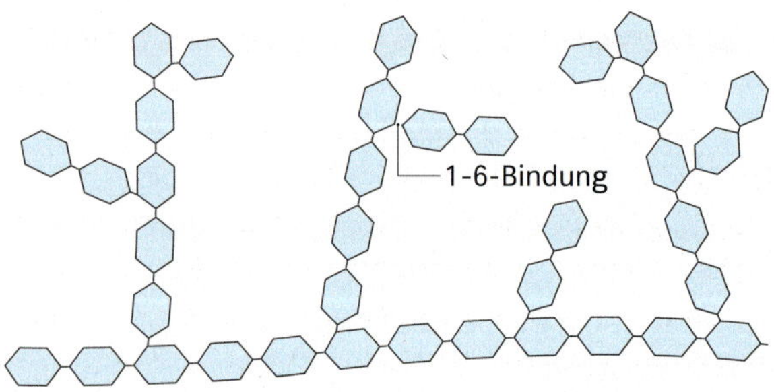

Amylose und Amylopektin werden gemeinsam in den Stärkekörnern bestimmter Pflanzenzellen gespeichert. In Wasser ist natürliche Stärke kaum löslich, sondern es bildet sich eine Suspension. Beim Erwärmen der Suspension brechen die Stärkekörner bei einer bestimmten Temperatur auf und die Amylose- und Amylopektin-Moleküle verteilen sich im Wasser. Sie lagern dabei Wasser-Moleküle an. Dadurch entsteht ein trüber, dickflüssiger Stärkekleister. Daraus bildet sich beim Abkühlen ein relativ festes Gel.

In einem Versuch wurde die Frage untersucht, ob die Enzyme Alpha- und Beta-Amylase Stärke an unterschiedlichen Molekülstellen spalten. Dazu wurde in einem Ansatz Alpha-Amylase und in einem anderen Ansatz Beta-Amylase zu einem Stärke-Gel gegeben. Der Kontrollansatz bestand aus einem Stärke-Gel ohne Enzym. Die Versuche wurden bei konstanter Temperatur und neutralem pH-Wert durchgeführt. In bestimmten Zeitabständen wurden jeweils Proben entnommen und deren Viskosität untersucht. Außerdem wurde jeweils die Konzentration an Stärke und an Maltose bestimmt.

Versuchsbeobachtungen:

Alpha-Amylase:

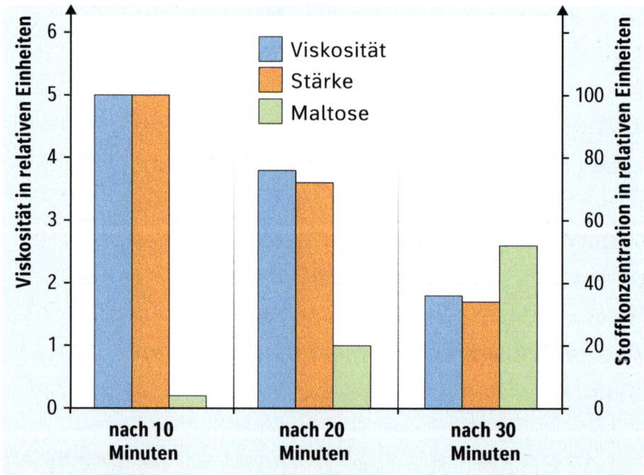

Beta-Amylase:

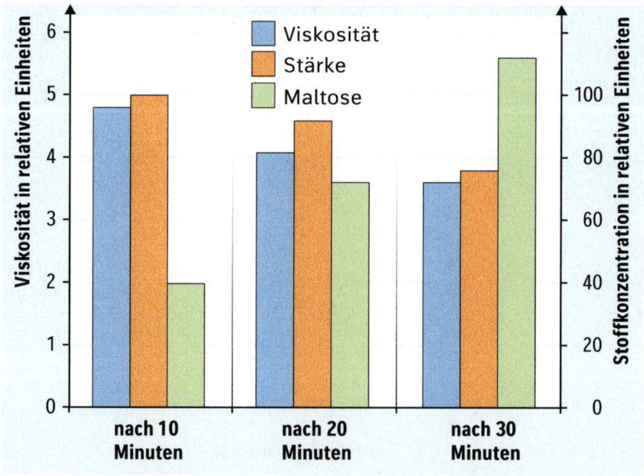

Im Kontrollansatz waren keine Veränderungen zu beobachten.

1 Beschreiben Sie die Versuchsbeobachtungen. ●○○
2 Deuten Sie die Versuchsbeobachtungen im Hinblick auf die Versuchsfrage. ●●●
3 Erklären Sie die Versuchsbeobachtungen. ●●●
4 Geben Sie die Substrat- und Wirkungsspezifität von Alpha- und Beta-Amylase an. ●○○

Stoff- und Energieumwandlung

Biologische Systeme sind offene, sich selbst organisierende Systeme, die im ständigen Austausch mit der Umwelt stehen. Alle Lebensprozesse benötigen Energie und laufen unter Energieumwandlungen ab. Lebewesen nehmen Stoffe auf, wandeln sie um und scheiden Stoffe wieder aus. Innerhalb dieses Basiskonzeptes gibt es wesentliche Prinzipien wie beispielsweise Fließgleichgewicht, Stoffkreislauf, Energieentwertung und energetische Kopplung.

Fließgleichgewicht – Ein Fließgleichgewicht ist der Zustand eines biologischen Systems, bei dem kontinuierlich Stoffe von dem System aufgenommen und umgesetzt werden und in gleichem Umfang Reaktionsprodukte abgegeben werden. So bleibt die Konzentration der Zwischenprodukte innerhalb des Systems konstant.

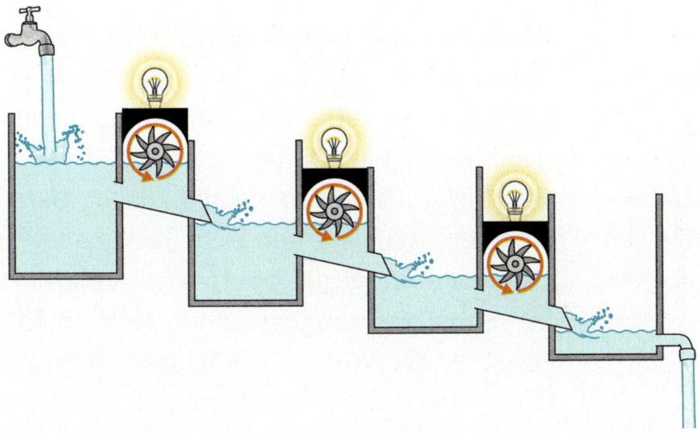

Stoffkreislauf – Als Stoffkreislauf bezeichnet man eine Folge von chemischen Reaktionen, in deren Verlauf der Ausgangsstoff wieder entsteht.

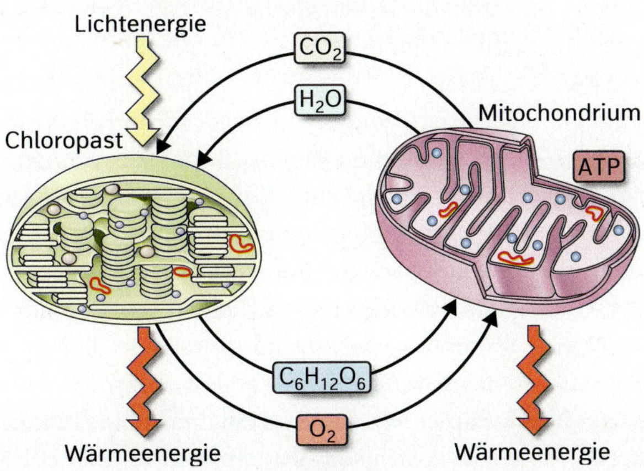

Energieentwertung – Bei allen Energieumwandlungen und Energieübertragungen in Systemen treten Energieverluste auf. Dadurch verringert sich der Anteil der Energie, die das System nutzen kann. So kann etwa die bei Energieumwandlungen frei werdende Wärme von Zellen nicht genutzt werden.

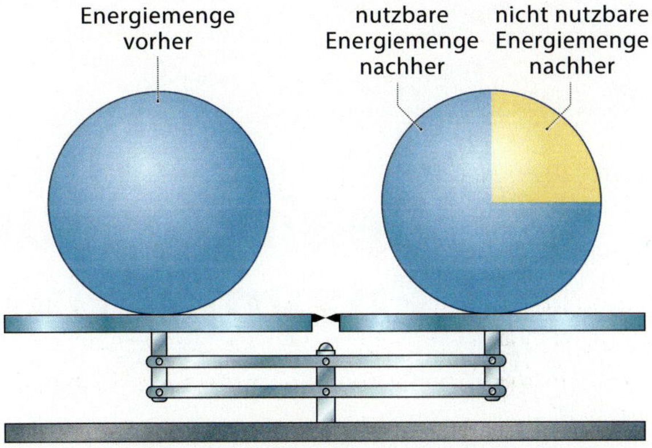

Energetische Kopplung – Sind bei Stoffwechselreaktionen energiebereitstellende exergone Reaktionen mit energieverbrauchenden endergonen Reaktion verbunden, so spricht man von energetischer Kopplung. In der Regel verlaufen die verschiedenen Stoffwechselreaktionen in unterschiedlichen Kompartimenten der Zelle ab. Deshalb wird die Energie, die bei einer exergonen Reaktion frei wird, auf ein Zwischenprodukt übertragen, das beweglich ist und an die Orte des Bedarfs transportiert werden kann. Dort wird es wieder abgebaut und die dabei freiwerdende Energie dem endergonischen Vorgang zur Verfügung gestellt. Durch die energetische Kopplung werden endergone Reaktionen energetisch erst möglich. Die Kopplung erfolgt über ATP.

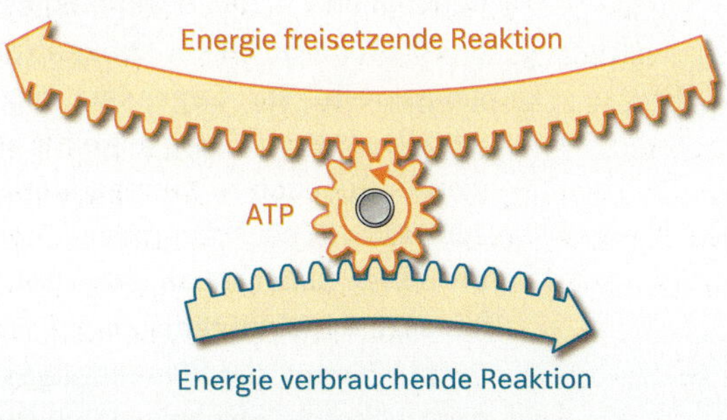

1 Hefteig beim Aufgehen

1.4 Beeinflussung der Enzymaktivität

Hefeteig für Brot, Pizza oder Kuchen muss vor dem Backen an einem warmen Ort „aufgehen". Dabei wird die im Mehl vorhandene Glucose von den Hefezellen mithilfe von Enzymen zu Ethanol und Kohlenstoffdioxid umgesetzt. Durch das Kohlenstoffdioxid-Gas nimmt das Volumen des Teiges zu und das Gebäck wird schön locker. Warum ist Wärme für das Aufgehen von Hefeteig wichtig?

Geschwindigkeit enzymatischer Reaktionen – Um die Geschwindigkeit einer chemischen Reaktion zu bestimmen, misst man die Stoffmenge, die pro Zeiteinheit umgesetzt wird. Alternativ kann auch die Produktmenge, die pro Zeiteinheit gebildet wird, ermittelt werden. Bei den meisten chemischen Reaktionen ist die Reaktionsgeschwindigkeit direkt proportional zur Konzentration der Ausgangsstoffe. Im Gegensatz dazu steigt die Reaktionsgeschwindigkeit einer enzymkatalysierten Reaktion mit steigender Substratkonzentration zunächst rapide an und nähert sich bei hohen Substratkonzentrationen einer **Maximalgeschwindigkeit (v_{max})**. Ist diese erreicht, nimmt die Reaktionsgeschwindigkeit nicht weiter zu, obwohl die Substratkonzentration weiter steigt.

Betrachtung auf molekularer Ebene – Die einzelnen Schritte einer enzymkatalysierten Reaktion verlaufen mit unterschiedlicher Geschwindigkeit. Der erste Schritt, die Bildung des Enzym-Substrat-Komplexes, dauert am längsten. Bei niedrigen Substratkonzentrationen bestimmt er die Geschwindigkeit, mit der die Substrate umgesetzt werden. In dieser Phase ist die Wahrscheinlichkeit gering, dass Enzym-Moleküle und Substrat-Moleküle aufeinander treffen. Infolgedessen werden nur wenige Enzym-Substrat-Komplexe gebildet und viele Enzym-Moleküle liegen frei vor, da sie kein Substrat-Molekül gebunden haben. Die Reaktionsgeschwindigkeit ist dementsprechend niedrig.

Mit ansteigender Substratkonzentration nimmt die Wahrscheinlichkeit für das Zusammentreffen von Enzym- und Substrat-Molekülen stetig zu. Demzufolge liegen immer mehr Enzym-Moleküle im Enzym-Substrat-Komplex vor und die Reaktionsgeschwindigkeit steigt. Ab einer bestimmten Substratkonzentration liegen alle Enzym-Moleküle in einem Enzym-Substrat-Komplex vor. Dann ist die maximale Reaktionsgeschwindigkeit, v_{max} abgekürzt, erreicht. Die Substratkonzentration, bei der v_{max} erreicht wird, nennt man **Sättigungskonzentration**. Durch weitere Zugabe von Substrat-Molekülen lässt sich die Reaktionsgeschwindigkeit nicht mehr steigern, denn jedes Enzym-Molekül braucht eine bestimmte Zeit, um ein Substrat-Molekül im aktiven Zentrum zu binden und umzusetzen.

MICHAELIS-MENTEN-Konstante

Die Sättigungskonzentration und v_{max} sind charakteristische Größen eines Enzyms. v_{max} lässt sich in einem Diagramm, das die Abhängigkeit der Reaktionsgeschwindigkeit von der Substratkonzentration darstellt, relativ einfach bestimmen. Schwieriger ist es, die zugehörige Sättigungskonzentration zu ermitteln, da sich die Kurve nur allmählich v_{max} annähert. Zur Charakterisierung eines Enzyms nutzt man daher die Substratkonzentration, bei der die Reaktion mit halbmaximaler Geschwindigkeit verläuft, $\frac{1}{2}\,v_{max}$. Der entsprechende Wert kann in dem Diagramm eindeutig bestimmt werden. Er wird als **MICHAELIS-MENTEN-Konstante**, kurz **K_M-Wert**, bezeichnet. Ein kleiner K_M-Wert bedeutet, dass die $\frac{1}{2}\,v_{max}$ bereits bei geringer Substratkonzentration erreicht wird. Daraus kann man folgern, dass die Affinität zwischen Enzym und Substrat groß ist und schnell Enzym-Substrat-Komplexe gebildet werden. Umgekehrt haben bei einem großen K_M-Wert Enzym und Substrat nur eine gering Affinität.

Wechselzahl Liegt bei einer enzymatischen Reaktion die Sättigungskonzentration vor, hängt die Reaktionsgeschwindigkeit davon ab, wie viele Substrat-Moleküle das Enzym-Molekül pro Sekunde zu Produkt-Molekülen umsetzen kann. Diesen Wert bezeichnet man als **Wechselzahl** oder **K_{cat}**. Beispielsweise setzt ein Urease-Molekül pro Sekunde 3000 Substrat-Moleküle um, bei einem Katalase-Molekül sind dies sogar 10 000 000 Moleküle. Die Geschwindigkeit, mit der verschiedene Enzyme ihre Substrate umsetzen, kann also sehr unterschiedlich sein. Je höher die Wechselzahl eines Enzyms ist, umso höher ist bei Sättigungskonzentration des Enzyms die Geschwindigkeit der Gesamtreaktion.

$$E + S \xrightarrow{K_M} ES \xrightarrow{K_{cat}} E + P$$

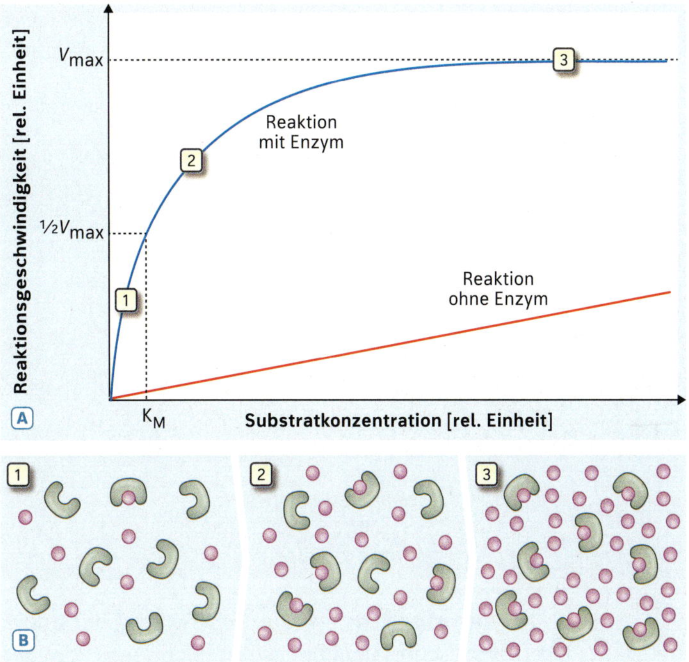

2 Reaktionsgeschwindigkeit in Abhängigkeit von der Substratkonzentration: **A** Versuchsbeobachtungen; **B** Modellvorstellung auf Teilchenebene

MATERIAL MIT AUFGABEN

A Reaktionsgeschwindigkeit

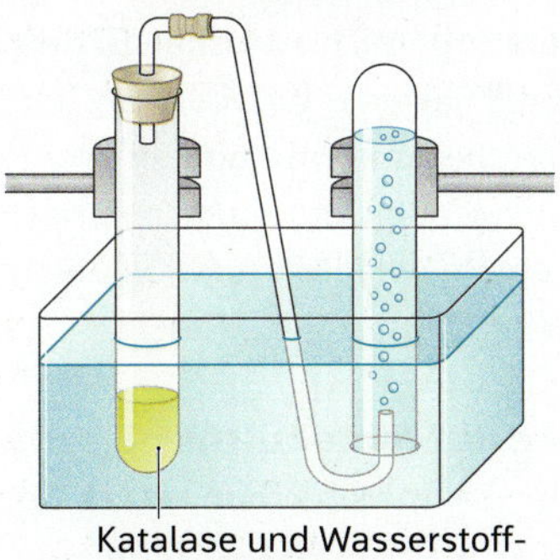

Substratkonzentration [%]	Reaktionsgeschwindigkeit [mol O_2/5 min]
0,5	19,22
0,75	23,18
1,0	27,45
1,5	29,94
2,0	31,98
3,0	35,61
6,0	40,67

Das Enzym Katalase setzt Wasserstoffperoxid (H_2O_2) zu Wasser (H_2O) und Sauerstoff (O_2) um. Mit dem dargestellten Versuch wurde der Einfluss der Substratkonzentration auf die Geschwindigkeit der Katalasereaktion bestimmt.

1 Stellen Sie die Versuchsergebnisse grafisch dar und erklären Sie den Kurvenverlauf. ●●○
2 Ermitteln Sie aus Ihrer Grafik den K_M-Wert für Katalase. ●●○
3 Erklären Sie, wie sich Enzyme mit einem niedrigen beziehungsweise hohen K_M-Wert unterscheiden. ●●●

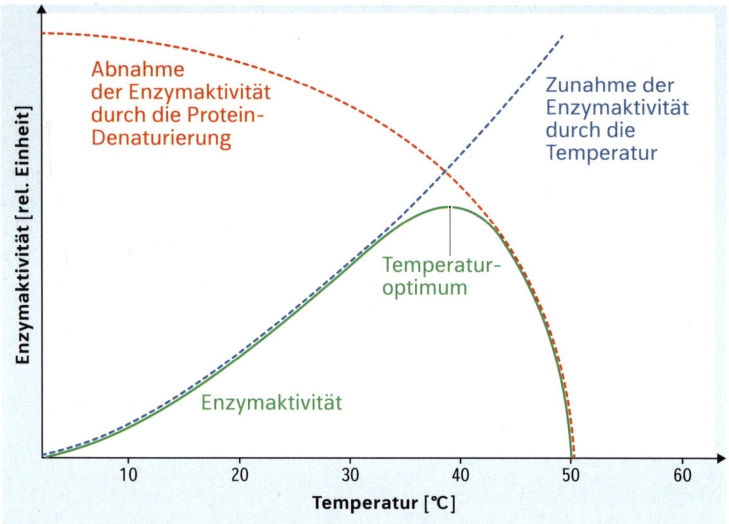

3 Abhängigkeit der Enzymaktivität von der Temperatur

Temperatur – Die Geschwindigkeit enzymatischer Reaktionen ist nicht nur von der Substratkonzentration, sondern auch von der Temperatur abhängig. Sie steigt zunächst mit zunehmender Temperatur an. Dabei gilt, dass bei einer Temperaturerhöhung von 10 Grad Celsius die Reaktionsgeschwindigkeit etwa um das Zwei- bis Dreifache zunimmt. Diese Faustregel wird **Reaktionsgeschwindigkeits-Temperatur-Regel**, kurz **RGT-Regel**, genannt. Sie gilt in einem Temperaturbereich zwischen 0 Grad bis 40 Grad Celsius. Bei einer bestimmten Temperatur, dem Temperaturoptimum, erreicht die Reaktionsgeschwindigkeit einen Höchstwert und fällt bei einem weiteren Anstieg der Temperatur wieder ab.

Betrachtung auf molekularer Ebene

Mit steigender Temperatur nimmt die Bewegung der Substrat- und Enzym-Moleküle zu. Sie stoßen dann mit größerer Wahrscheinlichkeit aufeinander. So kommt es schneller zur Bildung von Enzym-Substrat-Komplexen und demzufolge zu einem höheren Stoffumsatz pro Zeiteinheit. Die Temperatur, bei der ein Enzym-Molekül pro Zeiteinheit am meisten Substrat-Moleküle umsetzt, bezeichnet man als das **Temperaturoptimum** des Enzyms. Steigt die Temperatur über das Temperaturoptimum des Enzyms an, bewegen sich die Enzym- und Substrat-Moleküle zu schnell, sodass die Substrat-Moleküle nicht im aktiven Zentrum gebunden werden können. Außerdem nimmt die Bewegung der Polypeptidketten in den Enzym-Molekülen zu. Dadurch werden Wechselwirkungen zwischen den Polypeptidketten verändert und die Raumstruktur der Enzym-Moleküle zerstört. Die Enzym-Moleküle denaturieren. Infolgedessen können sie die Substrat-Moleküle schlechter binden und umsetzen. Die Enzymaktivität nimmt ab und auch die Geschwindigkeit der enzymkatalysierten Reaktion sinkt.

Jedes Enzym hat ein spezifisches Temperaturoptimum. Beispielsweise liegt dieses bei Enzymen von Bakterien, die in heißen Quellen vorkommen, bei über 80 Grad Celsius, während Enzyme des Menschen bereits bei 42 Grad Celsius denaturieren. Das Temperaturoptimum von Enzymen der Hefezellen liegt zwischen 30 und 40 Grad Celsius. In diesem Temperaturbereich setzen die Enzyme der Hefezellen mehr Glucose pro Zeiteinheit um und es entsteht mehr Kohlenstoffdioxid pro Zeiteinheit. Deshalb geht ein Hefeteig, den man vor dem Backen an einem warmen Ort stellt, besser auf.

pH-Wert – Die Geschwindigkeit enzymatischer Reaktionen wird auch vom pH-Wert beeinflusst. Bei einem bestimmten pH-Wert ist die Geschwindigkeit einer enzymkatalysierten Reaktion am höchsten. Bei Abweichungen vom pH-Optimum nimmt die Reaktionsgeschwindigkeit ab.

Betrachtung auf molekularer Ebene

In sauren Lösungen liegt der pH-Wert unter 7. Solche Lösungen enthalten einen Überschuss an H^+-Ionen. Diese können sich etwa an negativ geladene Gruppen der Polypeptidketten des Enzym-Moleküls lagern. Die Gruppen werden dadurch teilweise neutralisiert und können nicht mehr mit anderen geladenen Bereichen der Polypeptidketten in Wechselwirkung treten. So verändert sich die typische räumliche Struktur des Protein-Moleküls. Das Enzym-Molekül wird auch hier denaturiert. Dadurch können die Substrat-Moleküle nicht mehr so gut im aktiven Zentrum des Enzym-Moleküls gebunden werden. Die Enzymaktivität nimmt ab und somit sinkt die Geschwindigkeit der enzymkatalysierten Reaktion.

In alkalischen Lösungen ist der pH-Wert größer als 7. Solche Lösungen enthalten einen Überschuss an negativ geladenen Hydroxid-Ionen, kurz OH^--Ionen. Diese können sich an positiv geladene Gruppen der Polypeptidketten des Enzym-Moleküls lagern, sodass die Wechselwirkungen im Protein-Molekül verändert werden. Auch in diesem Fall nimmt die Enzymaktivität und die Geschwindigkeit der enzymkatalysierten Reaktion ab. Jedes Enzym-Molekül hat bei einem spezifischen pH-Wert die Raumstruktur, bei der es am besten Substrate binden und umsetzen kann. Bei diesem **pH-Optimum** hat es die höchste Aktivität und infolgedessen ist auch die Geschwindigkeit der enzymkatalysierten Reaktion am höchsten.

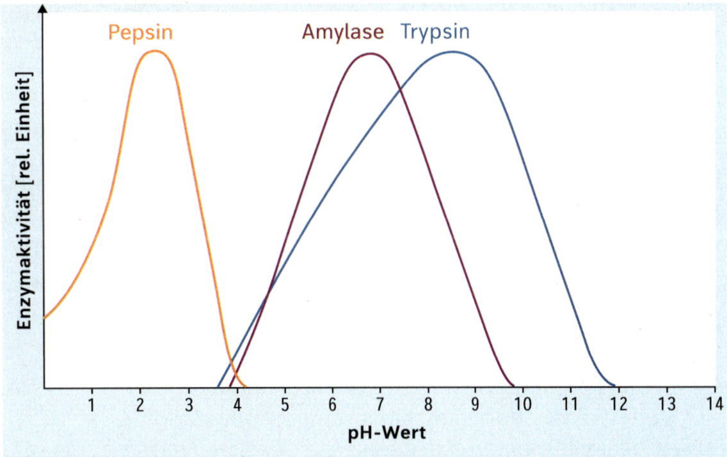

4 Abhängigkeit der Aktivität verschiedener Verdauungsenzyme des Menschen vom pH-Wert

Enzyme zeigen Angepasstheiten an das spezielle Milieu in dem sie wirken. So besitzt das Enzym Pepsin, das im Magensaft des Menschen vorkommt, ein pH-Optimum im sauren Bereich. Trypsin, das Enzym aus dem Bauchspeichel, hat dagegen die höchste Aktivität im basischen Bereich, also zwischen pH-Werten von 8 bis 9.

MATERIAL MIT AUFGABEN

B Aktivität von Enzymen bei unterschiedlichen pH-Werten

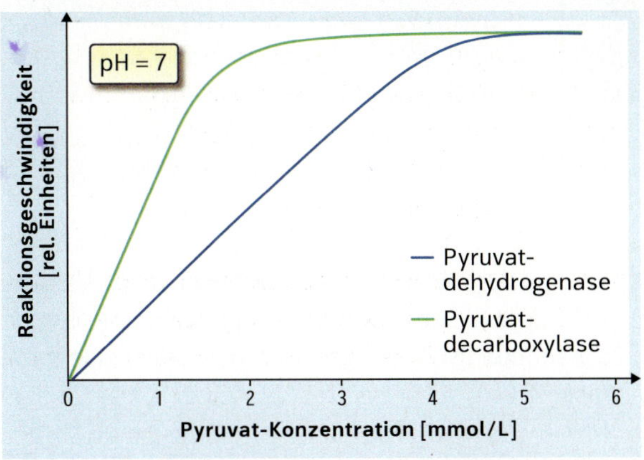

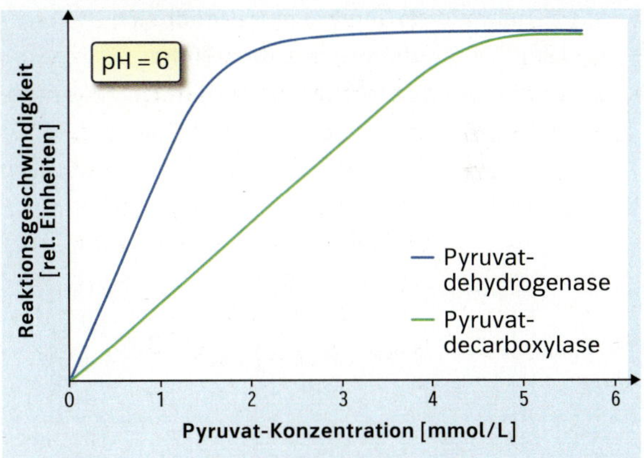

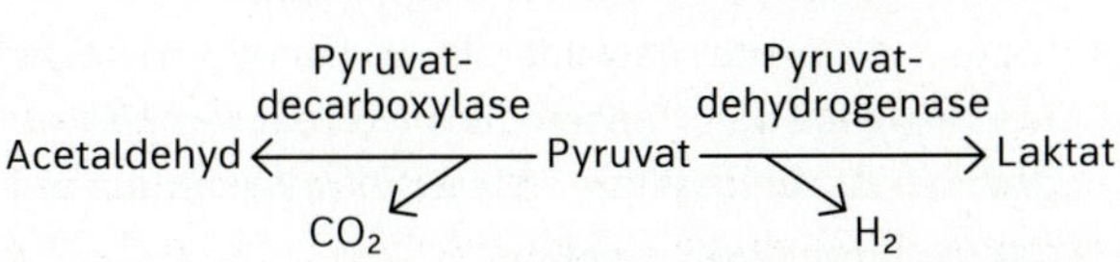

Pyruvat kann sowohl durch das Enzym Pyruvatdehydrogenase als auch durch das Enzym Pyruvatdecarboxylase umgesetzt werden. In Versuchen ermittelte man die Geschwindigkeit der beiden enzymkatalysierten Reaktionen in Abhängigkeit von der Substratkonzentration. Die Versuche wurden jeweils bei unterschiedlichen pH-Werten durchgeführt.

1 Beschreiben und Sie die Versuchsbeobachtungen und erklären Sie diese auf molekularer Ebene. ●●●

2 Geben Sie an, zu welchem Produkt Pyruvat bei pH-Wert 6 vorwiegend umgesetzt wird, wenn beide Enzyme in gleich wirksamer Konzentrationen zu einer 2 mmol/L konzentrierten Pyruvatlösung gegeben werden. Begründen Sie Ihren Vorschlag. ●●○

C Erkenntnisgewinn durch Versuche: Der Einfluss der Temperatur auf die Wirkung eines Enzyms

Beobachtung

Das Enzym Urease kommt in vielen Arten von Bodenbakterien vor. Es katalysiert die Reaktion von Harnstoff zu Ammonium- und Carbonat-Ionen. Mit steigender Temperatur wird aus den Ammoniumionen gasförmiges Ammoniak freigesetzt. Dieses kann im Boden zu Nitrat oxidiert und so für Pflanzen als Mineralstoff verfügbar werden. Harnstoff ist wesentlicher Bestandteil von Gülle. Aus gedüngten Böden und landwirtschaftlichen Ställen entweicht daher auch immer etwas Ammoniak in die Umgebung. Insbesondere bei höheren Temperaturen ist der Ammoniakgeruch in ländlichen Regionen deutlich wahrnehmbar.

Versuchsfrage

Warum bewirkt eine erhöhte Temperatur einen stärkeren Ammoniakgeruch?

Hypothesen

- Mit zunehmender Temperatur erhöht sich die Aktivität der Bodenbakterien.
- Mit zunehmender Temperatur erhöht sich die Freisetzung von Ammoniak aus dem Boden.
- Mit zunehmender Temperatur erhöht sich die Aktivität des Enzyms Urease.

Versuchsdurchführung

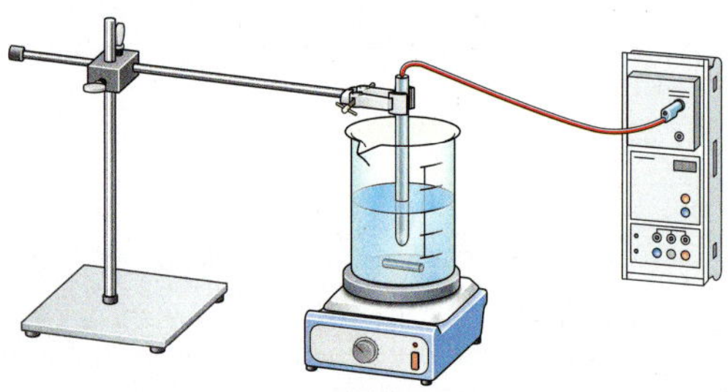

Zur Überprüfung der zuletzt genannten Hypothese wurden in vier Messbechern je 50 mL einer 1%-igen Harnstofflösung gegeben. Die Temperatur der Lösungen wurde in den verschiedenen Messbechern auf 5 °C, 10 °C, 15 °C, 30° und 60 °C eingestellt. In die Lösungen wurde jeweils 1 ml Ureaselösung gegeben. Dabei wurde die elektrische Leitfähigkeit der Lösungen über einen bestimmten Zeitraum gemessen.

Zusatzinformation

Das Enzym Urease katalysiert die Reaktion von Harnstoff zu Ammonium- und Carbonat-Ionen. Dadurch erhöht sich die Ionenkonzentration und damit auf die elektrische Leitfähigkeit der Lösung.

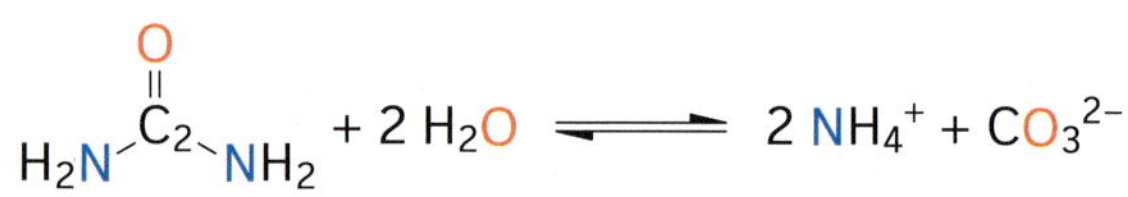

Versuchsbeobachtungen

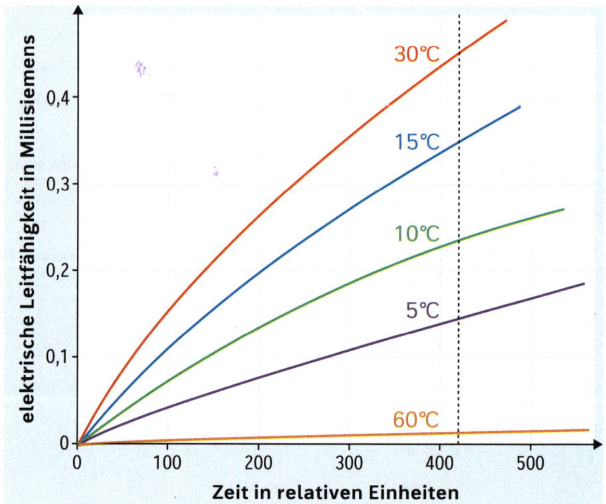

1 Werten Sie die Zusatzinformation und Versuchsergebnisse im Hinblick auf die letztgenannte Hypothese aus und deuten Sie die Versuchsergebnisse. ●●●

2 Prüfen Sie, ob die Versuchsergebnisse mithilfe der RGT-Regel erklärt werden können. ●●○

3 Stellen Sie auf der Basis der Versuchsergebnisse die Abhängigkeit der Ureaseaktiviät von der Temperatur grafisch dar und erklären Sie den Kurvenverlauf auf molekularer Ebene. ●●●

4 Begründen Sie, warum sich die Versuchsfrage auf der Basis der Versuchsergebnisse nicht beantworten lässt. ●●○

5 Planen Sie einen Versuch zur Überprüfung folgender Hypothese: Die Wirkung von Urease hängt vom pH-Wert ab. ●●○

Enzymhemmungen – Enzymkatalysierte Reaktionen können durch verschiedene Wirkstoffe gehemmt werden. Solche Hemmstoffe oder **Inhibitoren** binden an Enzym-Moleküle und senken ihre Aktivität. In der Folge nimmt die Geschwindigkeit der Reaktion ab.

Kompetitive Hemmung – Bei der kompetitiven Hemmung ähnelt das Inhibitor-Molekül dem Substrat-Molekül und konkurriert mit diesem um die Besetzung des aktiven Zentrums des Enzym-Moleküls. Ein gebundenes Inhibitor-Molekül wird jedoch nicht umgesetzt und löst sich nach kurzer Zeit wieder aus dem aktiven Zentrum. Durch die kurzzeitige Blockierung kann das Enzym-Molekül weniger Substrat-Moleküle pro Zeiteinheit umsetzen. Die Geschwindigkeit der enzymkatalysierten Reaktion nimmt ab. Mit zunehmender Substratkonzentration steigt die Wahrscheinlichkeit, dass Substrat-Moleküle an das aktive Zentrum binden. Die Reaktionsgeschwindigkeit wird durch die Inhibitor-Moleküle weniger beeinflusst. Bei hoher Substratkonzentration wird sogar trotz der Inhibitor-Moleküle die maximale Reaktionsgeschwindigkeit erreicht.

Nichtkompetitive Hemmung – Bei der nichtkompetitiven Hemmung besteht zwischen dem Inhibitor-Molekül und dem Substrat-Molekül keine strukturelle Ähnlichkeit. Das Inhibitor-Molekül bindet nicht an das aktive Zentrum, sondern an einer anderen Stelle des Enzym-Moleküls. Es verursacht dadurch eine Veränderung der Raumstruktur des Enzym-Moleküls. Dabei wird das aktive Zentrum so verändert, dass es kein Substrat-Molekül mehr binden kann. Löst sich das Inhibitor-Molekül wieder vom Enzym-Molekül, bindet es sofort an einem anderen Enzym-Molekül. So wird durch die Anwesenheit eines nichtkompetitiven Inhibitors die Zahl aktiver Enzym-Moleküle insgesamt verringert. Deshalb kann bei einer nichtkompetitiven Hemmung die maximale Reaktionsgeschwindigkeit der ungehemmten Reaktion auch bei zunehmender Substratkonzentration nicht erreicht werden.

Irreversible Hemmung – Sowohl kompetitive als auch nichtkompetitive Inhibitoren können auch dauerhaft an Enzyme binden. In diesen Fällen liegen **irreversible Hemmungen** vor. Zum Beispiel sind viele Schwermetalle, etwa Quecksilber und Blei, für Menschen giftig, weil sie als nichtkompetitive Inhibitoren irreversibel an bestimmte Enzym-Moleküle binden und deren Raumstruktur bleibend verändern. So können die Enzym-Moleküle keine Substrat-Moleküle mehr binden und umsetzen.

Im Gegensatz dazu ist das Antibiotikum Penicillin ein kompetitiver Inhibitor. Es bindet irreversibel an das aktive Zentrum eines Bakterienenzyms, das für deren Zellwandsynthese notwendig ist. Die Bakterien können infolgedessen keine stabilen Zellwände mehr aufbauen und gehen zugrunde. Irreversibel gehemmte Enzyme sind funktionslos. Sie können zwar von den Zellen abgebaut und ersetzt werden, aber oft dauert dieser Vorgang sehr lange.

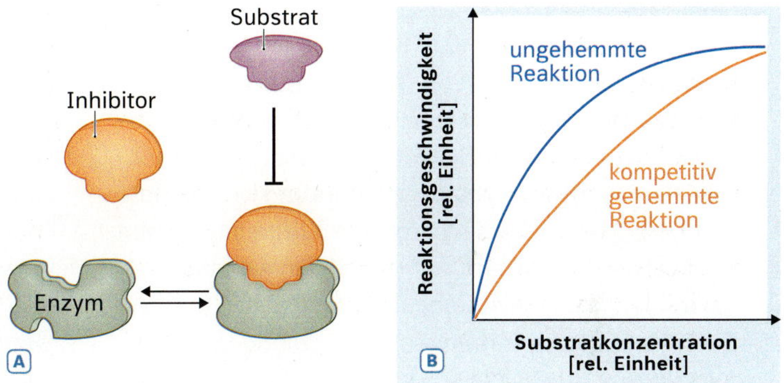

5 Reversible kompetitive Hemmung: **A** Molekül-Modelle; **B** Reaktionsgeschwindigkeit der kompetitiv gehemmten und der ungehemmten Reaktion bei steigender Substratkonzentration

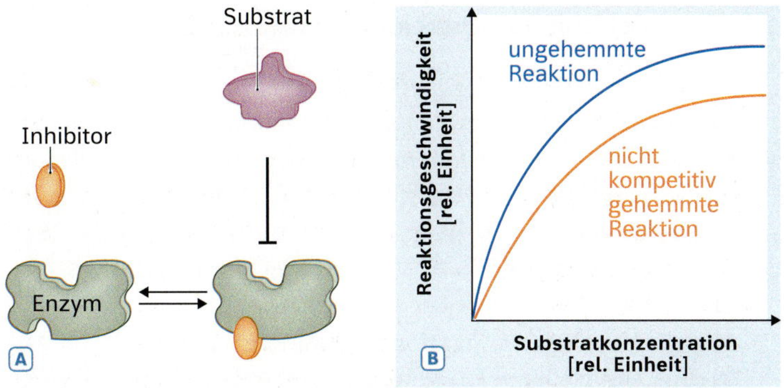

6 Reversible nicht-kompetitive Hemmung: **A** Molekül-Modelle; **B** Reaktionsgeschwindigkeit der nichtkompetitiv gehemmten und der ungehemmten Reaktion bei steigender Substratkonzentration

D Wirkung von Allopurinol bei Gicht

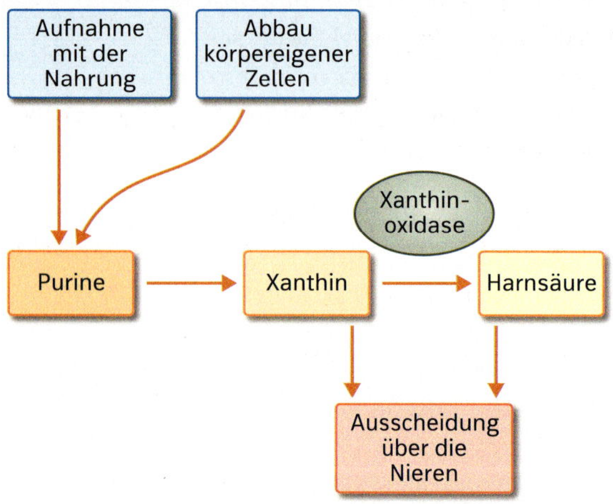

Xanthin-konzentration [µmol/L]	Reaktionsgeschwindigkeit [µmol Harnsäure/(L · min)]	
	ohne Allopurinol	mit Allopurinol
0,5	1,8	0,4
1,0	2,8	0,8
2,0	4,0	1,3
3,0	4,8	1,9
5,0	5,7	3,0
10,0	6,5	4,7
15,0	6,7	6,2
20,0	6,8	6,8

Harnsäure entsteht beim Abbau von Purinen wie Adenin und Guanin, den Bestandteilen von Nucleinsäuren. Beim Abbau von Zellen werden täglich etwa 300 mg Purine frei. Außerdem nimmt der Mensch täglich fast genauso viele Purine mit der Nahrung auf. Purine werden in der Leber in mehreren Schritten zu Xanthin abgebaut. Dieses wird durch Xanthinoxidase in schwerlösliche Harnsäure umgesetzt. Harnsäure und ihre Vorstufe Xanthin können über die Nieren und zu einem geringen Teil auch über den Darm ausgeschieden werden.
Bei der Stoffwechselstörung Gicht liegt in den meisten Fällen eine gestörte Harnsäureausscheidung vor. Infolgedessen entwickeln sich im Blut der Patienten hohe Harnsäurekonzentrationen, die wiederum dazu führen, dass sich in ihren Gelenken Harnsäurekristalle ablagern. Die Gelenke entzünden sich und schmerzen bei Berührungen und Bewegungen. Ein über Jahre erhöhter Harnsäurespiegel im Blut kann die Gelenke schwer schädigen. Gicht wird unter anderem mit Allopurinol behandelt. Dieser Wirkstoff hemmt das Enzym Xanthinoxidase.

1 In einem Versuch wurde die Umsetzung von Xanthin durch Xanthinoxidase in Anwesenheit von Allopurinol untersucht. Stellen Sie die dabei ermittelten Werte aus der Tabelle grafisch dar und erklären Sie die Versuchsbeobachtungen. ●●○

2 Bei Gichtpatienten, die nach einer bestimmten Behandlungszeit Allopurinol wieder absetzen, werden oft schon nach kurzer Zeit wieder hohe Harnsäurewerte im Blut gemessen. Erklären Sie diese Beobachtung. ●●○

E Wirkung von Quecksilbersalz auf Urease

Das Enzym Urease katalysiert die Reaktion von Harnstoff zu Ammonium- und Carbonationen. Dadurch erhöht sich die Anzahl von Ionen in einer Lösung.

$$H_2N{-}C({=}O){-}NH_2 + 2\,H_2O \rightleftharpoons 2\,NH_4^+ + CO_3^{2-}$$

Zu einer wässrigen Harnstofflösung werden nach einer Minute Ureaselösung und nach fünf Minuten ein Quecksilbersalz gegeben. Dabei wurde bei konstanter Temperatur die elektrische Leitfähigkeit gemessen.

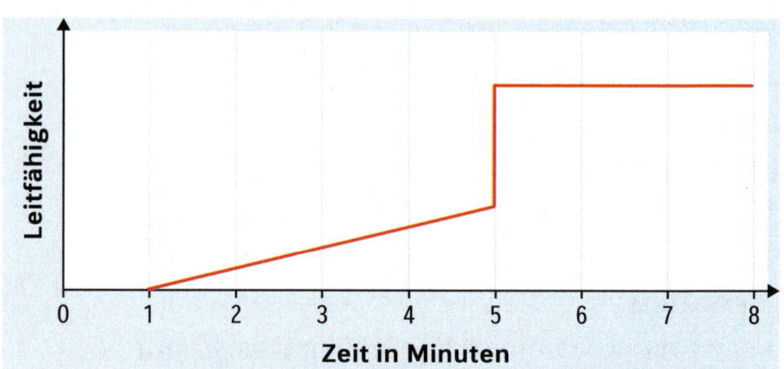

1. Beschreiben und erklären Sie die Versuchsbeobachtungen. ●●●

F Erkenntnisgewinn durch Versuche: Der Einfluss des Medikaments Acarbose auf die Kohlenhydrat-Verdauung

Acarbose ist ein Wirkstoff, der zur Behandlung einer bestimmten Form der Zuckerkrankheit bei Erwachsenen eingesetzt wird. Acarbose hemmt die Kohlenhydrat-Verdauung. In der Folge steigt der Blutzuckerspiegel nach den Mahlzeiten nicht so stark an. Mahlzeiten enthalten vielfach Stärke. Dieses Kohlenhydrat besteht zu einem Großteil aus dem Polysaccharid Amylose. Im Verdauungssystem wird Amylose durch das Enzym Amylase in Maltose-Moleküle gespalten. Diese werden anschließend weiter in Glucose-Moleküle zerlegt.

Beobachtung

Die Stärkespaltung wird durch Acarbose gehemmt. Acarbose und Amylose sind chemisch ähnlich aufgebaut.

Struktur der Acarbose

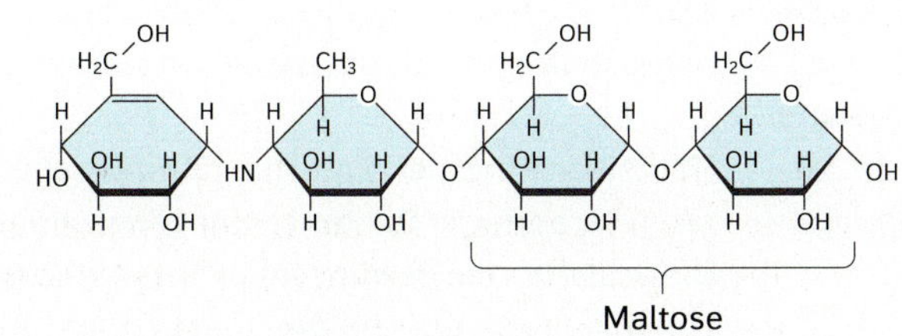

Struktur der Amylose

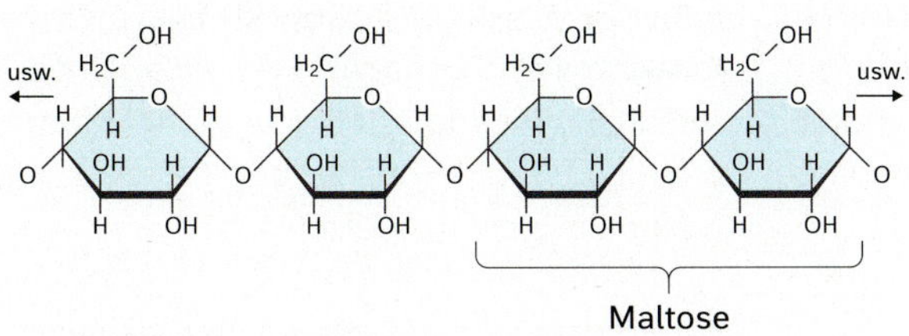

Versuchsfrage

Wie hemmt Acarbose die Stärkespaltung?

Hypothesen

- Acarbose hemmt die Stärkespaltung, indem es das Enzym Amylase kompetitiv hemmt.
- Acarbose hemmt die Stärkespaltung, indem es das Enzym Amylase nichtkompetitiv hemmt.

Versuchsdurchführung

In einem Versuch wurde eine Tablette Acarbose in 5 ml Wasser aufgeschwemmt. Sechs Reagenzgläser wurden nach folgendem Schema befüllt:

RG	Stärkelösung	Amylase-Lösung	Acarbose-Suspension
1	5 mL		
2	5 mL	0,5 mL	
3	5 mL	0,5 mL	0,025 mL
4	5 mL	0,5 mL	0,05 mL
5	5 mL	0,5 mL	0,10 mL
6	5 mL	0,5 mL	0,15 mL

Der Stärkenachweis erfolgte durch Zugabe einer Iod-Kaliumiodid-Lösung

Versuchsbeobachtungen

1 Nennen Sie die Kennzeichen einer kompetitiven und einer nichtkompetitiven Enzymhemmung. ●○○

2 Werten Sie die Beobachtungen im Hinblick auf die Hypothesen aus und deuten Sie die Versuchsbeobachtungen. ●●●

3 Erklären Sie folgende Angabe auf dem Beipackzettel des Medikaments: „Die maximale Wirksamkeit wird erreicht, wenn Acarbose zeitgleich zu Beginn der Hauptmahlzeit eingenommen wird." ●○○

4 ▶ Durch steigende Substratkonzentrationen wird die Hemmung der Amylase durch Acarbose aufgehoben. Planen Sie einen Versuch zur Überprüfung dieser Hypothese. ●●○

1 Jeans im „stonewashed Look“

1.5 Enzyme in Haushalt und Industrie

Stonewashed Jeans zeichnen sich durch einen ausgeblichenen und leicht zerschlissenen Look aus. Dieser wurde früher durch Waschen mit kantigen Bimssteinen erzeugt. Inzwischen nutzt man vielfach Enzyme dafür. Welchen Vorteil bieten Enzyme hier und in anderen Anwendungsbereichen?

Enzymgewinnung – Enzyme sind bereits in kleinsten Mengen wirksam und arbeiten sehr spezifisch. Aufgrund dieser Eigenschaften sind sie zu unverzichtbaren Werkzeugen beispielsweise in der Lebensmittel- und Futtermittelherstellung sowie der Pharma- und Papierindustrie geworden. Enzyme lassen sich nur bedingt im Labor durch chemische Synthesen nachbauen. Sie müssen daher von lebenden Zellen hergestellt und daraus gewonnen werden.

Heutzutage werden Enzyme mithilfe gentechnisch veränderter Bakterien oder Pilze erzeugt. Diese stellen die gewünschten Enzyme kostengünstig, in großen Mengen und in hoher Reinheit her. Verstärkt setzt man dabei auf Enzyme, die aus Bakterien und Archaeen isoliert wurden, die in extremen Lebensräumen vorkommen. Die aus ihnen gewonnen Enzyme werden **Extremozyme** genannt. Sie sind auch bei extremen Bedingungen, etwa bei sehr hohen oder niedrigen Temperaturen und bei sehr hohen oder niedrigen pH-Werten aktiv.

Extremozyme nutzt man beispielsweise zur Herstellung der Stonewashed Jeans. Hitze- und laugenstabile Cellulasen zersetzen die gefärbte äußere Schicht der Baumwollfasern, sodass der indigoblaue Farbstoff aus den Fasern freigesetzt wird. Der durch diese Enzyme erzeugte Stonewashed-Effekt ist der gleiche wie beim Waschen mit Bimssteinen. Allerdings sind die Kosten für Wasser und Energie hierbei erheblich geringer, zudem werden die Maschinen nicht durch Steine geschädigt.

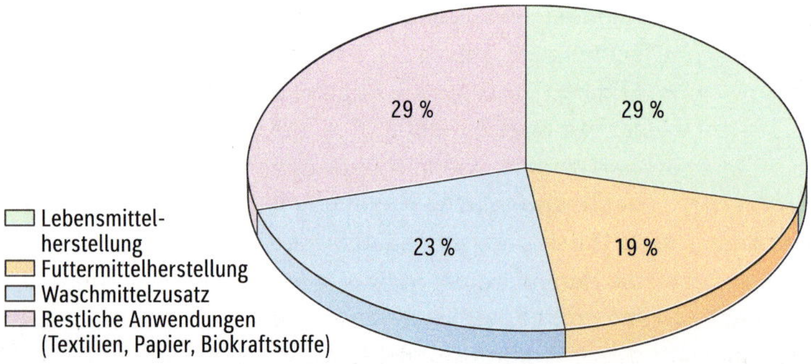

2 Anwendungsbereiche von Enzymen

PCR – Ein Paradebeispiel für ein Extremozym ist die Taq-Polymerase. Sie wird in der Polymerase-Kettenreaktion, PCR, zur Vervielfältigung von DNA genutzt. Das Enzym wurde aus dem in heißen Quellen lebenden Bakterium *Thermophilus aquaticus* isoliert. Die Temperaturstabilität der Taq-Polymerase ermöglichte die Entwicklung des vollautomatisierten PCR-Verfahrens, bei dem die Temperaturen mehrfach zwischen 40 und 95 Grad Celsius wechseln.

Waschmittelzusätze – Beim Waschvorgang werden Fettverschmutzungen durch Tenside eines Waschmittels vom Gewebe gelöst und im Wasser verteilt. Eiweißhaltige Flecke wie etwa Eigelb, Milch oder Blut lassen sich damit allerdings nur schwer auswaschen. Durch den Zusatz von proteinabbauenden Enzymen, **Proteasen**, könnten solche Verschmutzungen jedoch gut abgebaut werden. Neben Proteasen werden Waschmitteln heutzutage auch fettspaltende **Lipasen** und stärkespaltende **Amylasen** zugesetzt. Da die zugesetzten Enzyme, bei den Reaktionen nicht verbraucht werden und bereits kleine Mengen sehr wirkungsvoll sind, kann die Menge anderer waschaktiver Substanzen in Waschmitteln reduziert werden. Nutzt man Enzyme aus kälteliebende Bakterien als Waschmittelzusatz kann die Wäsche auch bei niedrigen Temperaturen gewaschen werden. Dadurch lässt sich Energie sparen und die Textilien werden geschont. Allerdings wird empfohlen, bestimmte Wäsche, etwa Spültücher, Handtücher und Unterwäsche bei 60 Grad Celsius zu waschen, denn viele Bakterien werden erst bei hohen Temperaturen abgetötet.

Lebensmittelproduktion – Enzyme mit einem niedrigen Temperaturoptimum sind auch zunehmend für die Produktion von Lebensmitteln interessant, die bei höheren Temperaturen verderben würden. Viele Menschen leiden an einer Lactose-Intoleranz und können Milch und bestimmte Milchprodukte auf Grund ihres Gehalts an Laktose nicht vertragen. Mithilfe von β-Galaktosidase kann Laktose, in Milch abgebaut werden. Nutzt man dafür eine kälteaktive β-Galaktosidase kann die Milch während des Verfahrens kühl gelagert werden und verdirbt nicht so schnell.

3 Plastikmüll

Enzyme gegen Plastikmüll – Weltweit wurden 2020 367 Millionen Tonnen Kunststoffe produziert. Ein Großteil der Plastikabfälle wird verbrannt oder landet als Müll in der Umwelt. So ist Plastik nicht nur ein globales Umweltproblem, sondern es gehen auch wichtige Rohstoffe verloren. 2016 entdeckten japanische Forscher ein Bakterium, das den Kunststoff **P**oly**e**thylen**t**erephthalat, kurz **PET**, abbaut und sich ausschließlich davon ernähren kann. PET wird unter anderem zur Herstellung von Kunststoffflaschen, Folien und Textilfasern verwendet. Das Bakterium spaltet PET mit dem Enzym **PETase** in kleinere Bruchstücke. Diese werden anschließend vom Enzym **MHETase** in die Grundbausteine zerlegt.

Deutschen Wissenschaftler gelang die Analyse der Primär- und Raumstruktur der beiden Enzyme PETase und MHETase. Auf dieser Grundlage versuchen sie neue Enzymvarianten mit veränderten Eigenschaften herzustellen. Durch den Austausch oder den Einbau bestimmter Aminosäuren könnte etwa die Wechselzahl der Enzyme oder ihre Affinität zum Substrat PET verändert werden. Gelingt es, die Enzyme so zu optimieren, dass sie im industriellen Ausmaß genutzt werden können, wäre ein Kreislauf aus Kunststoffproduktion, Nutzung, Zersetzung und Wiederaufbau möglich. Damit wäre eine Teillösung für das Umweltproblem Plastik in Sicht.

Klausuraufgaben

Enzyme steuern Stoffwechselreaktionen

Enzyme spielen im Stoffwechsel eine zentrale Rolle. In den folgenden Aufgaben werden verschiedene Aspekte des Enzyms Urease thematisiert.

1.1 Nennen Sie eine Definition für den Begriff Biokatalysator. (4 BE)

1.2 Stellen Sie die Funktion eines Enzyms als Biokatalysator grafisch dar. (10 BE)

1.3 Erklären Sie die Geschwindigkeit einer enzymkatalysierten Reaktion in Abhängigkeit von der Substratkonzentration auf molekularer Ebene. (Material A) (12 BE)

1.4 Geben Sie an, wie die Geschwindigkeit der dargestellten Reaktion gesteigert werden könnte, und begründen Sie Ihren Vorschlag. (Material A) (5 BE)

2.1 Nennen Sie die abhängige und unabhängige Variable sowie den Kontrollansatz in dem Versuch zur Harnstoffspaltung. (Material B) (5 BE)

2.2 Erklären Sie die Beobachtungen zur Harnstoffspaltung durch Urease zwischen den Zeitpunkten t_0 und t_1. (Material B) (10 BE)

2.3 Skizzieren Sie den weiteren Verlauf der Kurve nach Zugabe der Kupfersulfatlösung und begründen Sie Ihren Vorschlag. (Material B) (10 BE)

3.1 Erklären Sie die Abhängigkeit der Enzymaktivität vom pH-Wert auf molekularer Ebene. (Material C) (10 BE)

3.2 Skizzieren Sie im Vergleich dazu die Abhängigkeit der Enzymaktivität von der Temperatur und erklären Sie Ihre Skizze. (Material C) (10 BE)

4.1 Vergleichen Sie die kompetitive und nichtkompetitive Hemmung unter Berücksichtigung der Modelldarstellungen. (Material D) (8 BE)

4.2 Beurteilen Sie, ob es sich bei dem Urease-Inhibitor Thioharnstoff um einen kompetitiven oder nichtkompetitive Inhibitor handelt. (Material E) (8 BE)

4.3 Begründen Sie, warum Blei-Ionen nicht als Urease-Inhibitoren bei der Düngung eingesetzt werden. (Material E) (4 BE)

(BE: Bewertungseinheiten)

A Reaktionsgeschwindigkeit in Abhängigkeit von der Substratkonzentration

In einem Versuch wurde die Geschwindigkeit einer enzymkatalysierten Reaktion in Abhängigkeit von der Substratkonzentration ermittelt. Die Temperatur und der pH-Wert befinden sich im Bereich des Optimums des Enzyms. Die Reaktionsgeschwindigkeit wird anhand des verbrauchten Substrats pro Zeiteinheit ermittelt.

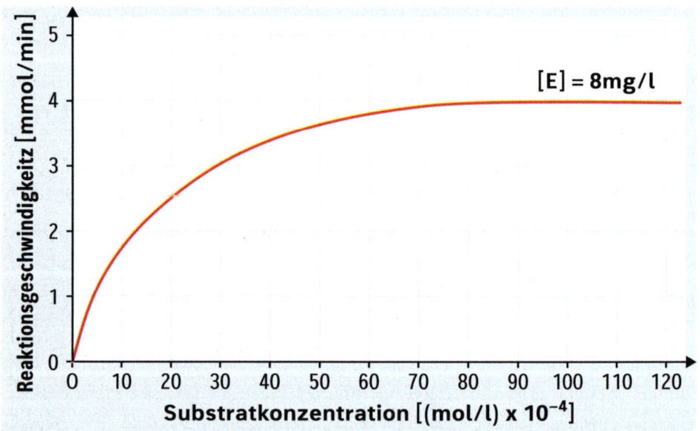

1 Reaktionsgeschwindigkeit und Substratkonzentration

B Harnstoffspaltung

Urease katalysiert die Spaltung von Harnstoff in einer wässrigen Lösung zu Ammonium- und Carbonat-Ionen. In einem Versuch wurde die elektrische Leitfähigkeit einer Harnstofflösung bei 20°C gemessen. Zum Zeitpunkt t0 wurde der Lösung 1 mL Ureaselösung zugesetzt. Zum Zeitpunkt t1 erfolgte die Zugabe einer konzentrierten Kupfersulfatlösung.

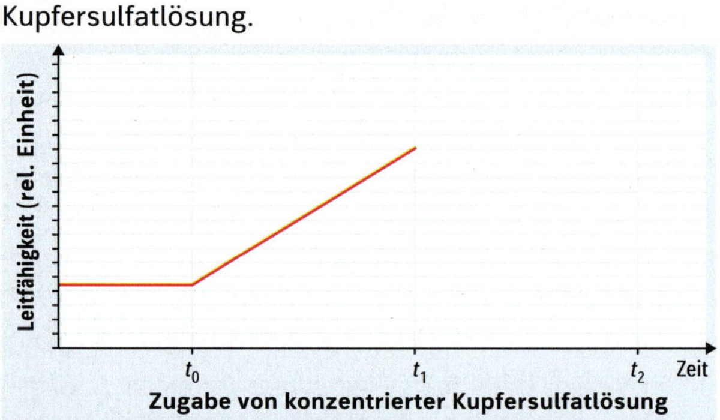

2 Einfluss von Kupfersulfat auf die Harnstoffspaltung

C Ureaseaktiviät und pH-Wert

In einem Versuch wurde die Enzymaktivität der Urease in Abhängigkeit des pH-Wertes bestimmt. Dafür wurde die Temperatur auf den Optimumsbereich des Enzyms eingestellt und für alle Messungen beibehalten. Für jede Messung wurde die gleiche Konzentration an Substrat eingesetzt. Der pH-Wert wurde ausgehend von pH 8 für jede Messung in 0,5-er Schritten abgesenkt.

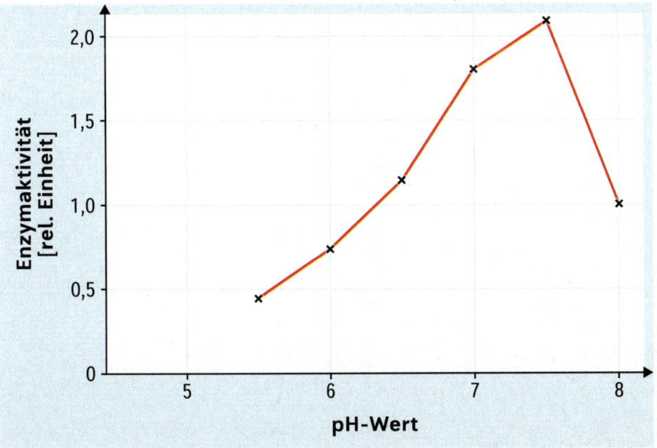

3 Enzymaktivität der Urease bei unterschiedlichen pH-Werten

D Modelldarstellung der Enzymhemmung

Das erste beschriebene Experiment zur Enzymhemmung wurde 1899 durchgeführt. Das daraus resultierende Modell stellt dar, dass die Enzymaktivität und damit die Reaktionsgeschwindigkeit durch Inhibitoren oder Hemmstoffe beeinflusst werden können. Man unterscheidet hierbei zwei Formen der reversiblen Hemmung: die kompetitive und die nichtkompetitive Hemmung.

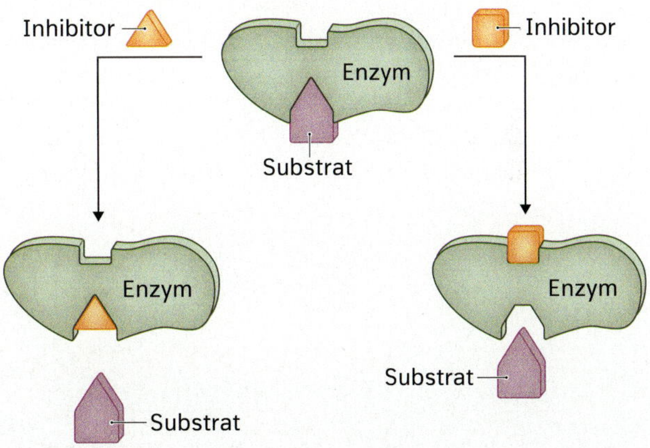

4 Kompetitive und nichtkompetitive Hemmung

E Hemmung der Urease

Harnstoff ist weltweit der am häufigsten eingesetzte Stickstoffdünger. Durch die im Boden vorhandenen Bakterien wird dieser jedoch sehr schnell umgewandelt. Die Bakterien besitzen das Enzym Urease und spalten den Harnstoff in Ammonium- und Carbonat-Ionen. Das Zwischenprodukt Ammoniak ist allerdings gasförmig und kann nur in geringen Mengen vom Boden aufgenommen werden. Ein Teil des Ammoniaks entweicht und geht damit als Dünger verloren. Harnstoffdünger werden daher vor ihrem Einsatz mit Urease-Inhibitoren behandelt. Bei diesen handelt es sich um Chemikalien wie etwa Thioharnstoff, die vorübergehend die Aktivität des natürlichen Bodenenzyms Urease blockieren. In zwei Versuchen wurde der Einfluss von Thioharnstoff und Blei-Ionen auf die Urease untersucht.

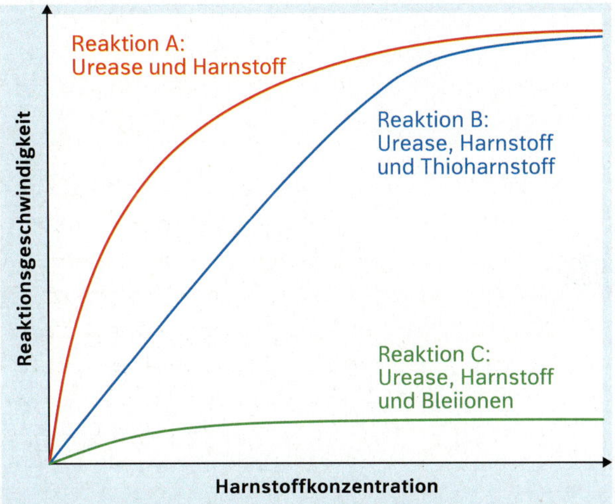

5 Reaktion der Urease mit verschiedenen Zusätzen

Immunbiologie

Dieses Kapitel hat folgenden Inhalt:

Unser Körper kommt täglich mit tausenden potenziellen Krankheitserregern in Kontakt. Spezialisierte Zellen, wie beispielsweise Makrophagen, sind Teil der Immunabwehr und können Eindringlinge erkennen, aufnehmen und verdauen.

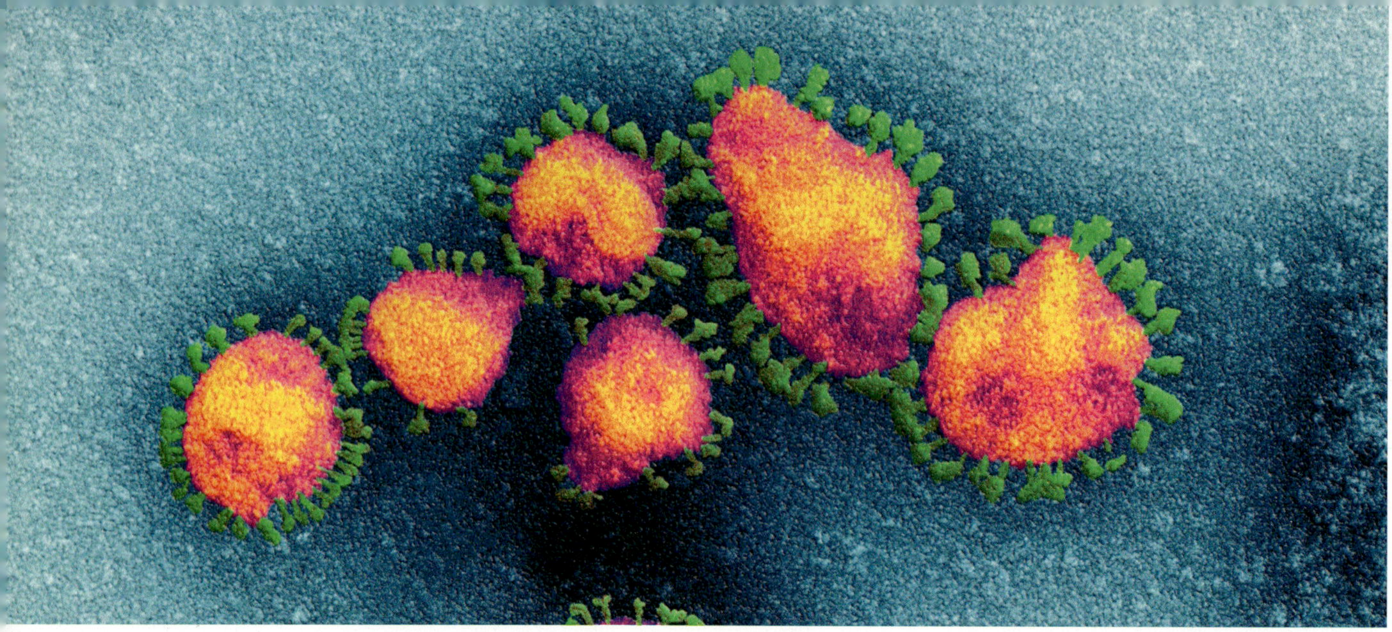

1 Coronaviren im EM

1.1 Bakterien und Viren – Erreger von Infektionskrankheiten

*Coronaviren sind im Elektronenmikroskop an ihrer charakteristischen Form zu erkennen, die an eine Krone oder einen Kranz erinnert. Sie können harmlose Erkältungen auslösen, sind aber auch die Verursacher des **S**chweren **A**kuten **R**espiratorischen **S**yndroms, SARS. Die COVID-19-Erkrankung wird durch das Coronavirus SARS-CoV-2, ausgelöst. Wie sind solche Viren aufgebaut und wie vermehren sie sich?*

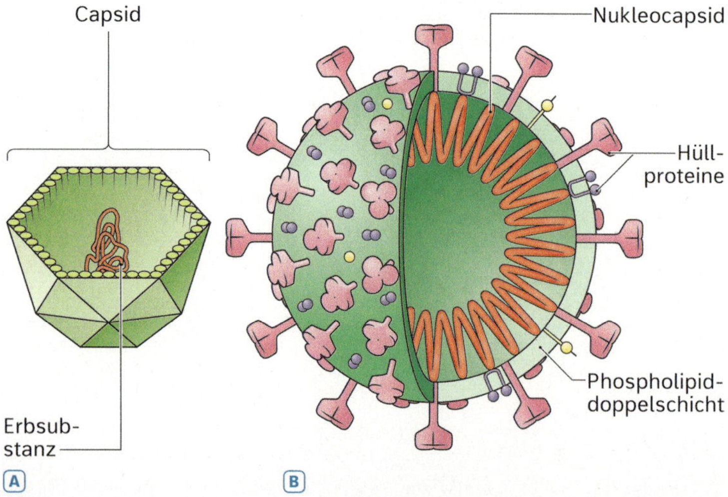

2 Bau eines Virus. **A** unbehüllt; **B** behüllt

Kennzeichen von Viren – Die äußere Form von Viren kann sehr unterschiedlich sein. Manche besitzen ein kugelförmiges Aussehen wie etwa Coronaviren, andere sind stäbchen-, komma- oder spiralförmig. Viren sind keine Zellen. Sie besitzen kein Cytoplasma und keine Mitochondrien und Ribosomen. So können sie weder energiereiche Moleküle wie ATP noch Proteine selbst herstellen. Auch ihre Erbsubstanz können sie nicht eigenständig vervielfältigen. Für ihre Vermehrung benötigen sie Zellen von Lebewesen, **Wirtszellen**. Dadurch fehlen Viren einige charakteristische Merkmale des Lebens und sie werden daher nicht den Lebewesen zugeordnet.

Aufbau von Viren – Alle Viren besitzen **Erbsubstanz**, welche die Bauanleitungen für ihre Proteine enthält. Dieses wird bei fast allen Viren von einer Kapsel, dem **Capsid** umhüllt. Das Capsid besteht aus Proteinen und hat je nach Virustyp unterschiedliche Formen. Es kann, wie bei Grippe-, Masern- und Tollwutviren die Form einer Helix besitzen. Bei Influenza- und Hepatitisviren besteht das Capsid aus mehreren ebenen Flächen. Ist die Erbsubstanz direkt mit den Proteinen verbunden wie bei Coronaviren, spricht man vom **Nucleocapsid.** Bei Viren wie SARS-CoV-2 und dem Influenzavirus ist das Capsid noch von einer Hülle umgeben. Diese **Virushülle** ist aus einer Phospholipid-Doppelschicht aufgebaut, in die Virusproteine integriert sind.

Infektion der Wirtszelle – Viren dringen über verschiedene Mechanismen in tierische Wirtszellen ein. Viren ohne Hülle werden durch Endocytose aufgenommen. Umhüllte Viren können dagegen in die Wirtszelle gelangen, indem ihre Virushülle mit der Zellmembran der Wirtszelle verschmilzt. Vorwiegend werden sie jedoch durch rezeptorvermittelte Endocytose aufgenommen. In der Virushülle eines Coronavirus befinden sich beispielsweise Glykoproteine, die spezifisch an Rezeptoren auf der Zellmembran der Wirtszelle binden. Danach wird das Virus von einem Membranvesikel umgeben und ins Cytoplasma transportiert. Dabei werden die Virushülle und die Capsidproteine abgebaut und die Erbsubstanz freigesetzt.

Vermehrung der Viren – Bei bestimmten Virentypen, etwa bei SARS-CoV-2, bindet die virale Erbsubstanz zunächst an ein freies Ribosom. Dieses synthetisiert dann ein Enzym, welches die virale Erbsubstanz kopiert und vervielfacht. Ein Teil der Kopien dient als Erbsubstanz für neue Viren. Der andere Teil lagert sich an Ribosomen, welche entsprechend der viralen Bauanleitung Capsidproteine synthetisieren. Diese lagern sich mit viraler Erbsubstanz zum Nucleocapsid zusammen. Ribosomen am Endoplasmatischen Retikulum synthetisieren die viralen Membranproteine und lagern sie in die Membran des ER. Über Vesikel werden sie zum Golgi-Apparat transportiert. In Dictyosomen erfolgt dann der Zusammenbau des Nucleocapsids und der ER-Vesikel zu neuen Viren. Durch die Virusinfektion wird der Stoffwechsel der Wirtszelle gehemmt. Die Baustoffe für die Vervielfältigung der viralen Erbsubstanz und für die Virusproteine stammen von der Wirtszelle. Auch die Virenhüllen werden aus Membranbestandteilen der Wirtszelle gebildet. Die Wirtszellen werden daher durch die Virusinfektion schwer geschädigt.

MATERIAL MIT AUFGABEN

A Vermehrung von Coronaviren

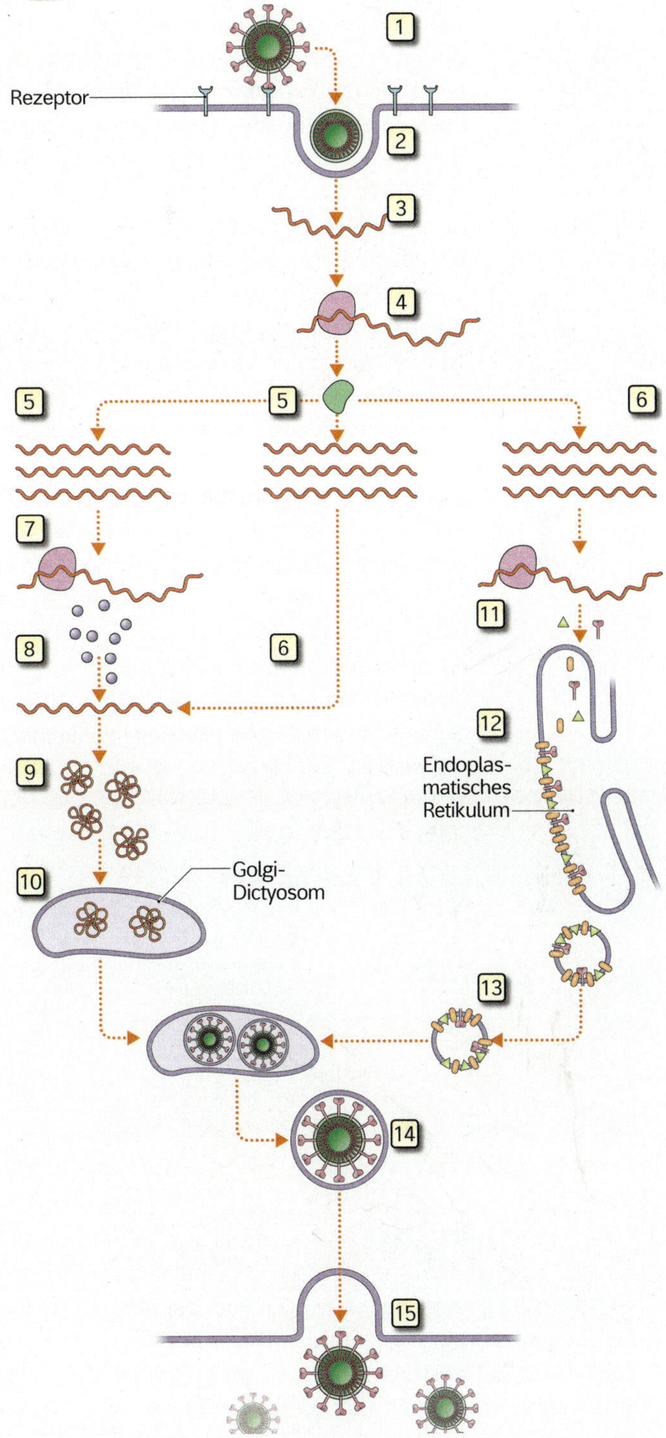

1 Beschreiben Sie die Schritte der Vermehrung von Coronaviren mithilfe der Ziffern. ●●○

Freisetzung aus der Wirtszelle – Je nach Virustyp verlassen Viren die Wirtszelle auf unterschiedlichen Wegen. Bei SARS-CoV-2 werden die mit Viren gefüllten Golgi-Vesikel zur Zelloberfläche transportiert und verschmelzen dort mit der Zellmembran. Dabei gelangen die Viren nach außen. Bei anderen Virentypen sammeln sich die Virusbestandteile unter der Zellmembran und werden dort zusammengesetzt. Verlassen die Viren die Wirtszelle, wird ihre Hülle aus der Zellmembran der Wirtszelle gebildet. Oft geht diese danach zugrunde. Bei Viren ohne Hülle platzt die Wirtszelle nach der Virenvermehrung. Die freigesetzten Viren können andere Wirtszellen der erkrankten Person befallen oder von ihr beim Husten oder Sprechen mit Sekrettröpfchen ausgeschieden werden.

Varianten des Vermehrungszyklus – Bestimmte Virentypen, wie Herpes- oder Windpockenviren bleiben in den Wirtszellen und vermehren sich nur sporadisch. Andere Viren bauen ihre Erbsubstanz in die der Wirtszelle ein. Dazu gehören etwa bestimmte Typen des humanen Papillom-Virus, abgekürzt HPV, die Gebärmutterhalskrebs verursachen können.

Symptome einer Virusinfektion – Die Hüllen der verschiedenen Virenarten werden jeweils aus den Membranen der Wirtszellen gebildet. Außerdem enthalten sie Glykoproteine. Dadurch werden die eingedrungenen Viren vom menschlichen Abwehrsystem manchmal erst sehr spät als körperfremde Strukturen erkannt.

Krankheitssymptome, die bei einer Infektion auftreten, entstehen meist durch das Abwehrsystem selbst. Botenstoffe, die das Abwehrsystems aktivieren, sowie abgestorbene Wirtszellen verursachen die Symptome. Diese sind jeweils charakteristisch für die verschiedenen Virustypen und die betroffenen Organe. Rhinoviren, die die Nasen- und Rachenschleimhaut befallen, verursachen beispielsweise Erkältungssymptome wie Halskratzen, Schnupfen, Niesen, Husten und eventuell leichtes Fieber. Bei einer Infektion des Magen-Darm-Traktes mit Noroviren treten Durchfall, Erbrechen, Kopf-, Bauch- und Gliederschmerzen auf. Manche Virusinfektionen, wie etwa Infektionen mit dem Hepatitis-B- oder dem Hepatitis-C-Virus, können jahre- bis jahrzehntelang bestehen bleiben und verlaufen dann chronisch.

MATERIAL MIT AUFGABEN

B Verbreitung von Viren im Wirt

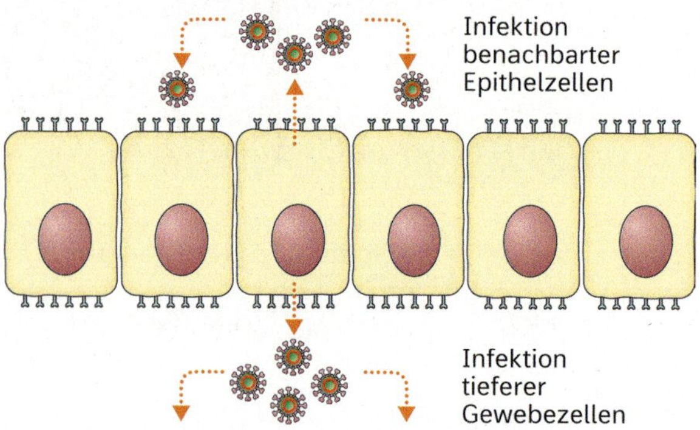

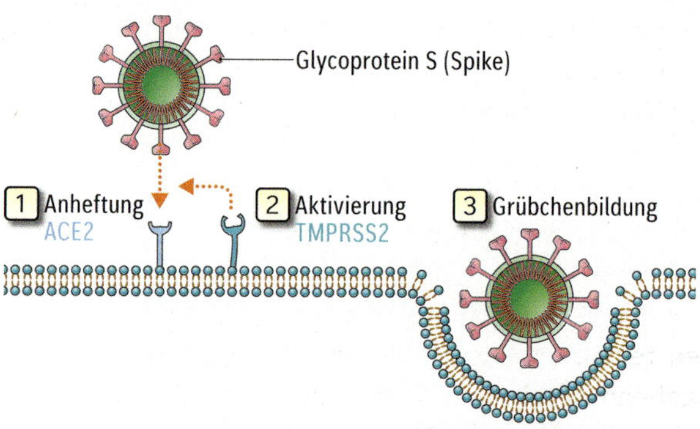

1 SARS-CoV-2 gelangt hauptsächlich über die Atemwege in den Körper. Bei Menschen, die an einer Corona-Infektion gestorben sind, wurden nicht nur massive Schädigungen der Lunge, sondern auch des Herzens und anderer Organe festgestellt. Erklären Sie die Befunde unter Berücksichtigung der Abbildung. ●●○

2 Beschreiben Sie die Funktion der ACE2-und TMPRSS2-Rezeptoren für die Virusinfektion der Wirtszelle. ●○○

3 Begründen Sie die Aussage „In welchen Organen sich das Virus manifestiert, hängt von der Dichte der ACE-2 Rezeptoren in den Geweben ab". ●●○

Aufbau von Bakterien – Bakterien sind deutlich größer als Viren und bestehen aus einer einzigen Zelle. Im Gegensatz zu Viren besitzen sie einen eigenen Stoffwechsel, dessen Reaktionen an der Zellmembran oder frei im Cytoplasma stattfinden. Ihre Erbsubstanz liegt frei im Cytoplasma als **Nucleoid** vor und ist nicht von einer Kernhülle umgeben. Bakterien sind Prokaryoten. Viele Bakterienarten besitzen zusätzlich zum Nucleoid noch kleine Ringe aus Erbsubstanz, **Plasmide** genannt. Diese tragen Erbinformationen, die für Bakterien vorteilhaft sein können. So befindet sich auf einigen Plasmiden die Bauanleitung für Enzyme, durch die bestimmte Antibiotika unwirksam werden können. Kopien solcher Plasmide können über eine kurzzeitige, tunnelähnliche Verbindung von einem Bakterium auf ein anderes übertragen werden. Danach besitzt auch das Empfängerbakterium die vorteilhaften Eigenschaften.
Bakterien besitzen eine Zellwand, die aus Murein, einem netzartigen Makromolekül, besteht. Bestimmte Antibiotika hemmen die Zellwandsynthese. Da Murein bei Eukaryoten nicht vorkommt, werden solche Antibiotika zur selektiven Bekämpfung bakterieller Infektion eingesetzt. Einige Bakterienarten besitzen zusätzlich zur Zellwand noch eine Schutzhülle aus Schleim, die **Kapsel** genannt wird. Viele Bakterien bewegen sich mithilfe langer dünner Proteinfäden den **Geißeln** fort. Einige besitzen zusätzlich noch kurze Fäden. Mit diesen **Pili** können sich Bakterien an Oberflächen oder anderen Bakterien anheften.

Bakterien vermehren sich durch Teilung. Sind die dafür notwendigen Voraussetzungen, zum Beispiel eine optimale Nährstoffzufuhr gegeben, kann sich ein Bakterium etwa alle 20 Minuten teilen. So kann auf einem Nährboden ausgehend von einem Bakterium die Bakterienzahl innerhalb weniger Stunden auf ein Millionenfaches ansteigen. Eine solche, mit dem bloßen Auge sichtbare Ansammlung von Bakterien wird **Bakterienkolonie** genannt. Die zunehmende Verknappung der Nährstoffe und die Ansammlung von Giftstoffen führt im weiteren Verlauf zu einer konstanten Wachstumsrate der Bakterienkolonie und schließlich zu ihrem Absterben.

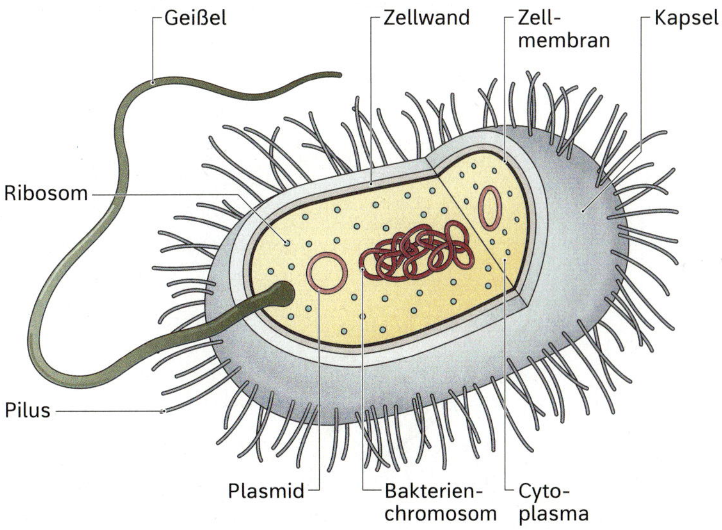

3 Aufbau eines Bakteriums (Schema)

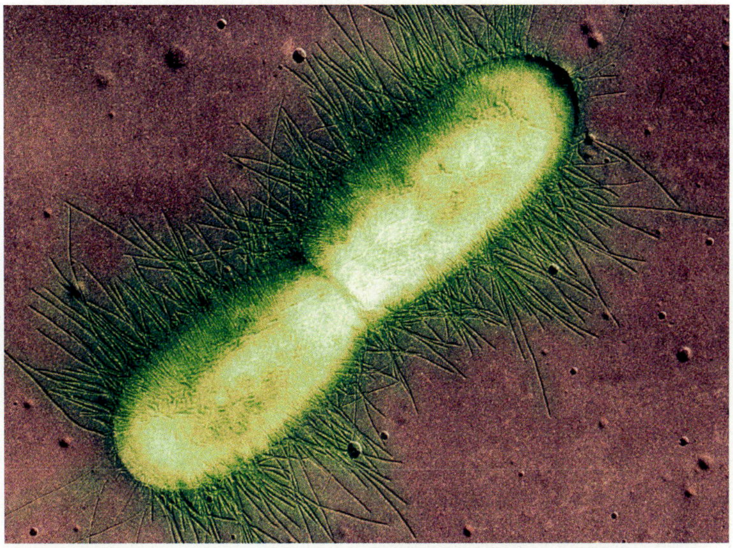

4 Teilung eines *E. coli*-Bakteriums

	Viren	Bakterien
Lebewesen	nein	ja
Aufbau	Erbmaterial mit Proteinkapsel (Virushülle)	Zelle ohne Zellkern, mit Zellwand (Kapsel)
Vermehrung	nur mithilfe fremder Zellen	durch Zellteilung
Stoffwechsel	nein	ja
Antibiotika	nicht wirksam	wirksam

5 Unterschiede zwischen Viren und Bakterien

MATERIAL MIT AUFGABEN

C Vermehrungskurve von Bakterien

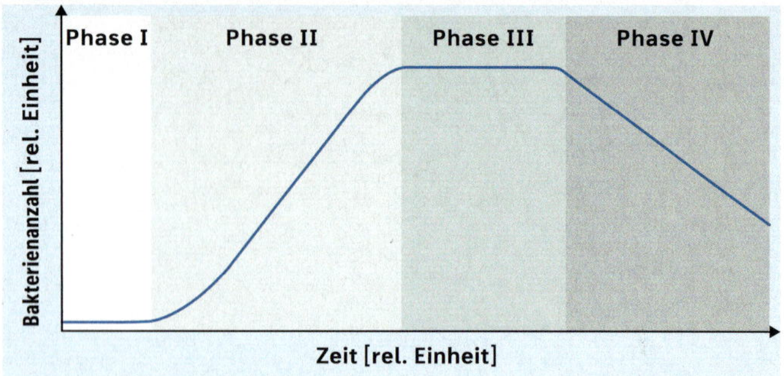

Die Abbildung zeigt die Anzahl der Bakterien in einem flüssigen Nährmedium im Verlauf der Zeit. Temperatur und der pH-Wert des Mediums liegen im Optimumsbereich der Bakterien.

1 Beschreiben und erklären Sie die Versuchsergebnisse. ●●○
2 In einem zweiten Versuchsansatz werden zu Beginn doppelt so viele Bakterien in das Nährmedium gegeben. Skizzieren Sie den Verlauf der Vermehrungskurve und begründen Sie Ihren Vorschlag. ●●●

D Resistenztest gegen Antibiotika

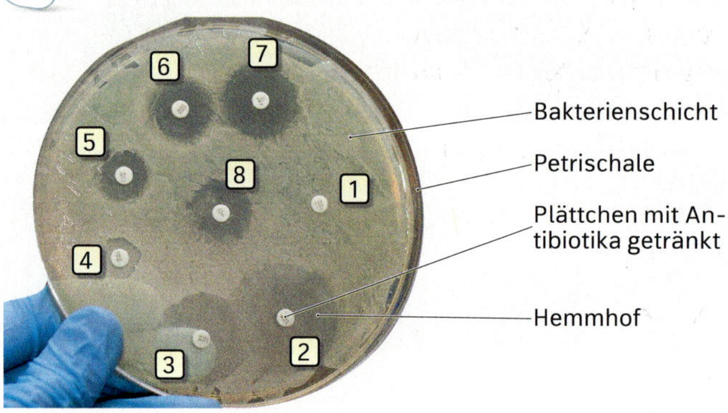

Auf einen Nährboden wurden Bakterien einer bestimmten Art übertragen. Außerdem wurden Papierplättchen auf den Nährboden gelegt, die mit verschiedenen Antibiotika (1–8) getränkt waren. Die Abbildung zeigt das Versuchsergebnis nach 24 Stunden.

1 Beschreiben Sie die Versuchsbeobachtungen. ●○○
2 Erklären Sie die Wirkung der Antibiotika 1 bis 8 auf das Bakterienwachstum. ●●○
3 Geben Sie an, welche Beobachtungen Sie erwarten, wenn man für den Versuch eine andere Bakterienart einsetzen würde. Begründen Sie Ihre Erwartungen. ●●○

Bakterielle Infektionskrankheiten Alle Körperflächen eines Menschen, wie etwa Haut oder die Mundhöhle, sind von verschiedenen Bakterienarten besiedelt. Diese verhindern, dass sich dort andere krankheitserregende Bakterien ansiedeln können. Gelangen dennoch einzelne krankheitserregende Bakterien in den menschlichen Körper kann sein Abwehrsystem diese zumeist erfolgreich vernichten. Werden die Erreger jedoch zu spät vom körpereigenen Abwehrsystem entdeckt, so können sie sich stark vermehren und im ganzen Körper ausbreiten. Manche Bakterienarten geben dabei Enzyme nach außen ab, durch die Zellen und Gewebe zerstört werden. Andere Bakterienarten scheiden Giftstoffe aus. Diese **Toxine** lösen, wie etwa bei einer Infektion mit Salmonellen, Erbrechen und Durchfall aus. Toxine des Tetanuserregers hemmen dagegen die Übertragung von Nervenimpulsen, so dass Lähmungen bei den Betroffenen auftreten.

Antibiotika Stoffe, die Bakterien abtöten, deren Stoffwechsel oder deren Vermehrung hemmen, werden als Antibiotika bezeichnet. Das erste Antibiotikum wurde 1928 von Alexander FLEMING (1881-1955) entdeckt. Auf einer Bakterienkultur hatte sich zufällig der Schimmelpilz *Penicillium notatum* ausgebreitet. FLEMING bemerkte, dass rund um den Pilz die Bakterienkultur nicht gewachsen war. Er vermutete, dass der Schimmelpilz einen Stoff produziert hatte, der die Bakterien abtötet. Etwa zehn Jahre später wurde dieser Stoff aus dem Pilz *Penicillium notatum* isoliert und Penicillin genannt. Er wurde 1941 erstmals in der Behandlung eines Patienten eingesetzt. 1945 erhielt FLEMING für die eher zufällige Entdeckung des Penicillins den Nobelpreis für Physiologie oder Medizin.

Die Erfolge des Penicillins im Kampf gegen Infektionskrankheiten führten zu einer intensiven Suche nach weiteren Antibiotika. Insbesondere in den 1950er Jahren wurden zahlreiche neue Antibiotika auf den Markt gebracht. Viele bakterielle Erkrankungen, die zuvor das Leben der Menschen stark bedroht hatten, etwa Tuberkulose, Lungen- oder Hirnhautentzündungen, wurden dadurch heilbar.

Die verschiedenen Antibiotika unterscheiden sich darin, ob sie die Bakterien direkt abtöten oder ihre weitere Vermehrung verhindern. Außerdem unterscheiden sie sich in ihren Angriffspunkten. Einige verhindern zum Beispiel, dass Bakterien stabile Zellwände aufbauen können, andere hemmen die **bakterielle Proteinbiosynthese** oder die Verdopplung ihrer Erbsubstanz. Antibiotika hemmen selektiv solche Stoffwechselreaktionen, die in menschlichen oder tierischen Zellen nicht vorkommen oder dort anders verlaufen. So schädigen sie gezielt nur die Bakterienzellen.

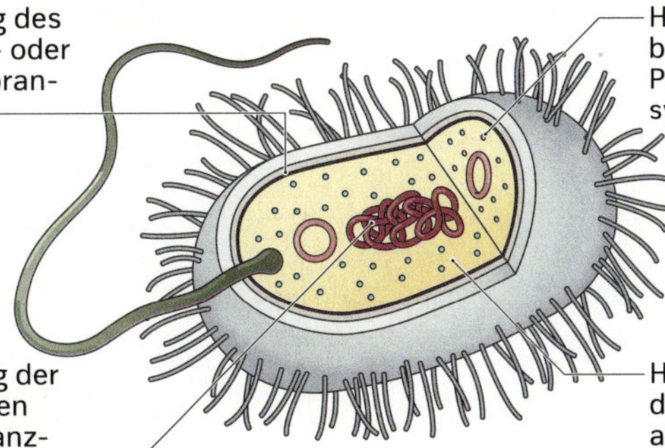

6 Angriffsstellen von Antibiotika

Antibiotikaresistenzen — Pilze und Bakterien bekämpfen sich gegenseitig mithilfe der von ihnen natürlicherweise hergestellten Antibiotika. Resistenzen gegen Antibiotika sind daher ein natürliches Phänomen, lange bevor sie als Medikamente eingesetzt wurden. Eine Antibiotikaresistenz entsteht durch eine zufällige Veränderung der bakteriellen Erbsubstanz, **Mutation** genannt. Dadurch werden zunächst einzelne Bakterien resistent. Kommt die Bakterienkolonie beispielsweise mit Penicillin in Kontakt, überleben nur die resistenten Bakterien. Bei ihrer Teilung geben sie die Penicillinresistenz an die Tochterzellen weiter. Durch die hohe Vermehrungsrate von Bakterien entwickelt sich aus einem einzigen resistenten Bakterium schnell eine neue, penicillinresistente Kolonie.

Der Verbrauch von Antibiotika ist in der Human- und Tiermedizin seit Mitte der 1940er-Jahre stark gestiegen. Dadurch und durch eine häufig fehlerhafte Anwendung hat der Mensch das natürliche Phänomen der Antibiotikaresistenz deutlich verstärkt. Über den Austausch von Plasmiden können Bakterien Resistenzen gegen Antibiotika weitergegeben. So können mehrfach- oder **multiresistente** Erreger, kurz MRE, entstehen. Dazu gehört beispielsweise der **M**ethicillin-**r**esistente Erreger ***S**taphylococcus **a**ureus* (MRSA). Er kann Wund-, Atemwegs- und Harnwegsinfektionen auslösen. Multiresistente Erreger sind heutzutage in Krankenhäusern ein großes Problem.

MATERIAL MIT AUFGABEN

E Entwicklung von antibiotikaresistenten Bakterien

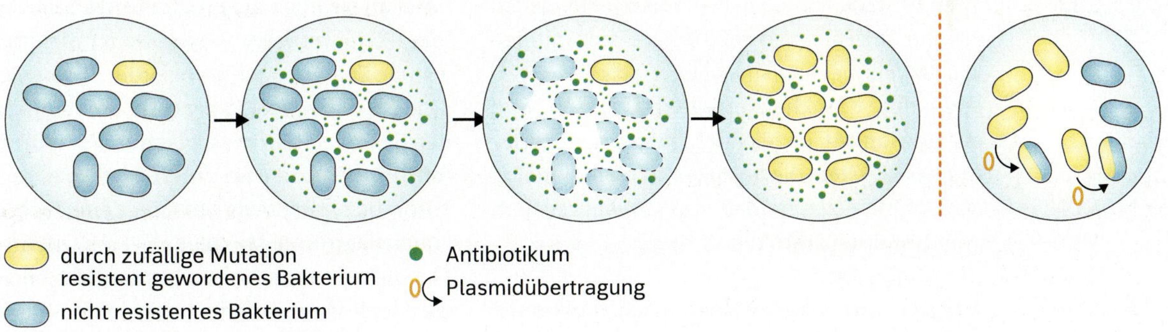

1 Formulieren Sie für die Abbildungen je eine erklärende Bildunterschrift. ●●○

2 Erklären Sie, warum Antibiotika nicht schon beim ersten Abklingen der Beschwerden abgesetzt werden sollten. ●●○

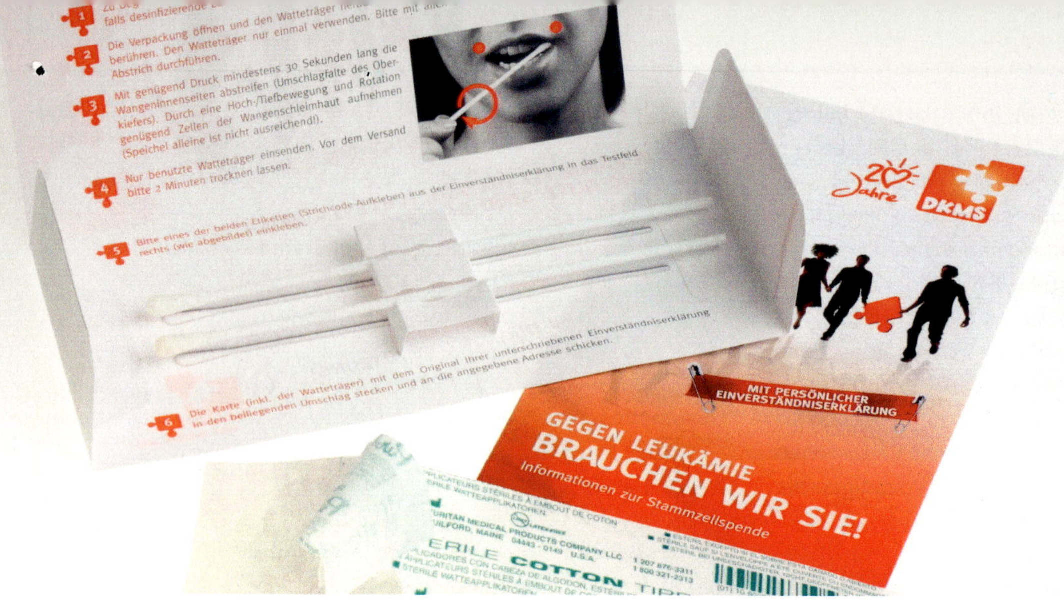

1 Aufruf zur Stammzellenspende

2.1 Zellen und Gewebe des Immunsystems

Die deutsche Knochenmarkspenderdatei (DKSM) ist eine gemeinnützige Organisation, die Spender und Spenderinnen von Stammzellen des Knochenmarks vermittelt. Eine Übertragung solcher Zellen bietet eine Möglichkeit, zur Behandlung von Blutkrebs, auch Leukämie genannt.. Welche Bedeutung haben Stammzellen für das Immunsystem des Menschen?

Das Immunsystem – Der menschliche Körper ist in ständigem Kontakt mit Fremdstoffen und Krankheitserregern wie Bakterien und Viren. Trotzdem bleiben die meisten Menschen gesund. Die Fähigkeit des Körpers, sich mithilfe von Abwehrmechanismen gegen solche Fremdstoffe oder Krankheitserreger zu wehren, wird als **Immunität** bezeichnet. Alle Organe, Gewebe und Zellen, die an dieser Abwehr beteiligt sind, bilden zusammen das Abwehrsystem oder **Immunsystem** des Körpers.

Aufgrund seiner unterschiedlichen Funktionen wird das Immunsystem in ein unspezifisches und spezifisches Immunsystem unterteilt. Das unspezifische Abwehrsystem besteht von Geburt an und richtet sich gegen sämtliche körperfremde Stoffe. Das spezifische Abwehrsystem reagiert dagegen langsam, aber spezifisch auf bestimmte fremde Stoffe. Es muss im Laufe des Lebens erst erworben werden.

Bildungsort der Immunzellen – Die weißen Blutkörperchen oder Leukozyten sind die wichtigsten Zellen des Immunsystems. Sie entstehen, wie Erythrozyten und Thrombozyten, aus Stammzellen des Knochenmarks. Diese können sich zu vielen verschiedenen Zelltypen entwickeln, zum Beispiel zu unterschiedlichen Vorläuferzellen. Deshalb bezeichnet man sie auch als **pluripotente Stammzellen.** Vorläuferzellen können sich nur noch in wenige Zelltypen differenzieren. So entwickeln sich etwa aus Vorläuferzellen des blutbildenden Systems, den **myeloischen Vorläuferzellen,** in mehreren Schritten Erythrozyten und Thrombozyten sowie verschiedene Typen von Fresszellen und Mastzellen. Fresszellen und Mastzellen sind für die unspezifischen Abwehrreaktionen verantwortlich. Für die spezifischen Abwehrreaktionen ist eine Gruppe sehr kleiner Leukozyten zuständig. Da sie sich zu über 95 Prozent im Lymphsystem des Menschen befinden, werden sie **Lymphozyten** genannt. Sie entstehen im Knochenmark aus lymphatischen Vorläuferzellen. Aufgrund ihrer verschiedenen Funktionen und ihres unterschiedlichen Reifungsorts wird zwischen **B-Lymphozyten** und **T-Lymphozyten** unterschieden. B-Lymphozyten reifen vollständig im Knochenmark. Dagegen werden T-Lymphozyten im unreifen Zustand mit dem Blut vom Knochenmark in die Thymusdrüse transportiert. Dort entwickeln sie sich zu funktionsfähigen T-Lymphozyten.

Stammzellen-Therapie – Die Begriffe Blutkrebs oder Leukämie umfassen verschiedene Erkrankungen des blutbildenden Systems. Bei allen Leukämieformen kommt es in einem frühen Stadium der Entwicklung von Leukozyten zu einer Veränderung der Erbsubstanz, einer **Mutation.** Die mutierte Vorläuferzelle beginnt sich unkontrolliert zu vermehren. So entstehen viele Milliarden funktionsloser Zellen, **Blasten** genannt. Die Bildung funktionstüchtiger Zellen im Knochenmark wird so verhindert. Durch die Übertragung von Stammzellen kann sich wieder ein blutbildendes System und damit ein funktionierendes Abwehrsystem entwickeln. Für die Gewinnung von Blutstammzellen wird dem Spender oder der Spenderin zunächst ein Hormon verabreicht. Dieses bewirkt, dass pluripotente Stammzellen aus dem Knochenmark ins Blut übertreten. Anschließend werden die Stammzellen aus dem Blut des Spenders beziehungsweise der Spenderin gefiltert. Bevor sie der erkrankten Person intravenös übertragen werden, müssen deren entartete Stammzellen durch Bestrahlung vollkommen zerstört werden.

MATERIAL MIT AUFGABEN

A Leukämie

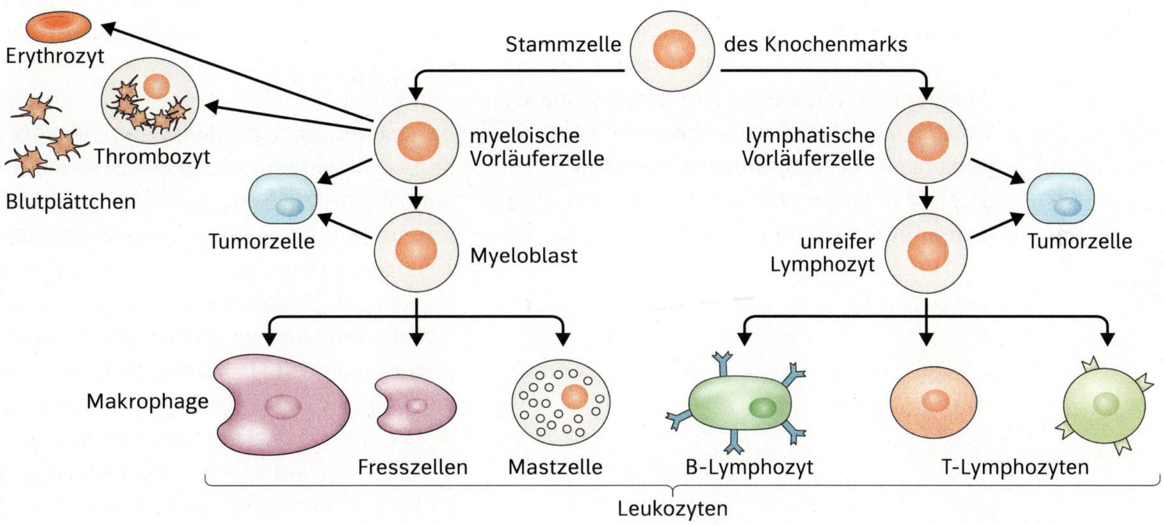

1 Beschreiben Sie anhand der Abbildung die Differenzierung der Leukozyten und Erythrozyten aus Blutstammzellen. ●○○

2 Erklären Sie den Unterschied zwischen einer lymphatischen und einer myeloischen Leukämie anhand der Abbildung. ●●○

3 Erklären Sie, warum ein Mangel an Erythrozyten und ein erhöhtes Infektionsrisiko Symptome einer Leukämieerkrankung sind. ●●○

4 ▶ Recherchieren Sie über die Möglichkeit, wie Sie Spender oder Spenderin von Blutstammzellen werden können und präsentieren Sie Ihre Ergebnisse in geeigneter Form. ●●○

5 Nehmen Sie Stellung zu folgender Forderung: „Jeder Mensch sollte zur Spende von Blutstammzellen verpflichtet werden.“ ●●○

6 Leukämie ist die häufigste Krebsart bei Kindern. Recherchieren Sie nach möglichen Ursachen dafür. ●●○

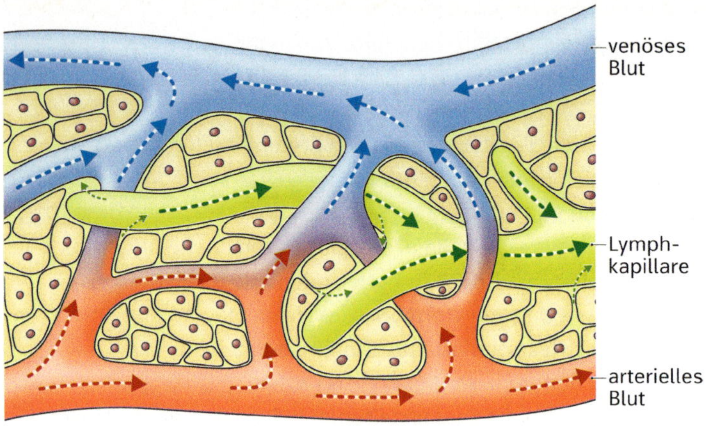

2 Bildung der Lymphe (Schema)

Lymphgefäßsystem – Das Immunsystem besteht neben den Zellen, die für die Abwehrreaktionen verantwortlich sind, aus den Geweben und Organen des **Lymphsystems**. Dieses besteht aus den lymphatischen Organen und dem Lymphgefäßsystem. In den primären lymphatischen Organen, dem Knochenmark und die Thymusdrüse findet die Bildung und Reifung der Immunzellen statt. In den sekundären lymphatischen Organen finden die Immunreaktionen vorwiegend statt. Zu den sekundären lymphatischen Organen gehören die Milz, die Lymphknoten und verstreut liegendes Lymphgewebe, **Lymphozytenkolonien**.
Die Lymphatischen Organe stehen über **Lymphgefäße** miteinander in Verbindung. Darin wird die **Lymphe,** eine wässrige farblose Flüssigkeit transportiert. Lymphe wird aus dem Blut gebildet. Während dieses im Gewebe durch die feinsten Blutkapillaren fließt, wird ständig Blutplasma in die Zellzwischenräume des umgebenden Gewebes gepresst. Ein Teil davon wird wieder in die Blutkapillaren aufgenommen, der andere Teil strömt in die **Lymphkapillaren** und bildet die Lymphe. Lymphkapillaren beginnen blind im Gewebe und vereinigen sich im Körper zu immer größer werdenden Lymphgefäßen und **Lymphbahnen**. Diese münden im oberen Brustbereich in die dort verlaufenden Venen. Von dort wird die Lymphe wieder ins Blut zurückgeführt.

Funktionen des Immunsystems – Das Immunsystem erkennt die in den Körper eingedrungenen Erreger und Fremdstoffe anhand ihrer Oberflächenstrukturen. Körpereigene Zellen werden toleriert, da das Immunsystem im Laufe der Reifung mit Oberflächenstrukturen des eigenen Körpers in Kontakt kommt. Immunzellen, die auf die körpereigenen Oberflächenstrukturen reagieren, werden daraufhin eliminiert. Das Immunsystem reagiert also nur auf körperfremde Strukturen, die eine Immunreaktion auslösen. Sie werden als **Antigene** bezeichnet. Das Immunsystem schützt den Körper vor eindringenden Erregern wie Bakterien, Viren und Pilze. Außerdem beseitigt es tote und defekte körpereigene Zellen. Solche Zellen werden an fehlenden oder veränderten Oberflächenproteinen erkannt. Fresszellen patrouillieren in den verschiedenen Geweben und nehmen solche Zelle durch Endocytose auf und verdauen sie. Das Immunsystem erkennt auch Zellen, die sich unkontrolliert teilen, und vernichtet sie. Werden solche Krebszellen jedoch zu spät erkannt, können sie sich so stark vermehren, dass das Immunsystem dazu nicht mehr in der Lage ist.

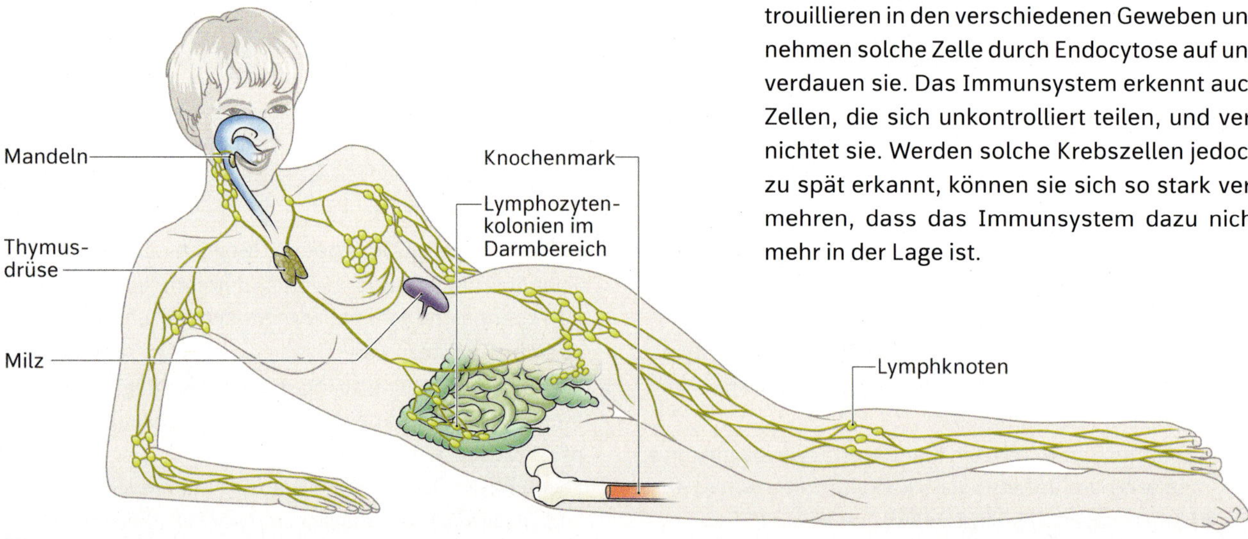

3 Das Lymphsystem (Schema)

MATERIAL MIT AUFGABEN

B Die Versuche von Paul EHRLICH zur Wirkung von Antitoxinen

Der deutsche Mediziner Paul EHRLICH (1854-1915) untersuchte 1900, ob das Immunsystem von Wirbeltieren zwischen körpereigenen Zellen und körperfremden Zellen unterscheiden kann. Zu seiner Zeit waren die Wissenschaftlerinnen und Wissenschaftler noch davon überzeugt, dass Abwehrreaktionen des Körpers auf der Wirkung von Gegengiften, sogenannten Antitoxinen, im Blutserum beruhen. Blutserum enthält keine Zellen.

Frage

Zerstören die körpereigenen Antitoxine im Blutserum nur Erythrozyten von Tieren einer Art oder auch von Tieren anderer Arten?

Hypothesen

Die Antitoxine im Blutserum zerstören:

- keine körpereigenen Erythrozyten;
- keine Erythrozyten von Tieren derselben Art;
- auch Erythrozyten von Tieren anderer Arten.

1 Beschreiben Sie die Durchführung und die Beobachtungen der Versuche.

2 Deuten Sie die Versuchsbeobachtungen im Hinblick auf die verschiedenen Hypothesen.

3 Nennen Sie die wesentlichen Erkenntnisse, die EHRLICH durch diese Versuchsreihe gewinnen konnte.

4 Nach einer von EHRLICH vertretenen Theorie richtet sich die Immunabwehr des Körpers nur gegen körperfremde Strukturen. Er sprach in diesem Zusammenhang vom *Horror autotoxicus*, der Furcht vor Selbstzerstörung. Heute ist bekannt, dass das Immunsystem eines Menschen bei einer Fehlsteuerung auch körpereigene Strukturen angreifen und vernichten kann. Daraus resultieren verschiedene Autoimmunkrankheiten. Recherchieren Sie nach menschlichen Autoimmunkrankheiten und stellen Sie eine dieser Krankheiten in einem Kurzvortrag vor.

Versuchsdurchführung

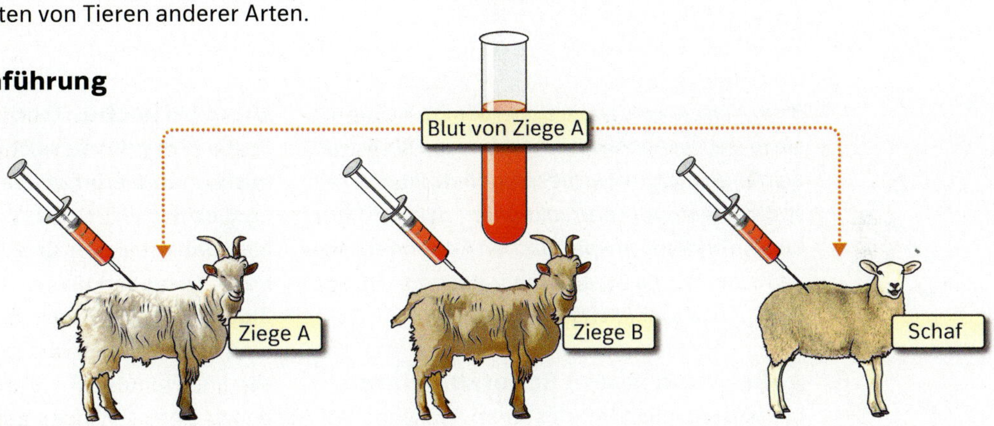

Beobachtungen

nach 14 Tagen

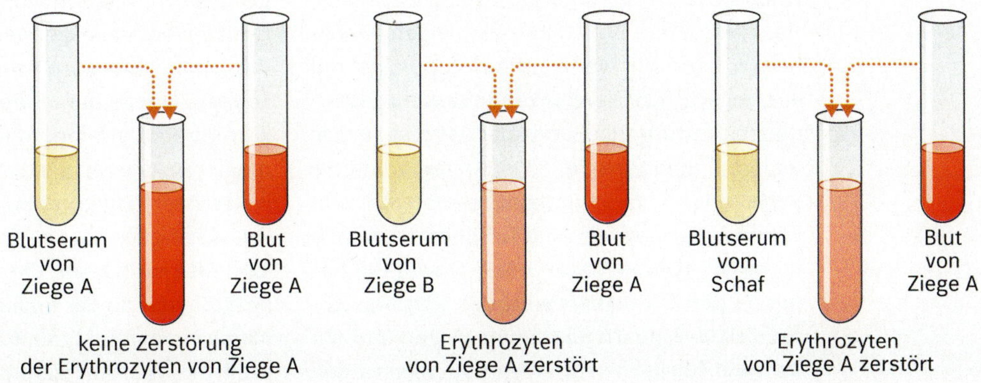

1 Niesen – eine unspezifische Abwehrreaktion

2.2 Unspezifische Abwehrreaktionen

Beim Niesen werden Erreger oder Fremdkörper, die in die Nasenhöhlen eingedrungen sind, wieder hinausbefördert. Niesen gehört zu den unspezifischen Abwehrreaktionen des Körpers. Welche anderen unspezifischen Abwehrreaktionen schützen ihn vor dem Eindringen von Fremdstoffen und Krankheitserregern?

Äußere und innere Schutzbarrieren – Ein wesentlicher Teil des unspezifischen Abwehrsystems sind die äußeren und inneren Oberflächen des Körpers. So bildet etwa die Haut eine erste Schutzbarriere gegen Krankheitserreger. Nur wenn sie verletzt ist, gelingt es Erregern in das angrenzende Gewebe einzudringen und anschließend über das Blut auch in andere Körperbereiche zu gelangen. Auch die Schleimhäute des Verdauungssystems, der Atemwege, Harnwege und Geschlechtsorgane sowie das Flimmerepithel der Atemwege gehören zu den Schutzbarrieren des Körpers. Zusätzlich verhindern Säuren im Magen und auf der Haut sowie Enzyme im Verdauungssystem, dass Erreger in den Körper eindringen.

Unspezifische Immunantwort – Gelingt es Erregern diese physikalischen und chemischen Barrieren zu überwinden, beginnt das unspezifische Immunsystem sie zu bekämpfen. Dabei spielen **Leukozyten** eine zentrale Rolle. Diese zirkulieren fortwährend mit dem Blut durch alle Bereiche des Körpers. Einige Leukozyten können die Blutgefäße aktiv verlassen und Fremdstoffe und Erreger zwischen den Zellen eines Gewebes aufspüren. Eine Gruppe von Leukozyten, die **Fresszellen**, nehmen Erreger oder Fremdstoffe auf und verdauen sie. Sie besitzen auf ihren Zellmembranen Rezeptoren, mit denen sie körperfremde Strukturen erkennen. Da sie auf jedes Material, das sie als körperfremd erkennen, in der gleichen Weise reagieren, werden sie dem unspezifischen Abwehrsystem zugeordnet.
Der wichtigste Typ von Fresszellen im Gewebe sind **Makrophagen.** Ein anderer Typ von Leukozyten, der an der unspezifischen Abwehrreaktion beteiligt ist, sind **Mastzellen.** Sie sind prall mit Vesikeln gefüllt, die den Botenstoff **Histamin** enthalten.

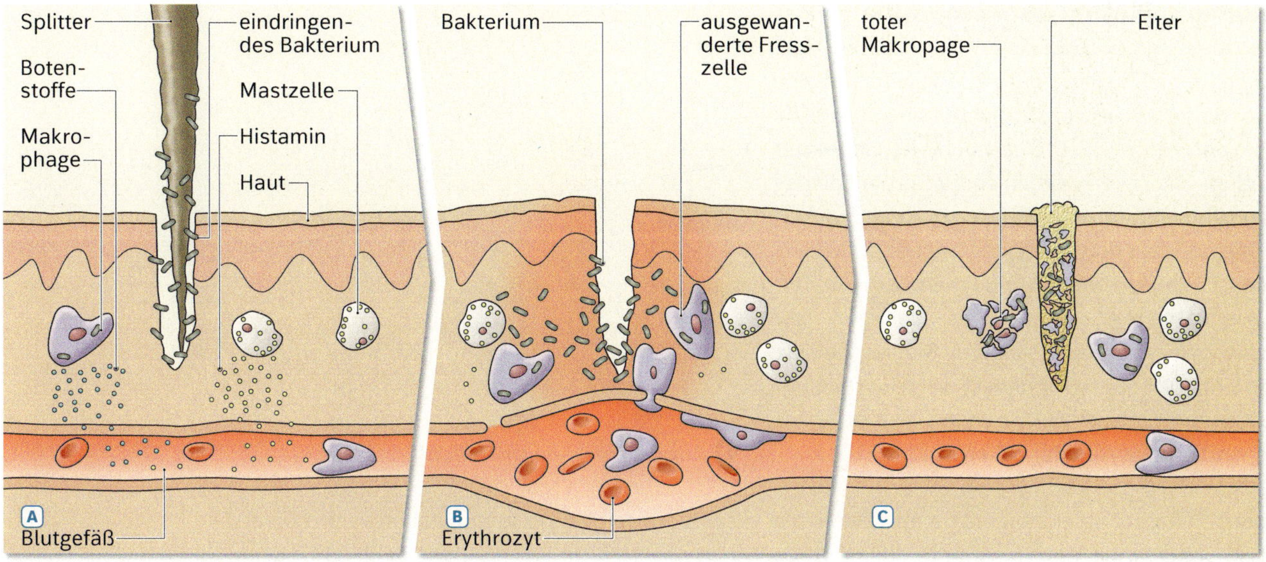

2 Verlauf einer Entzündungsreaktion. **A** Histaminfreisetzung; **B** Auswanderung von Fresszellen; **C** Eiterbildung

Entzündungsreaktion – Wird ein Gewebe verletzt, geben die betroffenen Zellen Signalmoleküle ab. Diese bewirken, dass Mastzellen Histamin freisetzen. Dadurch wird eine **Entzündungsreaktion** eingeleitet. Histamin weitet die Blutkapillaren und macht ihre Wände durchlässiger. Folglich fließt vermehrt Blut in die Wunde und Blutplasma wird verstärkt in die Zellzwischenräume des Gewebes gepresst. So bildet sich eine warme, rote und geschwollene Region um die Wunde. Gleichzeitig reizen Signalmoleküle der verletzen Zellen und Giftstoffe der eingedrungenen Bakterien die Schmerzrezeptoren und verursachen Schmerz. Treffen Makrophagen auf Bakterien, die mit der Verletzung in das Gewebe eingedrungen sind, setzen auch sie Botenstoffe frei. Dadurch werden weitere Fresszellen angelockt, die aus dem Blut ins Gewebe übertreten. Sie nehmen die Erreger durch rezeptorgekoppelte Endocytose auf und verdauen sie. Die Ansammlung der Fresszellen im verletzten Gewebe verhindert, dass sich die Erreger weiter ausbreiten. Eine einzelne Fresszelle kann zahlreiche Bakterien vernichten. Oft geht sie danach im Bereich der Entzündungsstelle zugrunde. Tote Fresszellen, Reste von Zellen, Erregern und Fremdstoffen bilden beim Abklingen einer Entzündung den Eiter. Sind die Erreger abgebaut, schieben sich neu gebildete Hautzellen in die verletzte Stelle und schließen die Wunde.

MATERIAL MIT AUFGABEN

A Rezeptorvermittelte Endocytose

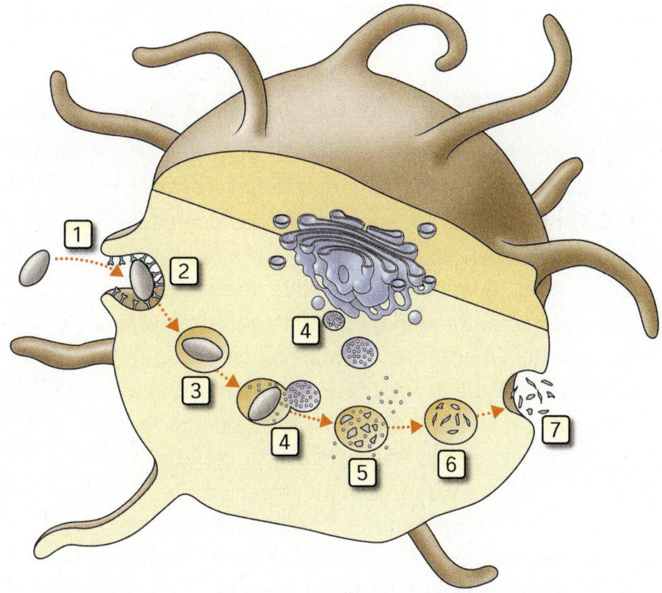

1 Beschreiben Sie anhand der Ziffern die rezeptorgekoppelte Endocytose von Makrophagen. ●●○
2 Begründen Sie, dass die Reaktion der Fresszellen zu den unspezifischen Immunreaktionen gehört. ●○○
3 Die charakteristischen Symptome einer Entzündungsreaktion sind Rötung, Schmerz, Erwärmung und Schwellung. Erklären Sie, wie diese Symptome bei einer Verletzung entstehen. ●●○

Kommunikation über Moleküle — Zellen des Immunsystems kommunizieren über Signalmoleküle miteinander. Diese haben eine bestimmte Struktur und binden an spezifische Rezeptoren auf den Oberfläche benachbarter Zellen. Die Zellen werden dadurch zum Beispiel zum Wachstum, zur Differenzierung, zur Teilung oder zur Fortbewegung angeregt. So werden den Vorläuferzellen im Knochenmark zur Teilung angeregt, Fresszellen dagegen zur Fortbewegung, wenn sie durch Signalmoleküle von Makrophagen angelockt werden. Die spezifischen Signalmoleküle lösen also entsprechende Antworten der Zellen aus.

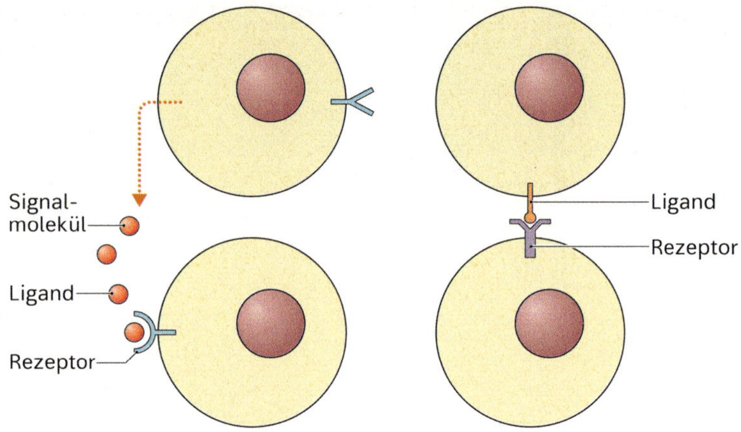

3 Angriffsstellen von Antibiotika

Bei den Signalmolekülen mit denen Zellen des Immunsystems kommunizieren, handelt es sich vielfach um eine Gruppe von löslichen Polypeptiden, **Zytokine** genannt. Sie wirken nur kurzzeitig, oft nur wenige Minuten und örtlich begrenzt. Außerdem wirken oft mehrere Zytokine zusammen. Bei einigen Zellen des Immunsystem erfolgt die Kommunikation auch über einen direkten Zell-Zell-Kontakt. Auch dafür ist es notwendig, dass ihre Oberflächenstrukturen nach dem Schlüssel-Schloss-Prinzip zueinander passen. Ein Stoff oder eine Struktur, die spezifische an einen Rezeptor binden kann, wird **Ligand** genannt.

MATERIAL MIT AUFGABEN

B Allergien

Bei einer Allergie reagiert das Immunsystem unverhältnismäßig stark auf normalerweise harmlose Stoffe aus der Umwelt. Stoffe, die eine allergische Reaktion auslösen werden als Allergene bezeichnet. Beim Einatmen oder Verschlucken von Allergenen binden diese an Rezeptoren, die sich auf der Oberfläche von Mastzellen befinden. Dadurch wird die Exocytose von Histamin ausgelöst, das im Zellinneren in Vesikeln gespeichert ist. Histamin bewirkt, dass sich die Blutgefäße erweitern und ihre Wände durchlässiger werden. Es löst auch die Kontraktion von Muskeln aus, die sich in den Wänden zum Beispiel des Darms, der Atemwege und der Blutgefäße befinden.

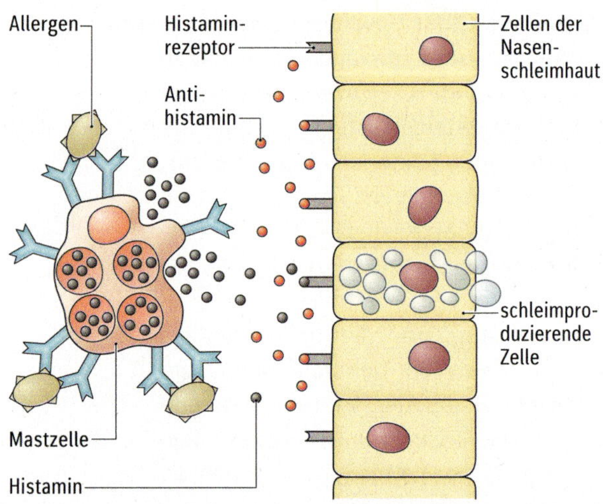

1 Erklären Sie, warum unterschiedliche Allergene wie etwa Pollen, Hausstaub oder Tierhaare zu sehr ähnlichen Reaktionen bei Allergikern führen. ●●○

2 Erklären Sie das Anschwellen der Schleimhautzellen und den Husten bei einer allergischen Reaktion funktional und kausal. ●●●

3 Beschreiben Sie anhand der Abbildung die Wirkung eines Antihistaminikums. ●○○

4 Begründen Sie, dass Antihistaminika zwar die Symptome einer Allergie lindern, diese aber nicht ursächlich bekämpfen. ●●○

5 Fertigen Sie zur Hyposensibilisierung bei Allergien einen Kurzvortrag an. ●●○

Information und Kommunikation

Das Basiskonzept Information und Kommunikation beschreibt den Sachverhalt, dass Lebewesen Informationen aufnehmen, weiterleiten, verarbeiten, speichern und auf sie reagieren. Kommunikation findet auf verschiedenen Systemebenen statt: In einem vielzelligen Organismus sind alle Organe, Gewebe, Zellen und deren Bestandteile beständig an der Kommunikation beteiligt. Auch zwischen Organismen findet Kommunikation auf vielfältige Weise statt. Innerhalb dieses Basiskonzeptes gibt es wesentliche Prinzipien wie die Signaltransduktion sowie die Codierung und Decodierung von Information.

Codierung und Decodierung – Zellen eines vielzelligen Organismus kommunizieren miteinander, sie tauschen wechselseitig Informationen aus. Das bedeutet, dass Zellen Signalmoleküle abgeben. Diese haben eine bestimmte Struktur und binden nach dem Schlüssel-Schloss-Prinzip an spezifische Rezeptoren auf der Oberfläche anderer Zellen. Dadurch werden entsprechende Antworten der Zellen ausgelöst. Im Immunsystem sind Zytokine wichtige Signalmolekülen. Im Nervensystem übertragen Neurotransmitter Signale und im Hormonsystem haben Hormone diese Funktion.

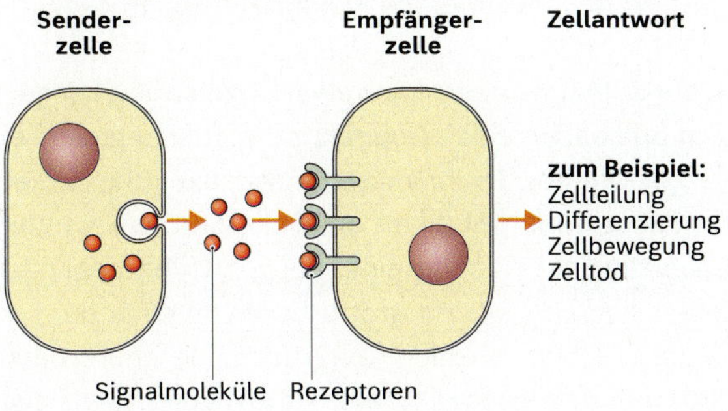

Der Informationsaustausch zwischen Zellen oder Organen lässt sich mithilfe des **Sender-Empfänger-Modells** beschreiben. Der Sender einer Information verschlüsselt sie, er codiert sie. Eine Zelle codiert eine Information, indem sie eine bestimmte Konzentration von spezifischen Signalmolekülen abgibt. Ein Empfänger kann die verschlüsselte Information aufnehmen, sie decodieren und gezielt darauf antworten.

Mithilfe von Rezeptoren kann die Empfängerzelle die Signalmoleküle empfangen und entsprechend darauf reagieren. Lymphozyten leiten beispielsweise als Reaktion auf eine hohe Konzentration von bestimmten Zytokinen Zellteilungen ein.

Signaltransduktion – Damit eine Zellantwort ausgelöst werden kann, muss das extrazelluläre Signal innerhalb der Zelle bestimmte Reaktionen beeinflussen. Die Rezeptoren auf den Zelloberflächen sind Bestandteile von Transmembranproteinen. Durch die Bindung des Signalmoleküls verändert sich die Raumstruktur des Membranproteins und aktiviert intrazelluläre Signalmoleküle. Diese lösen bestimmte Reaktionen im Zellinneren aus oder hemmen sie. Zum Beispiel werden Enzyme oder Gene aktiviert oder inaktiviert. Den Prozess, bei dem Zellen extrazelluläre Signale aufnehmen und sie in intrazelluläre Signale umwandeln, nennt man **Signaltransduktion**.

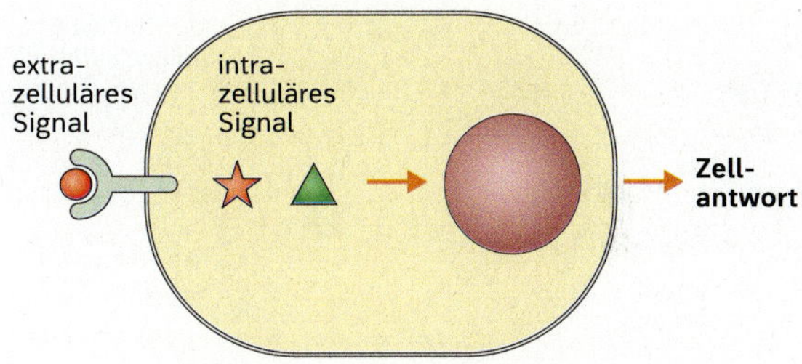

Kommunikation findet auf verschiedenen Systemebenen statt. So nehmen Lebewesen ständig **Informationen** auf, verarbeiten sie und reagieren darauf. Ein Mensch codiert beispielsweise seine Gedanken in einer Abfolge von Lauten, die er beim Sprechen in Form von Schallwellen sendet. Diese reizen Hörsinneszellen eines anderen Menschen. Dessen Hörsinneszellen wandeln die Schallwellen in elektrische Signale um, die über den Hörnerv ins Gehirn geleitet werden. Dort werden die eingehenden elektrischen Signale decodiert und Worte daraus konstruiert. Als Antwort darauf kann der Mensch reagieren. Zum Beispiel bei dem Wort Stopp eine Bewegung unterbrechen.

Vom Gen zum Merkmal

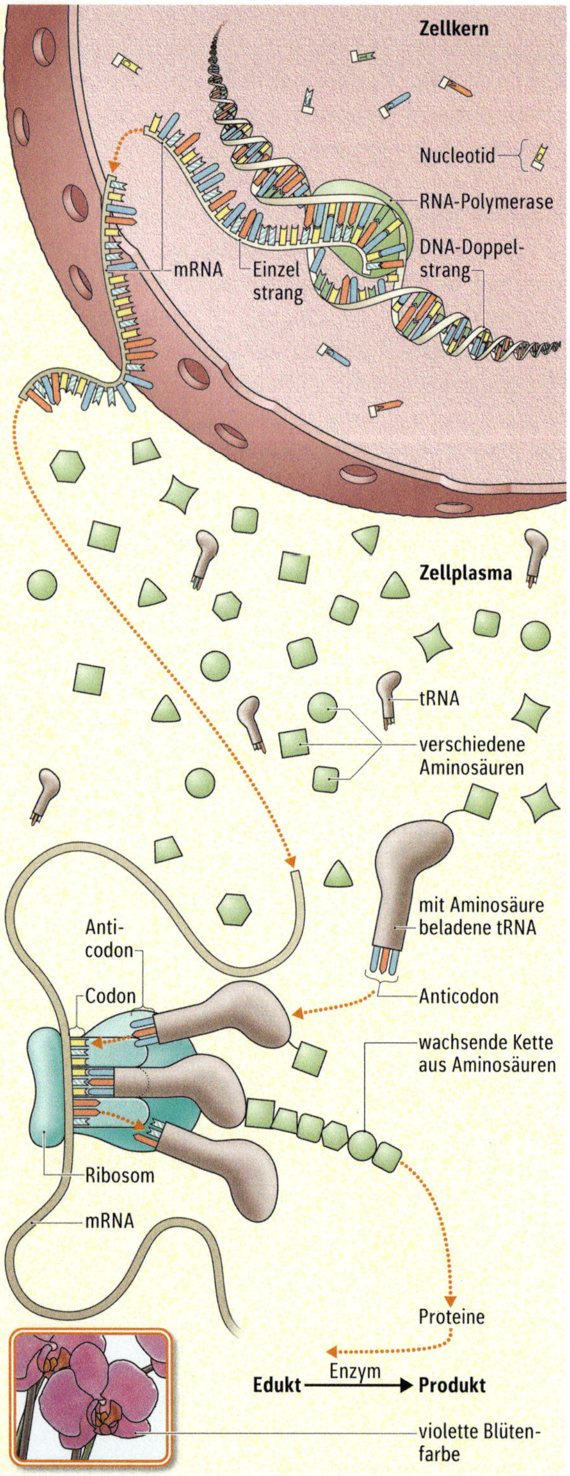

1 Ablauf der Proteinbiosynthese

Merkmalsausbildung – Merkmale werden in Lebewesen mithilfe von Enzymen ausgebildet. Enzyme wandeln beispielsweise in den Zellen von Blütenblättern Ausgangstoffe in mehreren Reaktionsschritten in eine bestimmte Blütenfarbe um. Da Enzyme aus Proteinen bestehen, ist der grundlegende Prozess für die Ausbildung eines Merkmals die Bildung von Proteinen. Dieser Vorgang wird Proteinbiosynthese genannt.

Bau der DNA – Die Information für die Ausbildung von Enzymen und damit auch von Merkmalen eines Lebewesens ist in der Erbsubstanz gespeichert. Sie besteht bei allen Lebewesen aus einer Desoxyribonukleinsäure, kurz DNS. In der Regel wird die englische Bezeichnung deoxyribonucleic acid, **DNA** abgekürzt, verwendet. DNA ist aus zahlreichen Grundbausteinen, den **Nucleotiden,** aufgebaut. Ein Nucleotid wiederum besteht aus einem Zucker-Molekül, der Desoxyribose, einer Phosphatgruppe und einer organischen stickstoffhaltigen Base. In der DNA kommen vier verschiedene Basen vor: Adenin, Thymin, Guanin und Cytosin, entsprechend gibt es auch vier verschiedene Nucleotide. In einem Nucleotid ist die Base immer mit der Desoxyribose verknüpft. Die verschiedenen Nucleotide sind miteinander zu langen Einzelsträngen, den Polynucleotiden verbunden. Die Verknüpfung der Nucleotide erfolgt dabei über die Phosphatgruppen.

In der DNA liegen sich stets zwei Einzelstränge gegenüber und bilden einen Doppelstrang. Dieser gleicht einer Strickleiter. In ihr bilden abwechselnde Zucker-Phosphat-Verknüpfungen die Seile und jeweils zwei Basen die Sprossen. Die einander gegenüberliegenden Basen sind über Wasserstoffbrücken miteinander verbunden. Diese werden aufgrund der chemischen Struktur nur zwischen Adenin und Thymin sowie zwischen Guanin und Cytosin gebildet. Diese Basen passen jeweils zueinander wie ein Schlüssel in sein Schloss passt. Man spricht von einer **komplementären Basenpaarung.**

Der DNA-Doppelstrang ist zu einer Helix verdreht, die als **Doppelhelix** bezeichnet wird. Diese Doppelstruktur der DNA ist für die Weitergabe der Erbinformation bei einer Zellteilung von entscheidender Bedeutung.

Codierung – Die verschiedenen Nucleotide der DNA unterscheiden sich nur in ihren Basen. Die Reihenfolge dieser Basen wird **Basensequenz** genannt. In dieser ist die Information für die Synthese bestimmter Proteine gespeichert. Proteine bestehen aus einer Kette verschiedener Aminosäuren. Die Reihenfolge der verschiedenen Aminosäuren in der Aminosäurekette, die **Aminosäuresequenz**, ist in der Basensequenz der DNA festgelegt. Drei Basen sind dabei jeweils einer bestimmten Aminosäure zugeordnet. Sie bilden ein **Codon**. Die Aminosäuresequenz eines Protein-Moleküls ist folglich in der Basensequenz der DNA codiert. Da es für die Reihenfolge der Nucleotide und damit für die Basensequenz eine unbegrenzte Zahl an Möglichkeiten gibt, kann so die Information für unvorstellbar viele verschiedene Proteine in einer DNA gespeichert werden.

Ablauf der Proteinbiosynthese – In eukrayotischen Zellen befindet sich die DNA im Zellkern. Die Proteinbiosynthese findet an den Ribosomen im Cytoplasma statt. Für die Synthese eines Proteins wird daher zunächst ein bestimmter Abschnitt der DNA abgeschrieben. Den Vorgang bezeichnet man als **Transkription.** Dabei öffnet sich der DNA-Doppelstrang an der betreffenden Stelle. An einen der so entstandenen Einzelstränge lagern sich komplementäre Nucleotide an, die durch ein Enzym verknüpft werden. Diese Nucleotide enthalten anstatt der Desoxyribose den Zucker Ribose und anstelle der Base Thymin die Base Uracil. Auf diese Weise entsteht ein einsträngiges Polynucleotid, die **Ribonucleinsäure** oder kurz **RNA.** Bei der Transkription wird der betreffende DNA-Abschnitt in ein RNA-Molekül umgeschrieben. Diese Abschrift wird als Boten-RNA oder messenger RNA, kurz **mRNA,** bezeichnet, da sie die Information aus dem Zellkern ins Cytoplasma überträgt. Dort lagert sich ein mRNA-Molekül mit einem Ribosom zusammen.

An der Proteinbiosynthese ist eine weitere Art von RNA, die **Transfer-** oder **tRNA.** Ein tRNA-Molekül besitzt eine Basensequenz, die komplementär zum Codon einer mRNA ist. Diese wird **Anticodon** genannt. Außerdem verfügt ein tRNA-Molekül über eine Bindungsstelle für eine spezifische Aminosäure. Da es 20 verschiedene Aminosäuren gibt, findet man auch 20 verschiedene t-RNA-Moleküle. Sie binden im Cytoplasma ihre jeweils spezifische Aminosäure und transportieren sie zu den Ribosomen.

An den Ribosomen wird die Basensequenz der mRNA in eine Aminosäuresequenz übersetzt. Dieser Vorgang wird **Translation** genannt. Ribosomen verfügen über mehrere Bindungsstellen für tRNA-Moleküle. Bei der Translation lagert sich zunächst ein tRNA-Molekül mit seinem Anticodon komplementär zum entsprechenden Codon der mRNA an einer dieser Bindungsstellen an. Auch an der benachbarten Bindungsstelle lagert sich ein mit einer Aminosäure beladenes tRNA-Molekül an. Das Ribosom verknüpft dann die beiden Aminosäuren. Die tRNA-Moleküle werden frei und können im Cytoplasma erneut mit ihren spezifischen Aminosäuren beladen werden. Diese Vorgänge widerholen sich, so dass Schritt für Schritt eine Aminosäurekette entsteht. Die Basensequenz der mRNA wird dabei in eine Aminosäuresequenz übersetzt. Die Aminosäurekette löst sich vom Ribosom und faltet sich, wobei das Protein entsteht. Oft werden Proteine nach der Translation noch verändert. Zum Beispiel können Kohlenhydrate oder Lipide an das Protein gebunden werden. Solche Reaktionen finden häufig im Endoplasmatischen Retikulum und in den Dictyosomen des Golgi-Apparats statt.

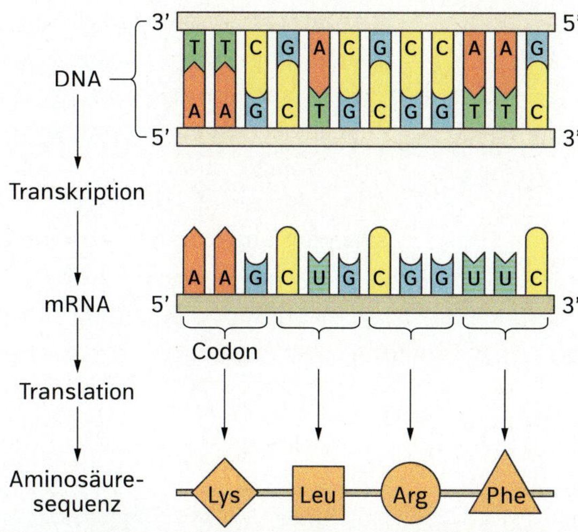

2 Informationsfluss von der DNA zur Aminosäurekette

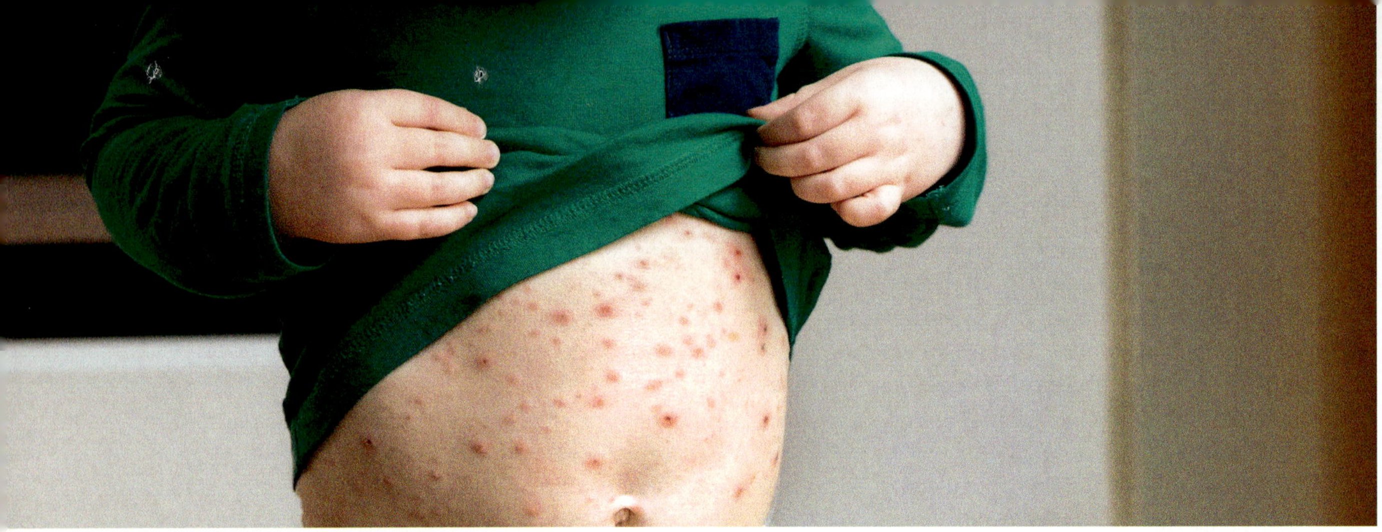

1 Symptome einer Windpockeninfektion

2.3 Spezifische Abwehrreaktionen

Windpocken sind eine Krankheit, die die meisten Menschen im Kindesalter durchleben. Sie wird durch Varizella-Zoster-Viren verursacht. Die Infektion äußert sich durch einen stark juckenden Hautausschlag mit roten Bläschen und leichtem Fieber. Fast jeder Kontakt mit einem erkrankten Menschen führt zu einer Ansteckung – es sei denn, die Kontaktperson ist gegen Windpocken geimpft oder hatte bereits eine Infektion überstanden. Warum erkranken Menschen nicht mehrmals an Windpocken?

Spezifität – Der Mensch verfügt nicht nur über ein angeborenes unspezifisches Abwehrsystem, sondern er erwirbt auch im Laufe seines Lebens bestimmte Abwehrreaktionen. Deshalb spricht man auch vom erworbenen Abwehrsystem. Es benötigt jedoch im Gegensatz zum angeborenen Abwehrsystem oft einige Tage, bis die benötigten Abwehrmechanismen gebildet sind und es die höchste Effektivität erreicht hat. Die Abwehrreaktionen sind dabei gezielt nur gegen den infizierenden Erreger gerichtet. Daher spricht man vom **spezifischen Abwehrsystem.**

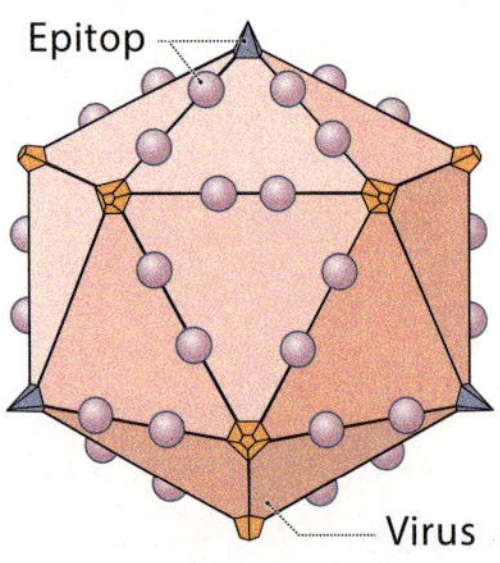

2 Antigen mit verschiedenen Epitopen

Vielfalt der Abwehrreaktionen – Lymphozyten sind die wichtigsten, an der spezifischen Immunreaktion beteiligten Zellen. Jeden Tag werden Millionen von B- und T-Lymphozyten gebildet und ins Blut abgegeben. Sie unterscheiden sich in der Struktur ihrer Oberflächenrezeptoren. Mit diesen können sie spezifisch an bestimmte Oberflächenstrukturen der Antigene binden. Dieser Molekülbereich des Antigens wird **Epitop** genannt. Die große Vielfalt an Lymphozyten mit jeweils unterschiedlichen Rezeptoren stellt sicher, dass es fast zu jedem Antigen einen Lymphozyten mit passendem Rezeptor gibt. Der Rezeptor passt zum Epitop, wie ein Schlüssel ins jeweilige Schloss passt. In die Zellmembran von T-Lymphozyten werden bei der Reifung neben den Antigenrezeptoren noch weitere Membranproteine eingelagert. Dadurch entstehen T-Lymphozyten mit unterschiedliche Funktionen, etwa T-Helferzellen oder **cytotoxische T-Zellen,** veraltet T-Killerzellen.

Unterscheidung zwischen körpereigen und körperfremd – Spezifische Abwehrreaktionen richten sich normalerweise nur gegen Epitope, die nicht im eigenen Körper vorkommen. Jeder Mensch besitzt auf der Oberfläche seiner Zellen ein individuelles Muster an Proteinen. Diese **MHC-Proteine** ermöglichen dem Immunsystem die Unterscheidung zwischen körpereigenen und körperfremden Zellen und Strukturen. Sie sind der Grund dafür, dass Organe nur von einem Menschen auf einen anderen übertragen werden können, wenn deren MHC-Proteine zueinander passen. MHC steht für die englische Abkürzung **m**ajor **h**istocompatibility **c**omplex. Es werden zwei Hauptklassen von MHC-Proteinen unterschieden. Kernhaltige Zellen besitzen MHC-I-Proteine, spezielle Zellen des Immunsystems, etwa Makrophagen, MHC-II-Proteine.

Antigenpräsentation durch Makrophagen – Makrophagen verknüpfen das unspezifische Abwehrsystem mit dem spezifischen. Sie erkennen Erreger oder andere Antigene als körperfremd und nehmen sie durch Endocytose auf. Die Antigene werden in sekundären **Lysosomen** abgebaut und ihre Proteine dort in kleine Fragmente, die **Antigen-Peptid-Fragmente,** zerlegt.
Makrophagen bilden MHC-II-Proteine und verpacken diese in Vesikel des ERs. Diese verschmelzen mit Vesikeln, die Antigen-Peptid-Fragmente enthalten. In den fusionierten Vesikel verbinden sich Antigen-Peptid-Fragmente mit den MHC-II-Proteinen zu **Antigen-MHC-II-Komplexen.** Anschließend verschmelzen die fusionierten Vesikel mit der Zellmembran des Makophagen. Dabei werden die Antigen-MHC-II-Komplexe in die Zellmembran integriert, sodass der Makrophage auf seiner Oberfläche das Antigen präsentiert. Die antigenpräsentierenden Makrophagen sammeln sich im lymphatischen Gewebe in der Nähe des Infektionsherdes. Dort binden spezielle T-Lymphozyten, die **T-Helferzellen**, an die Makrophagen. Ihre Rezeptoren passen spezifisch zum präsentierten Antigenfragment. Daraufhin schütten Makrophagen und T-Helferzellen **Zytokine** aus, die weitere Zellen des Immunsystems anlocken.

MATERIAL MIT AUFGABEN

A Versuche zum Nachweis des spezifischen Abwehrsystems

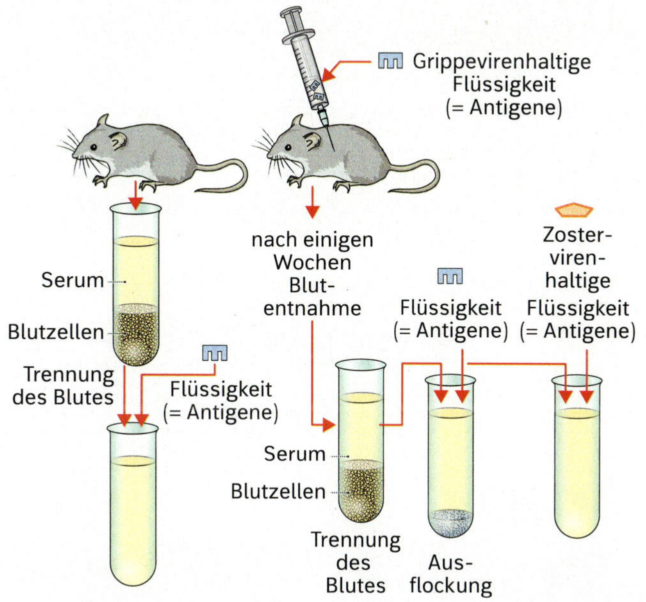

1 Beschreiben Sie die Durchführung und Beobachtungen der Versuche. ●○○

2 Erklären Sie, warum die Versuche nachweisen, dass die Abwehrreaktion spezifisch ist. ●●○

B Antigenpräsentation durch Makrophagen

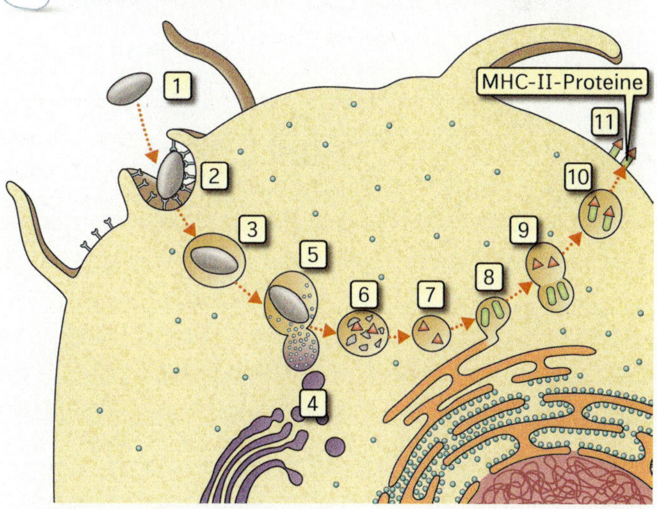

1 Beschreiben Sie mithilfe der Ziffern die Vorgänge, die in einem Makrophagen nach Kontakt mit einem Antigen stattfinden. ●●○

MATERIAL MIT AUFGABEN

C Humorale Immunantwort

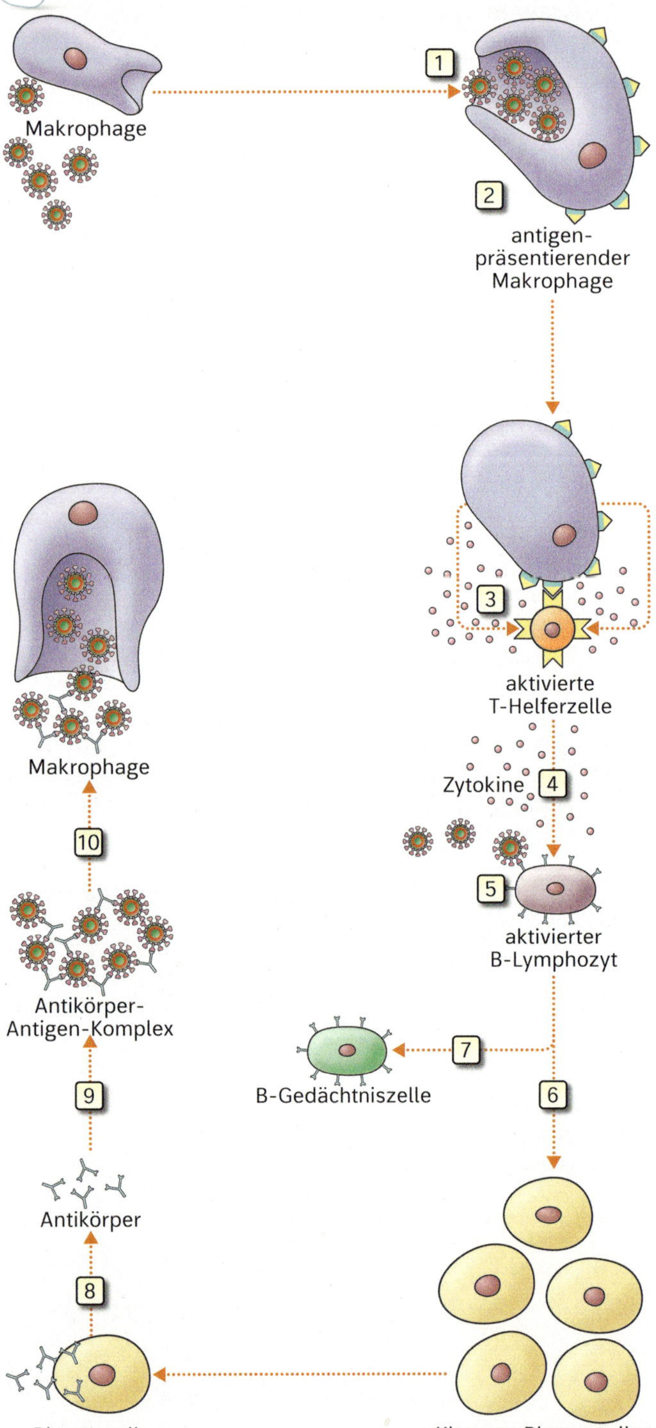

1 Erklären Sie die bezifferten Vorgänge der humoralen Immunantwort.

Die humorale Immunantwort – Antigene, die sich in der Lymphe oder im Blut eines Menschen befinden, gelangen mit dem Flüssigkeitsstrom in die Lymphknoten. Hier stoßen sie auf B-Lymphozyten. An der Oberfläche eines einzigen B-Lymphozyten befinden sich etwa 100 000 Rezeptoren, die alle für das gleiche Epitop spezifisch sind. Bindet ein Antigen an den Rezeptor eines B-Lymphozyten wird dieser aktiviert. Auf diese erste Aktivierung folgt eine zweite durch **Zytokine.** Diese werden von spezifischen T-Helferzellen abgegeben, welche durch die antigenpräsentierenden Makrophagen alarmiert wurden. Nach der zweifachen Aktivierung vergrößert sich der B-Lymphozyt und teilt sich vielfach. In kurzer Zeit entsteht so eine große Anzahl identischer **Plasmazellen.** Jeder Klon dieser Plasmazellen bildet täglich mehrere Hundert Millionen spezifischer Rezeptoren und gibt sie nach außen ab. Die freigesetzten Rezeptoren werden **Antikörper** genannt. Sie sind jeweils für ein einziges Epitop auf dem Antigen spezifisch.

Antikörper gelangen über die Lymphe in den Blutkreislauf. Treffen sie dort auf Antigene mit passenden Epitopen, binden sie daran. Als Folge können beispielsweise Viren ihre Wirtzellen nicht mehr infizieren. Da Antikörper mindestens zwei Bindungsstellen besitzen, können sie gleichzeitig an zwei Antigene binden und so mehrere Erreger miteinander vernetzen. Auch lösliche Antigene, etwa Bakterientoxine, können durch die Anlagerung von Antikörpern in unlöslich Komplexe überführt und so unwirksam gemacht werden. Die entstandenen **Antigen-Antikörper-Komplexe** werden von Makrophagen aufgenommen und abgebaut. Darüber hinaus können Antikörper das **Komplementsystem** aktivieren. Dabei handelt es sich um eine Vielzahl an löslichen Proteinen, die im Blutplasma zirkulieren. Sie können nach Aktivierung Poren in die Membran von Bakterien einbauen und diese damit direkt abtöten. Desweiteren können sie als Zytokine wirken.
Da Antikörper insbesondere in den Körperflüssigkeiten wirksam sind, bezeichnet man diesen Teil des spezifischen Abwehrsystems als **humorale Immunantwort.** Humor ist das lateinische Wort für Flüssigkeit.

Die zelluläre Immunantwort – Gelingt es Viren in Wirtszellen einzudringen, sind sie sowohl für Makrophagen als auch für bereits gebildete Antikörper unerreichbar. Virusinfizierte Zellen bauen jedoch, ähnlich wie Makrophagen, Fragmente von Virusproteinen in ihre MHC-I-Proteine ein und präsentieren diese auf ihrer Membranoberfläche. Dadurch signalisieren die Zellen, dass sie infiziert sind. Ihre Vernichtung erfolgt durch eine Gruppe spezieller T-Lymphozyten, die cytotoxischen T-Zellen. Auch krankhaft veränderte Körperzellen, etwa Tumorzellen und transplantierte Zellen können von ihnen abgebaut werden. Im menschlichen Körper existieren Millionen verschiedener cytotoxischer T-Zellen. Sie besitzen wie B-Lymphozyten unzählig viele spezifische Oberflächenrezeptoren, die zu einem bestimmten Epitop eines Antigens passen. Bindet der Rezeptor einer cytotoxischen T-Zellen an das präsentierte Virusfragment auf der Oberfläche einer virusinfizierten Körperzelle, wird sie aktiviert. Wie bei den B-Lymphozyten ist auch für cytotoxische T-Zellen eine zweite Aktivierung erforderlich. Diese erfolgt durch Zytokine der T-Helferzellen, welche wiederum durch die antigenpräsentierenden Makrophagen alarmiert wurden.

Nach der zweifachen Aktivierung vergrößern sich die cytotoxischen T-Zellen und teilen sich vielfach. In etwa vier bis fünf Tagen entstehen so Klone aus tausenden identischen cytotoxischen T-Zellen. Sie sind hochspezifisch für Körperzellen, die von speziellen Viren befallen wurden. Die aktivierten cytotoxischen T-Zellen verlassen das Lymphsystem und binden im Gewebe an virusinfizierte Zellen, sobald sie auf diese stoßen. Durch die Abgabe von Enzymen, durchlöchern sie die Zellmembran der virusinfizierten Zelle. Als Folge strömt extrazelluläre Flüssigkeit in die Zelle und bringt sie zum Platzen. Die dabei freigesetzten Virenbestandteile und Zelltrümmer werden durch Makrophagen vernichtet. Die cytotoxische T-Zelle kann danach weitere virusinfizierte Zellen aufspüren und vernichten, sofern diese die gleichen Virusfragmente präsentieren. Da im Gegensatz zur humoralen Immunantwort für diese spezifischen Abwehrreaktionen Zellen zuständig sind, spricht man von der **zellulären Immunantwort**.

MATERIAL MIT AUFGABEN

D Zelluläre Immunantwort

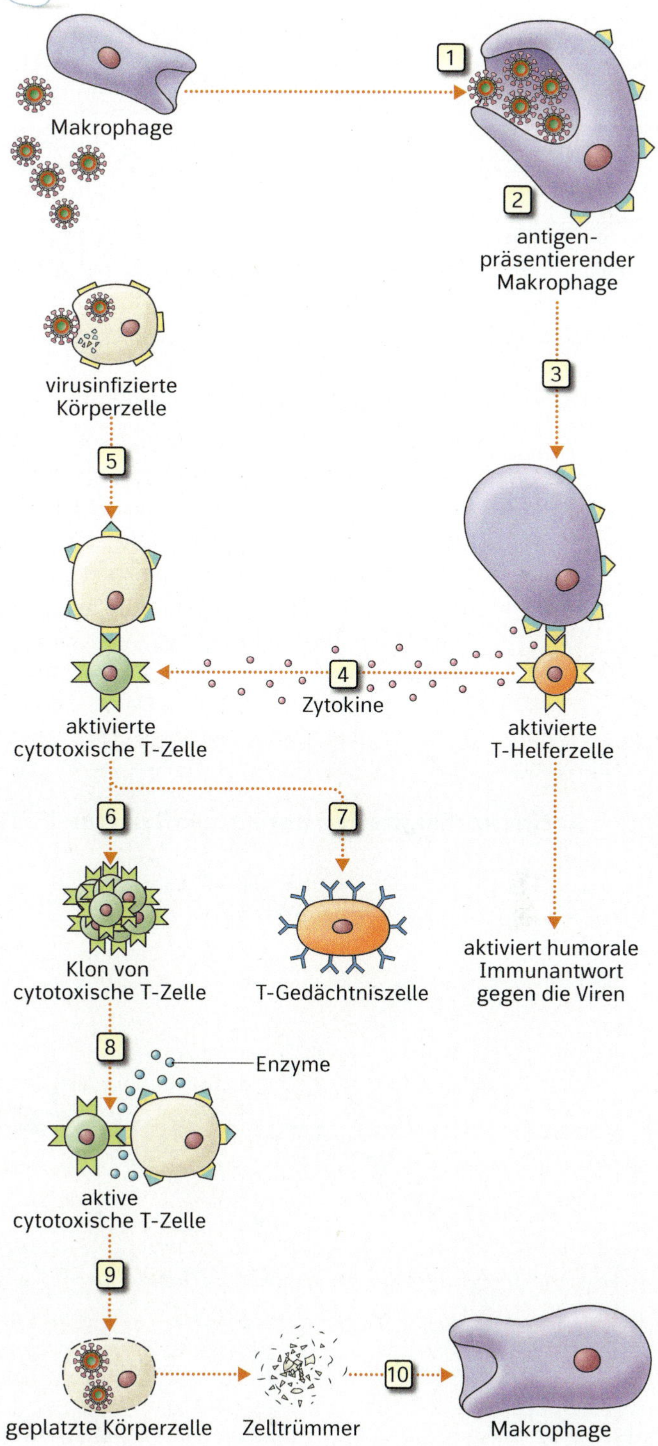

1 Erklären Sie die bezifferten Vorgänge bei der zellulären Immunantwort. ●●○

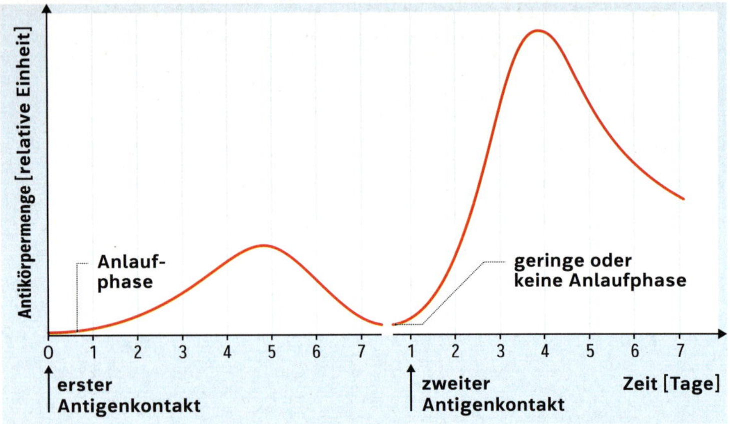

3 Bildung von Antikörpern beim ersten und zweiten Kontakt mit Antigenen

Immunologisches Gedächtnis – Nach einer erfolgreichen Vernichtung von virusinfizierten Zellen bleiben einige cytotoxischen T-Zellen und T-Helferzellen als Gedächtniszellen erhalten. Auch bei der humoralen Immunantwort differenzieren sich einige der aktivierten B-Lymphozyten nicht zu Plasmazellen, sondern bilden Gedächtniszellen. Während die Plasmazellen nach wenigen Tagen sterben, überleben die Gedächtniszellen jahrzehntelang. Beim erneuten Kontakt mit dem gleichen Erreger kommt es zu einer wesentlich schnelleren und heftigeren Reaktion als nach Erstkontakt. Kommt ein etwa Erwachsener, der als Kind eine Windpockeninfektion überstanden hat, erneut mit Varizella-Zoster-Viren in Kontakt, werden diese von seinem spezifischen Abwehrsystem wiedererkannt und so effektiv vernichtet, noch bevor Krankheitssymptome bei der Person auftreten. Sie ist langfristig vor einer erneuten Windpockenerkrankung geschützt. Man sagt, der Mensch ist gegenüber dem betreffenden Erreger **immun.**

Kommt der Mensch über einen langen Zeitraum nicht mehr mit einem bestimmten Erreger in Kontakt, werden die spezifischen Gedächtniszellen im Laufe der Jahre abgebaut. In der Folge geht der Immunschutz verloren. Manche Erreger, etwa Grippeviren, verändern zudem ständig ihre Antigene und damit die Epitope, sodass die Gedächtniszellen sie nicht erkennen können. Deshalb kann man immer wieder an Grippe erkranken.

MATERIAL MIT AUFGABEN

E Antigenpräsentation der virusinfizierten Zellen

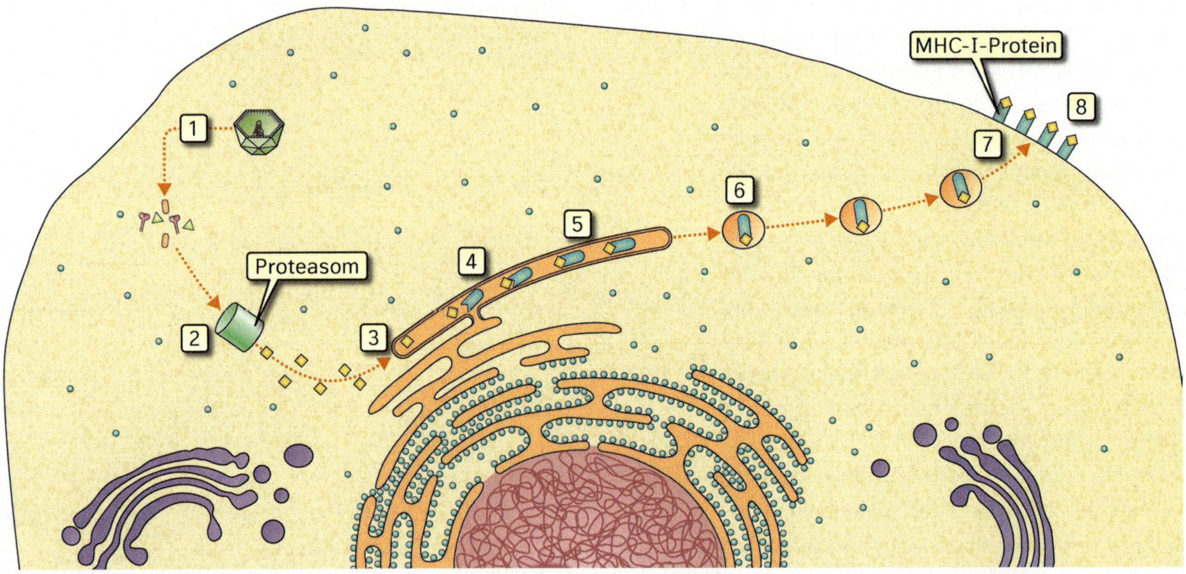

1 Beschreiben Sie mithilfe der Ziffern die Antigenpräsentation einer virusinfizierten Zelle.

2 Vergleichen Sie die Antigenpräsentation von virusinfizierten Zellen und Makrophagen

F HIV-Infektion

Der Begriff HIV steht für die englische Abkürzung „Human Immunodeficiency Virus", übersetzt menschliches Immunschwäche-Virus. Dabei handelt es sich um ein Virus, welches vermutlich Anfang des 20. Jahrhunderts von Schinpansen auf den Menschen übertragen wurde. Unbehandelt führt eine HIV-Infektion nach einiger Zeit zu der Krankheit AIDS, dem Immunschwächesyndrom. In dieser Phase erkranken Betroffene oft an ungewöhnlichen Infektionen, etwa an Pilzinfektionen der Lunge und Speiseröhre sowie an seltenen Tumoren. Die HI-Viren werden durch Körperflüssigkeiten wie Blut, Sperma und Scheidenflüssigkeit übertragen, in denen sie in hohen Konzentrationen vorliegen. Am häufigsten erfolgt eine HIV-Infektion durch ungeschützten Geschlechtsverkehr. Dabei gelangen die Viren durch kleine Schleimhautverletzungen in die Blutbahn der Sexualpartnerin oder des Sexualpartners.

Die Wirtszellen der HI-Viren sind T-Helferzellen. Bis heute ist eine Infektion mit HIV nicht vollständig heilbar und es gibt noch keine Impfung, die vor der Ansteckung mit HIV schützt. HIV-infizierte Menschen können aber durch die regelmäßige Einnahme bestimmter antiviraler Medikamente erreichen, dass die Virusmenge in ihrem Blut sehr gering ist. Das HI-Virus lässt sich dann nicht mehr in ihren Körperflüssigkeiten nachweisen und kann auch nicht übertragen werden. Allerdings erhalten weltweit von den HIV-Infizierten nur 73 Prozent antivirale Medikamente – etwa ein Viertel also nicht.

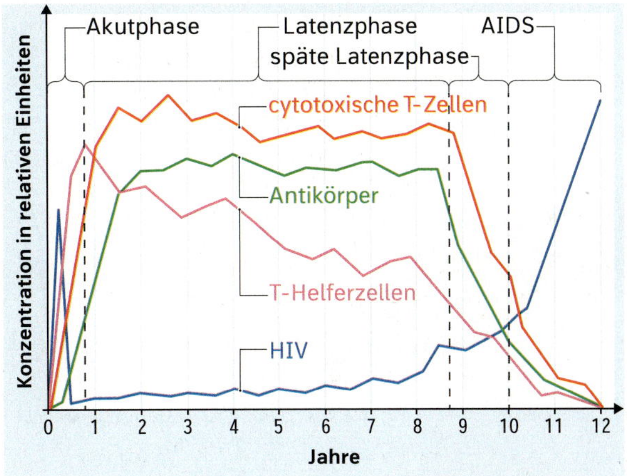

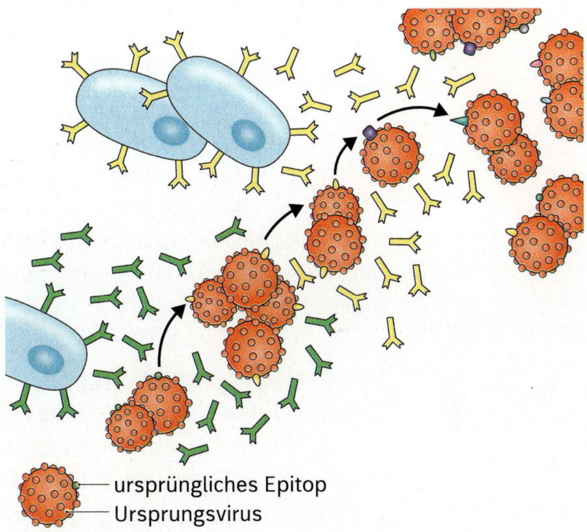

1 Beschreiben Sie die Funktion der T-Helferzellen im spezifischen Immunsystem.
2 Erklären Sie anhand der oberen Abbildung die Veränderungen bei der Konzentration der HI-Viren, der Immunzellen und der Antikörper im Blut eines infizierten Menschen, der nicht mit antiviralen Medikamenten behandelt wird.
3 Beschreiben Sie anhand der unteren Abbildung die Vermehrung von HI-Viren im Körper eines Menschen. Verwenden Sie dabei folgende Begriffe: Ursprungsvirus, Plasmazelle, Antikörper, Vermehrung des Ursprungsvirus, neue Version des Epitops, Vermehrung des veränderten Virus, HI-Viren mit vielfachen Epitop-Versionen.
4 Nehmen Sie Stellung zu der Aussage: Bei einer HIV-Infektion versagt das menschliche Abwehrsystem.
5 Bei einem HIV-Labortest wird sowohl nach Antikörpern als auch nach einem bestimmten Bestandteil von HIV gesucht. Erklären sie, warum dadurch eine HIV-Infektion schon etwa zwei Wochen nach einem Übertragungsrisiko nachweisen lässt, sie aber erst sechs Wochen nach dem Risiko sicher ausgeschlossen werden kann.
6 Recherchieren Sie, wie viele Menschen aktuell weltweit mit HIV infiziert sind, in welchen Ländern diese Zahl besonders hoch ist und wie viele HIV-Infizierte weltweit pro Jahr an AIDS sterben.

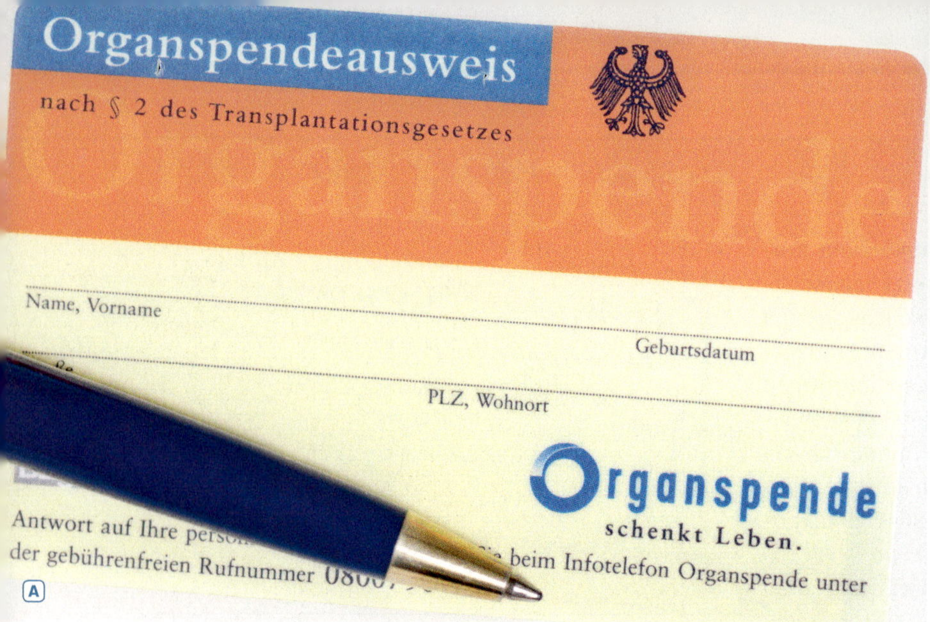

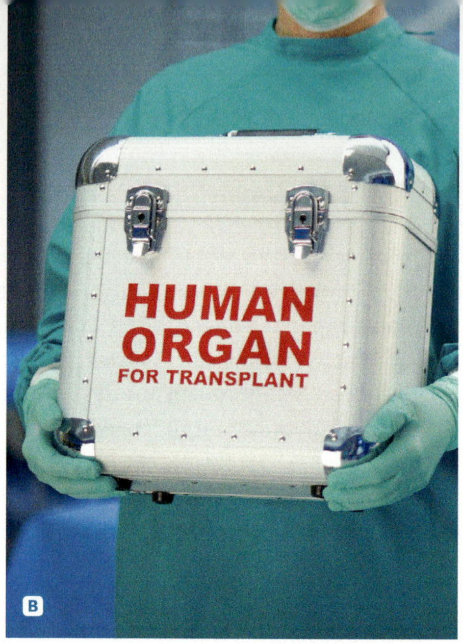

1 **A** Organspendeausweis, **B** Transportbox für Spenderorgane

2.4 Organspende - eine Lebensentscheidung

Ab dem 16. Lebensjahr kann jeder Mensch darüber entscheiden, ob er nach dem Tod seine Organe spenden will. Warum ist diese Entscheidung so wichtig?

Gesetzliche Regelungen – Bei einer Transplantation wird ein defektes Organ eines Menschen durch ein funktionstüchtiges Organ ersetzt. In der Regel stammt dieses von einem verstorbenen Menschen und wird durch eine Operation auf den Empfänger oder die Empfängerin übertragen. Unter bestimmten Umständen ist auch eine Lebendspende etwa einer Niere oder eines Teils der Leber möglich.

Für die Organentnahme bei Toten gelten in den europäischen Ländern strenge gesetzliche Regelungen. In den meisten Ländern gilt die **Widerspruchslösung.** Sie besagt, dass einem verstorbenen Menschen die Organe für eine Transplantation entnommen werden dürfen, sofern dieser zu Lebzeiten nicht ausdrücklich widersprochen hat. In anderen Ländern ist die Organentnahme durch die **erweiterte Zustimmungslösung** geregelt. Danach dürfen verstorbenen Menschen nur Organe entnommen werden, wenn sie zu Lebzeiten einer Organspende zugestimmt haben. Besitzen Verstorbene keinen Organspendeausweis und haben sie auch in keinem Gespräch erklärt, dass sie einer Organspende nach dem Tod zustimmen würden, müssen nahe Angehörige eine Entscheidung nach dem mutmaßlichen Willen der Verstorbenen treffen. In Deutschland gilt für die Organentnahme die **Entscheidungslösung.** Sie fordert, über die erweiterte Zustimmungslösung hinaus, dass Menschen ab dem 16. Lebensjahr regelmäßig neutral und ergebnisoffen informiert werden, sodass sie eine persönliche Entscheidung treffen können. Es gibt aber keinen gesetzlichen Entscheidungszwang. Um für den Fall eines plötzlichen Todes Klarheit zu schaffen, ist es daher wichtig eine Entscheidung zur Organspende zu fällen, sie zu dokumentieren und über seine Entscheidung zu sprechen.

Organisation der Transplantation – Nach dem Transplantationsgesetz sind die Organentnahme, Organvermittlung und Organübertragung streng voneinander zu trennen. Deshalb ist jeder dieser Bereiche bei einer anderen Einrichtung angesiedelt. Die Deutsche Stiftung für Organtransplantation, kurz DSO übernimmt die gesamte Organisation einer Organtransplantation. Organe dürfen nur in dafür zugelassenen Transplantationszentren übertragen werden. Diese melden die Daten der Menschen, die für eine Organtransplantation in Frage kommen, an **Eurotransplant.** Diese vermittelt die Spenderorgane an Empfänger und Empfängerinnen der zugehörigen europäischen Länder. Dabei richtet sich die Vergabe ausschließlich nach medizinischen Kriterien, im Vordergrund stehen die Dringlichkeit und die Erfolgsaussichten der Transplantation.

Abstoßungsreaktionen Vor jeder Organtransplantation werden die Gewebemerkmale von Spender und Empfänger, also die MHC-Proteine miteinander verglichen. Je besser diese übereinstimmen, desto erfolgversprechender ist die Transplantation. Trotz großer Übereinstimmung der Merkmale kann es zu einer Abstoßung des Spenderorgans kommen. T-Lymphozyten erkennen die MHC-Proteine der Zellen des Transplantats als fremd und werden dadurch aktiviert. In Folge wird das Transplantat nach mehreren Tagen oder Wochen durch cytotoxische T-Zellen zerstört Man spricht von einer **akuten Abstoßungsreaktion.**

Nach vielen Monaten oder Jahren besteht die Gefahr einer **chronischen Abstoßungsreaktion.** Dabei kommt es zu fortwährenden Entzündungen der Gefäßwände im Transplantat. Makrophagen nehmen dabei Proteine und Peptide des Transplantats auf und präsentieren sie auf ihren MHC-Proteinen in den nahegelegenen Lymphknoten des Empfängers. In Folge werden spezifische T-Helferzellen aktiviert, welche wiederum durch Zytokine spezifische B- und T-Lymphozyten aktivieren. Das zweite Aktivierungssignal erhalten B-Lymphozyten durch Proteine und Peptide in den Körperflüssigkeiten, die sich vom Spenderorgan gelöst haben; cytotoxische T-Zellen erhalten es durch den Kontakt mit den Zellen des Transplantats. Um eine Abstoßungsreaktion zu verhindern, müssen transplantierte Menschen lebenslang ihre Immunreaktionen mithilfe spezieller Medikamente, den Immunsuppressiva unterdrücken.

MATERIAL MIT AUFGABEN

A Schritte einer Organtransplantation

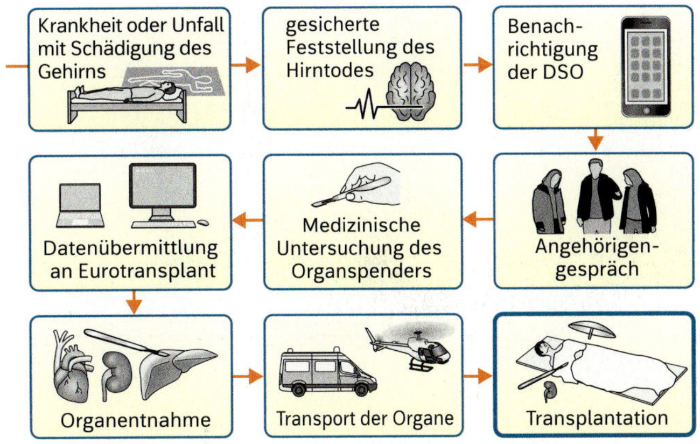

1 Informieren Sie sich mithilfe der Abbildung über die Schritte einer Organtransplantation und bereiten Sie dazu ein Referat vor. ●●○

2 „Es ist widersprüchlich, dass in Deutschland jeden Tag Organe aus anderen Ländern des Eurotransplant-Verbundes transplantiert werden. Diese Organe wurden ohne Zustimmung entnommen, was in Deutschland illegal wäre." Nehmen Sie Stellung zu dem Argument eines Befürworters der Widerspruchslösung. ●●●

B Wirkung von Immunsuppressiva

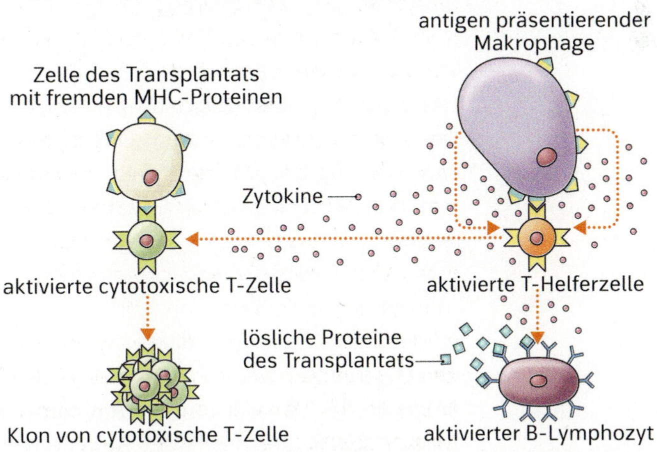

1 Es gibt unterschiedliche Arten von Immunsuppressiva. Einige Arten hemmen zum Beispiel die Freisetzung von Zytokinen oder die Bindung der Zytokine an die Zielzellen, andere hemmen die Zellteilungen. Beschreiben Sie die Wirkung dieser verschiedenen Immunsuppressiva anhand der Abbildung.. ●○○

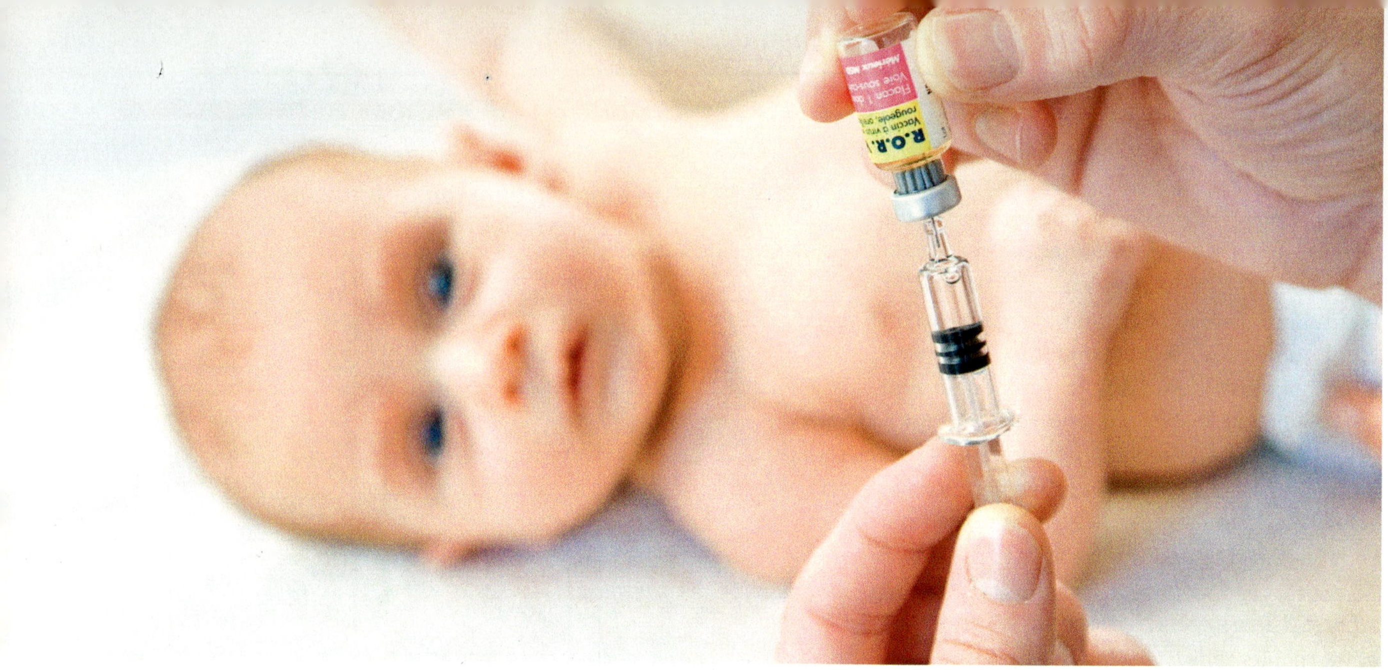

1 Impfung eines Säuglings

3.1 Immunisierung durch Impfungen

Die meisten Säuglinge bekommen im Alter von etwa zwei Monaten einen Impfstoff injiziert, der sie vor verschiedenen Infektionserkrankungen wie Tetanus, Diphtherie, Keuchhusten und Kinderlähmung schützt. Wie wirken solche Impfstoffe?

Aktive Immunisierung – Impfungen unterstützen die körpereigenen Immunreaktionen gegen Infektionserreger. Eine **aktive Immunisierung** beugt einer Infektionskrankheit vor, daher wird sie auch als Schutzimpfung bezeichnet. Dabei werden Antigene eines bestimmten Erregers verabreicht und so dem Immunsystem eine Infektion mit dem Erreger vorgetäuscht. Es reagiert darauf, indem es spezifische B- und T-Lymphozyten aktiviert. In der Folge werden neutralisierende Antikörper und cytotoxische T-Zellen gebildet. Außerdem werden Gedächtniszellen gegen das Antigen gebildet. Bei einer späteren Infektion mit dem entsprechenden Erreger können mithilfe der Gedächtniszellen effektiv Antikörper und cytotoxische T-Zellen gebildet werden, welche die Erreger vernichten. Die aktive Immunisierung bietet somit einen **Langzeitschutz.** In vielen Fällen sind für den Aufbau eines stabilen Impfschutzes gegen einen Infektionserreger mehrere Teilimpfungen nötig. Dadurch entsteht eine **Grundimmunisierung.** Bei einigen Impfungen hält dieser Schutz lebenslang, andere Impfungen wie etwa Tetanusimpfungen müssen in regelmäßigen Abständen aufgefrischt werden, da die Gedächtniszellen und Antikörper innerhalb von einigen Jahren abgebaut werden.

Impfstoff-Typen – Für die aktive Immunisierung werden unterschiedliche Typen von Impfstoffen eingesetzt. **Lebendimpfstoffe** enthalten geringe Mengen der Erreger. Diese wurden jedoch abgeschwächt, so dass sie die Erkrankung nicht mehr auslösen können. Antigene und Epitope bleiben erhalten und lösen die Immunreaktion aus. Die Erreger können sich allerdings noch eingeschränkt vermehren, so dass das Immunsystem mehrfach zur Bildung von Antikörpern und Gedächtniszellen angeregt wird. Die Impfstoffe gegen Masern, Mumps und Windpocken sind Lebendimpfstoffe. **Totimpfstoffe** enthalten abgetötete oder nur inaktive Erreger. Auch können sie auch nur aus Erregerproteinen bestehen, die gentechnisch hergestellt werden sowie aus inaktivierten Bakterientoxinen. Im Gegensatz zur Impfung mit einem Lebendimpfstoff bildet das Immunsystem bei einem Totimpfstoff nur einmal Gedächtniszellen, da der Impfstoff bei der Immunreaktion abgebaut wird. Zu den Totimpfstoffen gehören zum Beispiel die Impfstoffe gegen Diphtherie, Kinderlähmung, Keuchhusten, Tetanus und Grippe. Zu den vergleichsweise neuen Impfstofftypen zählen **Vektor-** und **mRNA-Impfstoffe**. Sie bewirken, dass die Zellen von geimpften Personen bestimmte Proteine des Erregers selbst herstellen. Im Fall der COVID-19-Impfung wird der Bauplan für die Bildung eines Oberflächenproteins des Coronavirus in menschliche Muskelzellen geschleust. Als Transportvehikel oder **Vektor** wird dafür ein harmloses, bei Menschen nicht vermehrungsfähiges Virus aus der Gruppe der Adenoviren genutzt. Bei mRNA-Impfstoffen verwendet man eine Abschrift des betreffenden Bauplans und nutzt eine Hülle aus Lipiden zum Einschleusen in die Muskelzellen. Diese stellen in beiden Fällen die entsprechenden Oberflächenproteine des Virus her und präsentieren sie mit MHC-I-Proteinen auf ihren Oberflächen. Dadurch wird sowohl eine humorale als auch ein zelluläre Immunantwort ausgelöst. Aufgrund des Fehlens von vermehrungsfähigen Viren werden Vektorimpfstoffe und mRNA-Impfstoffe mit Totimpfstoffen gleichgesetzt.

Adjuvanzien – Bei vielen Totimpfstoffen sind die Antigene an einen Hilfsstoff gebunden, der die Wirkung des Impfstoffes verstärkt. Durch solche **Adjuvanzien** werden unter anderem vermehrt Makrophagen an die Injektionsstelle gelockt, die die Antigene aufnehmen und ihre Epitope präsentieren.

Zulassung – Die Zulassung von Impfstoffen für die Anwendung an Menschen ist ein in Deutschland und Europa streng kontrollierter Prozess. In Deutschland werden Impfstoffe durch das Paul-Ehrlich-Institut, PEI abgekürzt, zugelassen. Für Europa erfolgt die Zulassung durch die Europäische Zulassungsbehörde, kurz EMA, unter Mitwirkung des Paul-Ehrlich-Instituts.

MATERIAL MIT AUFGABEN

A Aktive Immunisierung

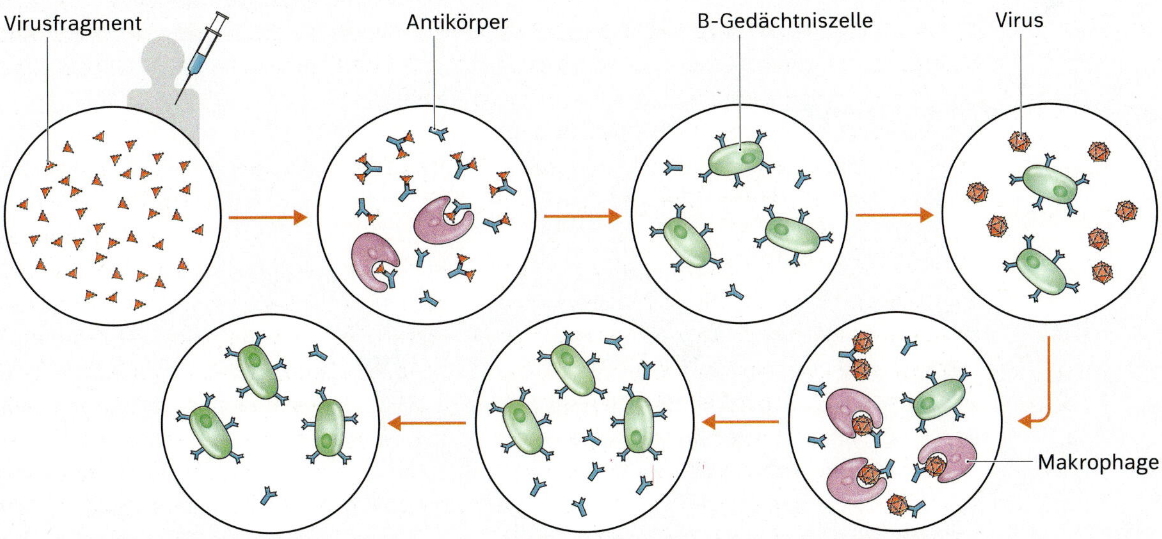

1 Erstellen Sie auf Basis der Abbildung ein Erklärvideo zur aktiven Immunisierung. ●●○

2 Geben Sie Bewertungskriterien für das Video an und erstellen Sie daraus einen Feedbackbogen. ●●○

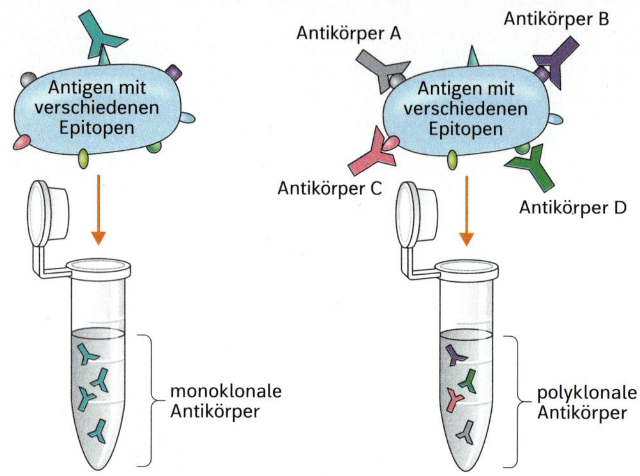

2 Antikörper. **A** monoklonale; **B** polyklonale Antikörper

Passive Immunisierung – Kommt eine Person mit einem lebensgefährlichen Erreger in Kontakt und besitzt diese keinen ausreichenden Immunschutz, so wird eine **passive Immunisierung** durchgeführt. Der Person wird dann ein Konzentrat von spezifischen Antikörpern gegen den betreffenden Krankheitserreger oder dessen Toxin gespritzt. Die injizierten Antikörper werden aus dem Blutserum von immunisierten Säugetieren oder Menschen isoliert, die zuvor mit abgeschwächten oder inaktiven Erregern beziehungsweise einem inaktivierten Bakteriengift geimpft worden waren.

Das Antikörperkonzentrat wird als Heilserum oder **Immunserum** bezeichnet. Durch eine passive Immunisierung können insbesondere Gifte neutralisiert werden. So wird diese zum Beispiel bei Schlangenbissen, Tollwut- oder Tetanusverdacht angewendet. Auch Menschen mit einem schweren COVID-19-Verlauf können in bestimmten Fällen durch eine passive Immunisierung therapiert werden. Eine passive Immunisierung bietet zwar einen sofortigen Schutz, hält aber nur wenige Wochen bis Monate an, da die verabreichten Antikörper in dieser Zeit abgebaut werden. Durch die Übertragung von Antikörpern wird also kein immunologisches Gedächtnis gebildet.

Monoklonale Antikörper – In der Diagnostik und Therapie vieler Erkrankungen kommen zunehmend monoklonale Antikörper zum Einsatz. Dies gilt auch für die Behandlung von SARS CoV 2. Aus dem Blutserum eines zuvor mit einem bestimmten Antigen immunisierten Menschen erhält man ein Gemisch verschiedener Antiköper. Diese **polyklonalen Antikörper** sind jeweils für verschiedene Epitope des Antigens spezifisch. Im Gegensatz dazu sind **monoklonale Antikörper** für das gleiche Epitop spezifisch. Sie gehen nur von einem B-Lymphozyten aus und können ausschließlich in vitro hergestellt werden.

MATERIAL MIT AUFGABEN

B Passive Immunisierung

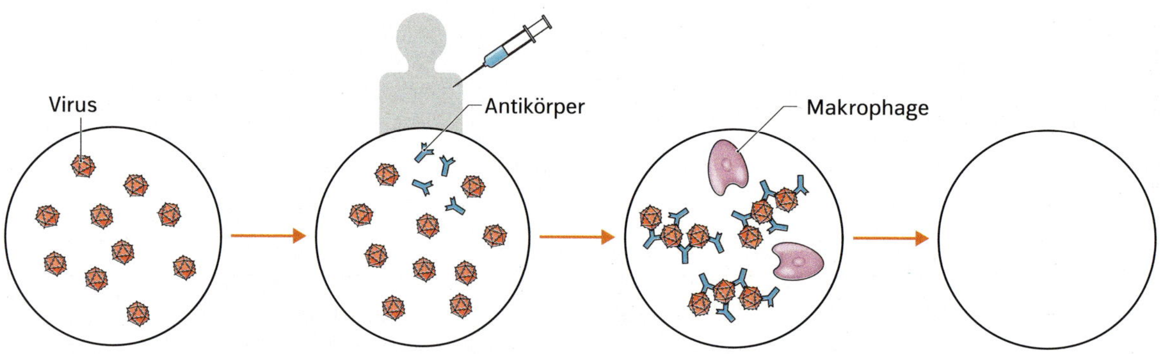

1 Erstellen Sie auf der Basis der Abbildung ein Erklärvideo zur passiven Immunisierung.

2 Formulieren Sie Feedbackkriterien für das Erklärvideo.

C Immunisierung gegen SARS-CoV-2

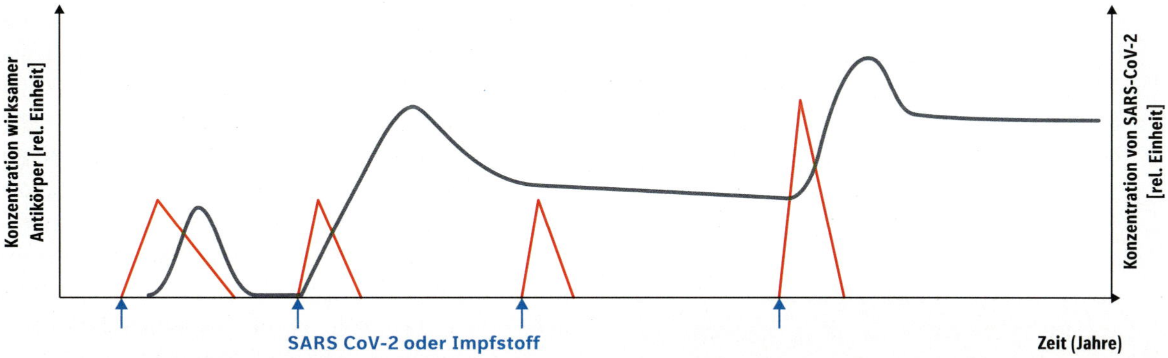

1 Bei einer primären Immunantwort werden relativ kurzlebige Gedächtniszellen gebildet. Im Vergleich dazu sind die bei der sekundären Immunantwort gebildeten Gedächtniszellen viel langlebiger. Ordnen Sie der Immunisierung gegen SARS-CoV-2 folgende Begriffe zu: primäre, sekundäre, tertiäre Immunantwort, Bildung kurzlebiger Gedächtniszellen, Bildung langlebiger Gedächtniszellen, Aufbau des immunologischen Gedächtnisses, Verstärkung des immunologishen Gedächtnisses. ●○○

2 Erklären Sie die Veränderungen der Antigenkonzentration und der wirksamen Antikörperkonzentration nach einem Kontakt mit dem Erreger oder nach einer Impfung gegen SARS-CoV-2. ●●○

3 Erklären Sie, dass Menschen trotz Impfung gegen SARS-CoV-2 an COVID-19 erkranken können. ●●●

4 Begründen Sie die Aussagen des Virologen. ●●●

Virologe: „Würde man einer COVID-19-Pandemie ihren Lauf lassen, könnte ein langanhaltendes immunologisches Gedächtnis gegen SARS-CoV-2 nur dann gebildet werden, wenn in der Bevölkerung viele Menschen erkranken und immer wieder Infektionen bei einzelnen Menschen auftreten. Angesichts der Gefährlichkeit einer Infektion mit SARS-CoV-2 sowie der Tatsache, dass weder die betroffene Person, noch die Erregerdosis dabei kontrollierbar sind, ist dieser Weg sehr kritisch zu betrachten. Impfstoffe können dagegen wiederholt gegeben werden, um gezielt primäre und sekundäre Immunreaktionen zu induzieren. Die Impfstoffe können so dosiert werden, dass die Antikörper auch hohe Dosen des Infektionserregers effektiv neutralisieren können."

D Vergleich aktive und passive Immunisierung

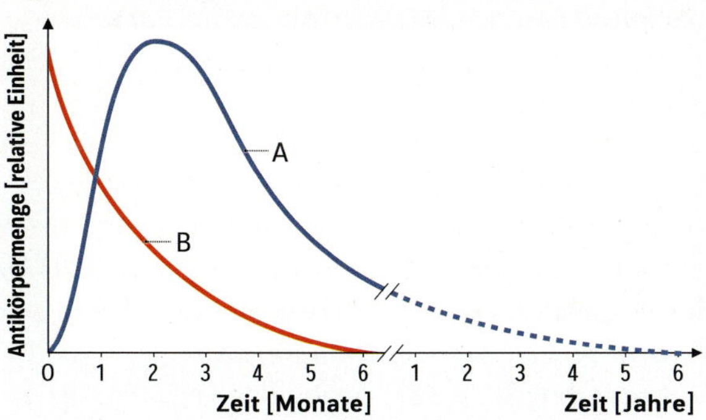

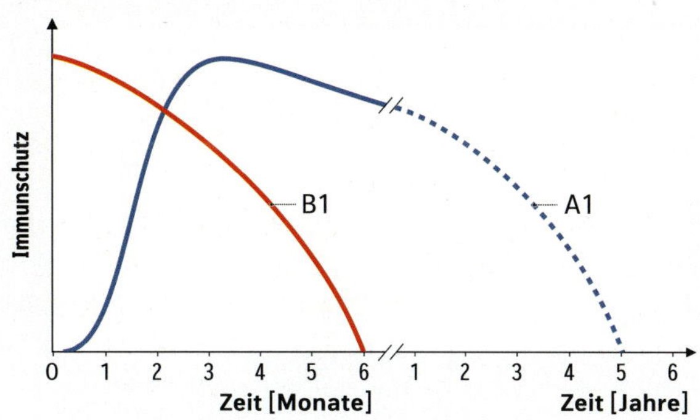

1 Ordnen Sie die Kurven A, A1, B und B1 der aktiven oder passiven Immunisierung zu und begründen Sie Ihre Entscheidung. ●●○

2 Stellen Sie die Vor- und Nachteile einer aktiven und passiven Immunisierung dar. ●●○

ELISA-Verfahren

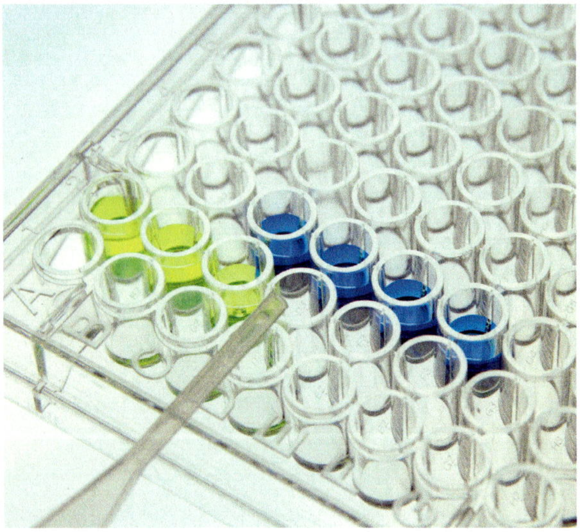

1 Mikrotiterplatte

Die hohe Spezifität von Antikörpern wird in verschiedenen immunologischen Diagnoseverfahren genutzt, um gezielt Substanzen oder Zelltypen anhand bestimmter Epitope zu erkennen. Dabei wird vielfach das ELISA-Verfahren genutzt. **ELISA** ist die Abkürzung für **E**nzyme-**l**inked **I**mmuno-**s**orbent **A**ssay und heißt übersetzt so viel wie enzymgekoppeltes, immunologisches Nachweisverfahren. Das Verfahren beruht auf einer Antigen-Antikörper-Reaktion. Diese ist mit einer Enzymreaktion gekoppelt, bei der ein Substrat in ein farbiges Produkt umgesetzt wird. Über den Farbumschlag lassen sich qualitative und halbquantitative Aussagen zur gesuchten Substanz treffen.

Es gibt mehrere unterschiedliche ELISA-Verfahren. Allen gemeinsam ist, dass bei ihnen das zentrale Element aus einer rechteckigen Plastikplatte mit vielen Vertiefungen, einer **Mikrotiterplatte** besteht. Die Vertiefungen dienen als Reaktionsgefäße. Durch deren hohe Anzahl können viele Proben gleichzeitig untersucht werden. Bei einem bestimmten ELISA-Verfahren sind die Oberflächen der Reaktionsgefäße mit einem Antikörper gegen das zu bestimmende Antigen beschichtet. Wird die zu untersuchende Probe zugeben, binden möglicherweise vorhandene Antigene an diese primären Antikörper. Danach wird die Mikrotiterplatte gewaschen und nicht gebundene Antigene abgespült.

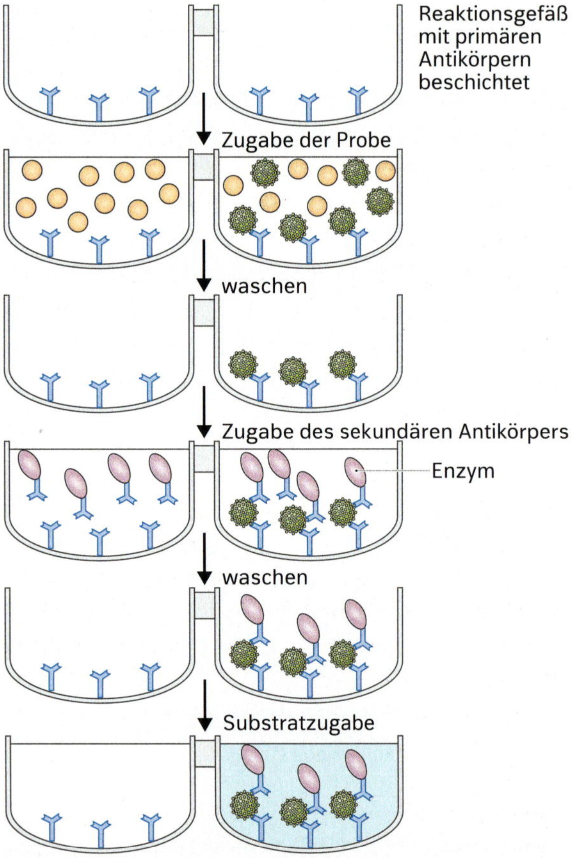

2 Schritte des ELISA-Verfahrens

Anschließend wird ein zweiter Antikörper hinzugefügt, an dem ein Enzym gebunden ist. Diese sekundären Antikörper sind ebenfalls für das Antigen spezifisch und binden an die Komplexe aus Antigen und primärem Antikörper. Da das Antigen dann - wie der Belag in einem Sandwich- zwischen zwei Antikörpern liegt, wird dieses Verfahren als **Sandwich-ELISA** bezeichnet. Durch ein erneutes Waschen der Mikrotiterplatte werden nicht gebundene sekundäre Antikörper abgespült. Die an ihnen gebundenen Enzyme könnten andernfalls ein falsch-positives Ergebnis bewirken. Danach wird eine Substratlösung auf die Mikrotiterplatte gegeben. Die Substrat-Moleküle werden von den Enzymen der sekundären Antikörper zu farbigen Produkt-Molekülen umgesetzt. Anhand der Farbintensität lässt sich dann auf die Antigenkonzentration in der Probe schließen.

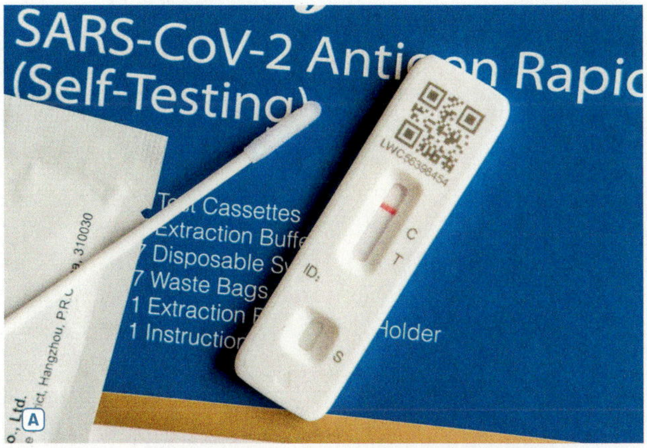

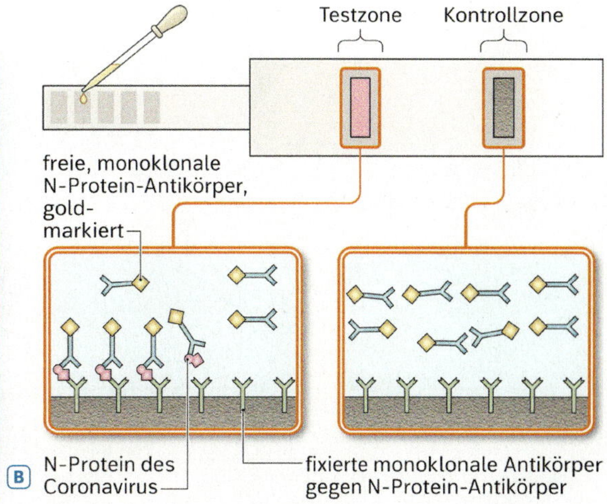

3 SARS-CoV-2-Antigen-Schnelltest: **A** negatives Ergebnis **B** Funktionsweise

Mit ELISA-Verfahren lassen sich beispielsweise Viren, Bakterien und Pilze nachweisen. Außerdem können Antikörper im Blut eines Menschen bestimmt werden. Dadurch lässt sich beispielsweise feststellen, ob er eine bestimmte Infektionskrankheit durchgemacht hat oder ob er dagegen geimpft worden ist. Auch Hormone, Tumormarker, Giftstoffe, Drogen und Arzneimittel können mithilfe von ELISA-Verfahren nachgewiesen werden. In der Lebensmittelkontrolle kann mittels ELISA-Verfahren zum Beispiel bestimmt werden, von welchen Tieren das Fleisch eines bestimmten Fleischproduktes stammt, ob ein Lebensmittel Gluten enthält oder ob Getreideprodukte mit Schimmelsporen verunreinigt sind. Die meisten ELISA-Tests müssen in einem speziellen Labor durchgeführt werden. Einige können aber auch zuhause mithilfe von Teststreifen durchgeführt werden. Dazu gehören etwa Schwangerschaftstests, die Blutzuckermessung durch Diabetiker oder die SARS-CoV-2-Antigen-Schnelltests.

Bei dem Selbsttest für SARS-CoV-2 enthält das Testkit monoklonale Antikörper, die spezifisch für das Nucleocapsidprotein, auch N-Protein genannt, von SARS-CoV-2 sind. Diese sekundären Antikörper sind auf einer Membran im Testlinienbereich T und im Kontrolllinienbereich C fixiert. Als primäre Antikörper werden freie monoklonale Antikörper gegen das N-Protein des Corona-Virus genutzt. Sie sind mit Goldpartikeln markiert, die sich beim Kontakt mit dem Antigen verfärben.

Nachdem die Probe in die Vertiefung des Testkits gegeben wurde, fließt sie aufgrund der Kapillarkräfte horizontal durch die Membran des Teststreifens. Sind N-Proteine und damit Corona-Viren in der Probe enthalten, werden diese zunächst von den primären Antikörpern gebunden. Die gebildeten Antigen-Antikörper-Komplexe werden anschließend von den sekundären Antikörpern im Testlinienbereich gebunden, sodass dort eine farbige Linie sichtbar wird. Wenn sich keine N-Proteine in der Probe befinden oder die vorhandene Virusmenge die Nachweisgrenze unterschreitet, tritt im Testlinienbereich kein Färbung auf. Die Bildung einer farbigen Linie im Kontrolllinienbereich verdeutlicht, dass genügend Probenflüssigkeit zugegeben wurde und die Membran ausreichend durchfeuchtet wurde.

Die SARS-CoV-2-Antigen-Selbsttests sind im Vergleich zu professionellen Labortests weniger zuverlässig, da sich die verschiedenen Coronaviren sehr ähneln. Deshalb kann es vorkommen, dass ein Testergebnis falsch positiv ist, da nicht SARS-CoV-2, sondern ein anderes Virus aus der Corona-Familie in der Probe enthalten war. Positive Ergebnisse eines Schnelltests müssen daher anschließend durch einen Labortest überprüft werden.

1 ▶ Führen Sie einen Modellversuch zum ELISA-Verfahren durch und vergleichen Sie ihn mit dem ELISA-Sandwich-Verfahren.

1 Junge nach einer Impfung

3.2 Impfung gegen Humane Papillomviren

Jugendliche werden bei der J1-Vorsorgeuntersuchung gefragt, ob sie sich gegen Humane Papillomviren, abgekürzt HPV, impfen lassen möchten. Warum wird diese Impfung von der STIKO, der ständigen Impfkommission, für junge Menschen zwischen 9 und 14 Jahren empfohlen?

Vorkommen von HP-Viren – HP-Viren sind weltweit verbreitet und auf den Menschen spezialisiert. Sie besiedeln vor allem die Haut und Schleimhäute. Von den über 200 verschiedenen HPV-Typen werden etwa 40 Typen bei engen Haut- und Körperkontakten wie intensivem Küssen, Streicheln oder Petting und beim Sexualkontakt übertragen. Kondome bieten keinen ausreichenden Schutz vor HP-Viren, denn sie können im gesamten Genital- und Analbereich vorkommen und sich über die Scheide bis zum Gebärmutterhals ausbreiten.

HPV-bedingter Krebs – Grundsätzlich werden bei HP-Viren Niedrigrisiko- und Hochrisikotypen unterschieden. Niedrigrisikotypen können beispielsweise gutartige Feigwarzen im Intimbereich verursachen. HPV-Hochrisikotypen können dagegen zu Krebsvorstufen und Krebs führen. Eine HPV-Infektion mit Hochrisikotypen verläuft in den meisten Fällen symptomlos und heilt vollständig. Bei etwa zehn Prozent der Betroffenen wird die Erbsubstanz des Virus in die Erbsubstanz der Schleimhautzellen eingebaut und mit jeder Teilung an die Tochterzellen weitergeben. Die Infektion ist somit chronisch oder **persistierend**. Die infizierten Zellen können sich im Verlauf von mehreren Jahren so verändern, dass sie sich unkontrolliert teilen und dadurch einen Tumor bilden. Zu den HPV-bedingten Tumoren gehören Gebärmutterhals- und Scheidenkrebs, Peniskrebs sowie Analkrebs und Krebs im Mund-Rachen-Bereich. Die Entwicklung der Tumore dauert im Durchschnitt 15 bis 30 Jahre. In Deutschland erkranken jährlich über 100 000 Menschen an Feigwarzen und etwa 7850 Personen an HPV-bedingtem Krebs.

HPV-Impfung – Eine Impfung gegen HPV kann vor den möglichen Folgen einer Infektion mit bestimmten HPV-Typen schützen. Aktuell stehen zwei Impfstoffe zur Verfügung: ein Impfstoff, der sowohl vor HPV-bedingtem Krebs als auch vor Feigwarzen schützt und ein Impfstoff, der nur vor HPV-bedingtem Krebs schützt. Die STIKO empfiehlt, eine HPV-Impfung vor dem ersten sexuellen Kontakt. Aus diesem Grund ist sie in die J1 Vorsorgeuntersuchung integriert. Jugendliche könne sich hierbei allein und vertraulich beraten lassen. Neben der körperlichen Untersuchung ist ein vertrauliches Gespräch mit dem Arzt oder der Ärztin etwa über Sexualität, Verhütung und persönliche Probleme Teil der Vorsorgeuntersuchung. Außerdem werden die jungen Menschen gefragt, ob sie sich gegen HPV impfen lassen wollen. Dazu findet eine ausführliche Aufklärung statt.
Bei den Impfstoffen handelt es sich um Totimpfstoffe. Direkt nach der Impfung kann es, wie auch bei anderen Impfstoffen, zu leichten Nebenwirkungen wie Schwellungen, Rötungen und Schmerzen an der Einstichstelle kommen. Außerdem können Schwindelgefühle, Kopfschmerzen oder Abgeschlagenheit auftreten. Diese milden Nebenwirkungen gehen aber wieder vollständig vorüber. Nur sehr selten tritt eine schwerere allergische Reaktion auf.

Impfpflicht – Die Entscheidung für oder gegen die HPV-Impfung muss jeder junge Mensch selbst treffen. Zu der HPV-Impfung kann niemand gezwungen werden. Entscheidend für die eigenständige Entscheidung ist nur, ob der junge Mensch die Bedeutung der Impfung sowie deren Folgen versteht. Auch wenn medizinische Gründe für eine Impfung sprechen, hat jeder Mensch das Recht eine Impfung abzulehnen, denn in Deutschland ist das **Recht auf Selbstbestimmung** durch das Grundgesetzes geschützt. Nur wenige Impfungen sind in Deutschland verpflichtend wie etwa die Masernimpfung für Kinder, die eine Schule oder Kita besuchen. Eine Impfpflicht muss zum einen für eine bestimmte Personengruppe festgelegt sein. Zum anderen müssen Maßnahmen vorgegeben sein, mit denen eine Nichteinhaltung bestraft wird.

MATERIAL MIT AUFGABEN

A Durch HPV verursachte Krebserkrankungen

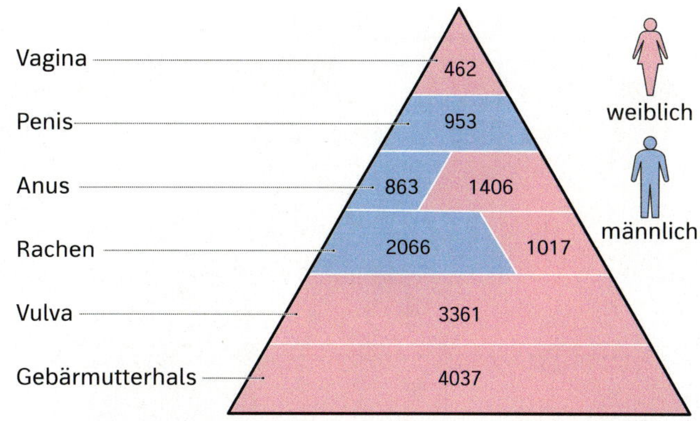

1 Werten Sie die Grafik aus. ●●○
2 Begründen Sie, dass die STIKO die HPV-Impfung sowohl für Mädchen als auch für Jungen empfiehlt. ●●○

B Herdenimmunität

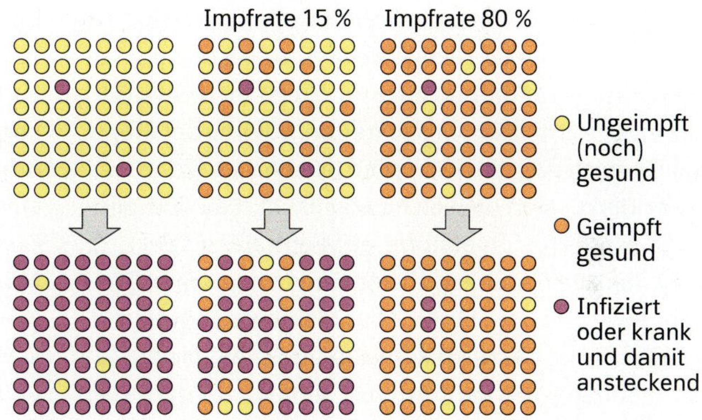

Viele Menschen mit chronischen Erkrankungen oder einem geschwächten Immunsystem können sich nicht impfen lassen. Außerdem können Babys oder Kleinkinder noch nicht gegen einige Krankheiten geimpft werden, weil der Impfstoff erst ab einem bestimmten Alter zugelassen ist. Durch Impfungen sind zunächst die Geimpften selbst, aber auch Ungeimpfte geschützt. Dies nennt man Gemeinschaftsschutz oder Herdenimmunität.

1 Erläutern Sie anhand der Abbildung das Prinzip der Herdenimmunität. ●●○
2 Stellen Sie Vermutungen an, warum die Höhe der Impfrate für eine Herdenimmunität bei unterschiedlichen Krankhheiten verschieden ist. ●●●

Bewerten

1 Jugendliche in einer Entscheidungssituation

Entscheidungssituationen – Die Themen Impfen und Impfpflicht werden in unserer Gesellschaft kontrovers diskutiert. Sowohl Impfbefürworter als auch Impfgegner vertreten ihre Argumente oft sehr leidenschaftlich und überzeugend. So ist es nicht leicht eine eigene Entscheidung zu treffen, etwa zu der Frage: Soll ich mich gegen HPV impfen lassen?
In der Diskussion um solche Fragen ist die Wirkungsweise moderner Impfstoffe ein zentraler Aspekt. Er weist viele Beziehungen zu anderen biologischen Themen, etwa aus dem Bereich der Molekulargenetik auf. Das Thema ist **sachlich komplex**. Themen, die im Zusammenhang mit dem Impfen stehen, werden aber nicht nur auf der Sachebene diskutiert. Die unterschiedlichen Sichtweisen von Menschen zum Thema Impfen beruhen oft auf verschiedenen Wertvorstellungen. Das Thema ist daher auch **ethisch komplex.**

Entscheidungsebenen – Bei der Frage: Soll ich mich gegen HPV impfen lassen, sind die **Sachebene** und die **Werteebene** eng miteinander verknüpft. Um eine eigene Entscheidung treffen und begründen zu können, ist einerseits grundlegendes Sachwissen nötig. Andererseits ist es wichtig, sich bewusst zu machen, welche eigenen Wertvorstellungen dabei eine Rolle spielen.
Die Werteebene ist oftmals viel schwerer zu erfassen als die Sachebene, denn Menschen haben unterschiedliche Wertvorstellungen und außerdem messen sie den Werten eine unterschiedliche persönliche und gesellschaftliche Bedeutung bei. **Werte** sind allgemeine Vorstellungen und angestrebte Ziele, die in einer Gesellschaft als wünschens- und erstrebenswert anerkannt sind. Menschen streben einen bestimmten Zustand oder einen Wert an, der für sie eine große Bedeutung hat wie zum Beispiel Gesundheit, Frieden oder Liebe. Das Thema HPV-Impfung ist beispielsweise mit den Werten Gesundheit, Wohlergehen, Selbstbestimmung und Solidarität verknüpft.
In einer Gesellschaft werden Werte oftmals in Form von **Normen** umgesetzt und in **Gesetzen** festgeschrieben. So geben Normen und Gesetze den Menschen einen Handlungsrahmen oder eine Richtschnur für ihr Handeln.

Ethische Argumentationsansätze – Grundsätzlich können bei Fragen nach dem richtigen Handeln zwei Argumentationsansätze unterschieden werden: Nach dem **konsequentialistischen Ansatz** wird eine Handlung vor allem danach bewertet, welche Konsequenzen damit verbunden sind. Vereinfacht ausgedrückt wird eine Handlung dann als gut bewertet, wenn sie für den betroffenen Menschen oder die betroffene Gruppe positive Folgen hat. Muss zwischen mehreren Möglichkeiten entschieden werden, wäre die Handlung zu wählen, welche im Vergleich die besten Folgen hat. Das Argument: Ich lasse mich gegen HPV impfen, denn dadurch schütze ich mich und meine Freundin vor einer möglichen Krebserkrankung, ist beispielsweise dem konsequentialistischen Ansatz zuzuordnen.
Nach dem **deontologischen Ansatz** wird eine Handlung danach bewertet, ob sie bestimmten Prinzipien oder Geboten folgt. Diese haben absolute Geltung und können nicht durch mögliche negative Folgen beeinflusst werden. Zum Beispiel kann das Recht auf Selbstbestimmung für einen Menschen das höchste Prinzip sein. Bei einer Entscheidung zwischen mehreren Handlungsmöglichkeiten würde er diejenige Handlung wählen, bei der dieses Recht gewährleistet ist. Das Argument: Ich lasse mich nicht gegen HPV impfen, denn ich habe das Recht über meinen Körper selbst zu bestimmen und dieses Recht ist mir am wichtigsten, ist dem deontologischen Ansatz zuzuordnen. Bei der Entschei-

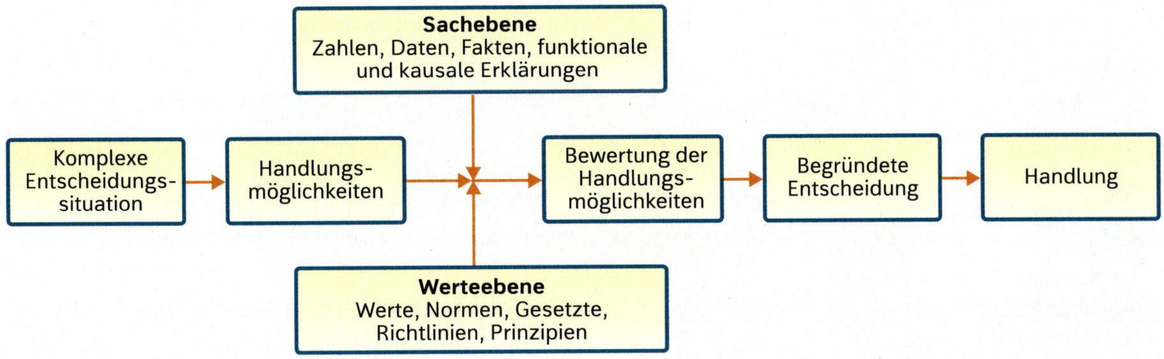

2 Ebenen und Schritte im ethischen Bewertungsprozess

dung zur HPV-Impfung stehen sich zwei hohe Werte, nämlich Gesundheit und Selbstbestimmungsrecht einander unvereinbar gegenüber. Eine solche Zwickmühle wird als **Dilemma** bezeichnet.

Argumentationsformen – Werden bei einer Argumentation Zahlen und Fakten genannt sowie kausale und funktionale Zusammenhänge beschrieben, argumentiert man auf der Sachebene in beschreibender oder **deskriptiver** Form. Werden dagegen Bezüge zu persönlichen Werten und gesellschaftlichen Normen hergestellt, argumentiert man auf der Wertebene in **normativer** Form. Beide Ebenen werden beim ethischen Bewerten miteinander verbunden, um zu einer begründeten Entscheidung zu gelangen, die dann in einer Handlung münden kann.

Ethische Bewertung – In komplexen Entscheidungssituationen kann eine ethische Bewertung in mehreren Schritten durchgeführt werden. So wird der Entscheidungsprozess strukturiert und für andere gut nachvollziehbar. Der Prozess der ethischen Bewertung umfasst fünf Schritte:

1. Beschreiben der Entscheidungssituation
- Stellen Sie das Dilemma genau dar.

2. Beschreiben der Handlungsmöglichkeiten
- Nennen Sie die Handlungsmöglichkeiten.
- Recherchieren Sie die relevanten sachlichen Informationen für die Handlungsmöglichkeiten.

3. Bewerten der Handlungsmöglichkeiten
- Entwickeln Sie Argumente, die sowohl für, als auch gegen die Handlungsoptionen sprechen.
- Beschreiben Sie die möglichen Folgen der Handlungsoptionen.
- Nennen Sie die Werte und dazugehörenden Normen, die mit den Handlungsoptionen in Verbindung stehen.

4. Begründete Entscheidung treffen
- Gewichten Sie für sich persönlich die mit den Argumenten verbundenen Werte.
- Treffen Sie auf dieser Grundlage eine begründete Entscheidung.

5. Reflexion der Entscheidung
- Formulieren Sie Vermutungen, wie Entscheidungen anderer Personen aussehen könnten und welche Gründe hinter diesen Entscheidungen stehen.
- Erklären Sie, welche Konflikte aus diesen unterschiedlichen Positionen entstehen könnten.

Eine ethische Bewertung führt zu einer individuellen persönlichen Entscheidung einer Handlung. Sie ist von einer ethischen Bewertung einer Norm, wie etwa einer allgemein gültigen Impfpflicht zu unterscheiden, denn dabei handelt es sich um eine rechtlich bindende Regelung. Auch wenn man aufgrund seiner persönlichen Wertvorstellungen eine Impfpflicht ablehnen würde, könnte man bei einer allgemeinen Impfpflicht nicht anders handeln, als sich impfen zu lassen.

MATERIAL MIT AUFGABEN

A Zulassungsverfahren für Impfstoffe

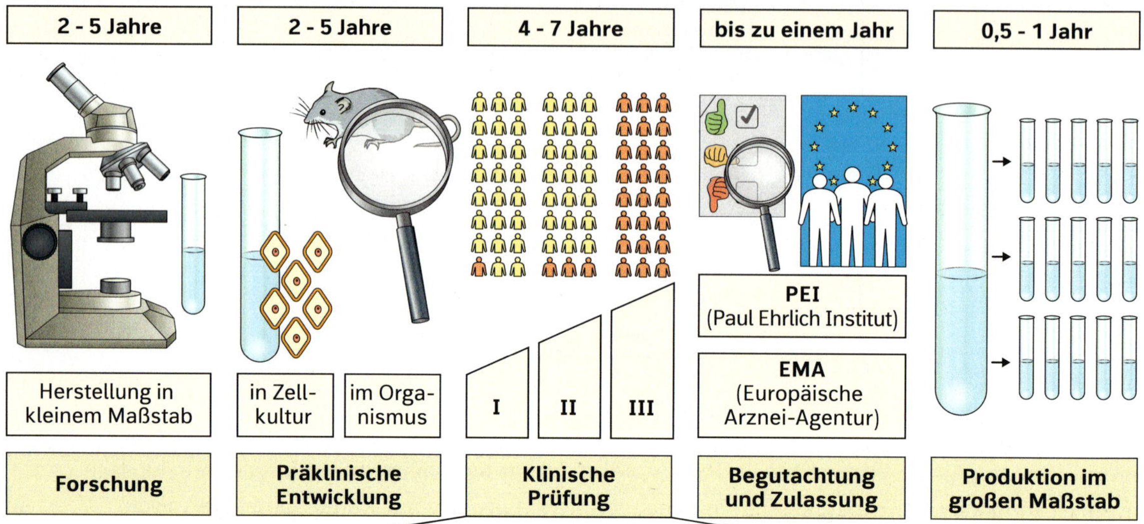

Phase I: 20 bis 30 Freiwillige erhalten Impfstoff in geringer Dosis; Prüfung auf Wirksamkeit und Nebenwirkungen.

Phase II: 100 bis 1000 Freiwillige erhalten entweder Impfstoff oder ein Placebo; Prüfung auf Wirksamkeit, Verträglichkeit und Dosierung.

Phase III: Eine große Zahl Freiwilliger erhält den dosierten Impfstoff; Prüfung auf Wirksamkeit und seltene Nebenwirkungen.

Aussagen junger Menschen zur HPV-Impfung

- *„Das Thema HPV-Impfung betrifft doch nur Mädchen, denn durch HP-Viren kann Gebärmutterhalskrebs entstehen."*
- *„Ich hatte schon Sex mit meiner Freundin, jetzt brauche ich die Impfung nicht mehr."*
- *„Was macht der Impfstoff denn überhaupt in meinem Körper?"*
- *„Ich möchte mich nicht impfen lassen, denn ich weiß nicht, ob der Impfstoff überhaupt sicher ist."*
- *„Warum sollen sich Jungen impfen lassen? Wir können nicht an Gebärmutterhalskrebs erkranken."*
- *„Ich habe gehört, dass in dem Impfstoff Zusatzstoffe enthalten sind, die Krebs auslösen."*
- *„Man kann doch auch trotz HPV-Impfung an von HP-Viren verursachtem Krebs erkranken."*
- *„Warum soll man sich überhaupt zweimal gegen HPV impfen lassen?"*
- *„Ich verwende immer Kondome beim Sex."*

1 Beschreiben Sie anhand der Abbildung das Zulassungsverfahren eines Impfstoffes. ●○○

2 Nehmen Sie unter Berücksichtigung des Impfzulassungsverfahrens kritisch Stellung zu den Aussagen: „Die Wirksamkeit von Impfungen wurde niemals richtig belegt" und „Die Nebenwirkungen und Risiken von Impfungen sind unkalkulierbar". ●●○

3 Nehmen Sie kritisch zu den anderen Aussagen der jungen Menschen Stellung. ●●○

4 ▶ Recherchieren Sie, wie viel Prozent der jungen Menschen in Deutschland im Vergleich mit anderen Ländern gegen HPV geimpft sind. ●○○

5 ▶ Recherchieren und erläutern Sie, warum COVID-19-Impfstoffe so schnell zugelassen werden konnten. ●●○

B Impfpflicht

Gründe für eine Impfpflicht
- Individueller Schutz
- Gemeinschaftsschutz
- Impfen birgt weniger Risiken als die Erkrankung.
- Die Impfstoffe sind sicher.
- Das Krankheitsrisiko ist für unterschiedliche Personengruppen ungleich. Diese Ungleichheit wird reduziert.
- Der Import von Erregern wird reduziert.

Gründe gegen eine Impfpflicht
- Jeder Mensch ist selbst verantwortlich für seine Gesundheit.
- Impfschäden können vorkommen.
- Nebenwirkungen können auftreten.
- Recht auf Selbstbestimmung wird verletzt.
- Der Impfnachweis kann nicht kontrolliert werden.

1 Erläutern Sie die aufgelisteten Gründe für und gegen eine Impfpflicht.

2 Erklären Sie, warum es sich bei einer möglichen HPV-Impfpflicht für junge Menschen mit 12 Jahren um eine sachlich und ethisch komplexe Entscheidungssituation handelt.

3 Führen Sie eine ethische Bewertung nach den Schritten auf Seite 133 zu der Frage durch, ob Sie eine HPV-Impfung in Anspruch nehmen würden. Machen Sie Ihren Bewertungsprozess transparent, indem Sie die einzelnen Schritte beschreiben und erklären.

4 Benennen und konkretisieren Sie Einschränkungen für eine mögliche allgemeine Impfpflicht gegen SARS-CoV-2 im Hinblick auf die Altersgruppen sowie Institutionen, und nennen sie Maßnahmen, mit denen eine Nichteinhaltung bestraft werden sollte.

5 Führen Sie für die konkretisierte Impfpflicht, die Sie in Aufgabe 4 vorgeschlagen haben, eine ethische Analyse nach den Schritten auf Seite 133 durch. Machen Sie Ihren Bewertungsprozess transparent, indem Sie die einzelnen Schritte beschreiben und erklären.

6 Bei Masern gibt es seit 2020 eine Impfflicht für alle Kinder, die in einen Kindergarten oder eine Schule gehen, sowie für das Personal in bestimmten Einrichtungen. Recherchieren Sie Informationen zu einer Masernerkrankung und stellen Sie diese in einem Kurzvortrag vor.

C Haltung zur SARS-CoV-2-Impfpflicht

1 Werten Sie die Ergebnisse der Befragung bei freiwilliger Impfung und bei einer Impfpflicht aus.

2 Schlagen Sie Maßnahmen zur Erhöhung der Impfbereitschaft gegen SARS-CoV-2 vor, durch die eine Impfpflicht unnötig werden könnte.

Klausuraufgaben

Das Bruton-Syndrom

Das Bruton-Syndrom ist eine angeborene Immunschwäche beim Menschen. Aufgrund eines genetischen Defekts entwickeln sich bei Betroffenen dieses Syndroms nur unreife B-Lymphozyten im Knochenmark. In der folgenden Aufgabe werden verschiedene Aspekte dieses Immundefekts thematisiert.

1.1 Erklären Sie den Begriff Differenzierung und beschreiben Sie die Differenzierung von Stammzellen des Knochenmarks in reife T- und B-Lymphozyten. (Material A) (8 BE)

1.2 Erklären Sie die Antigenpräsentation eines Makrophagens. (Material B) (12 BE)

1.3 Erstellen Sie ausgehend von der Antigenpräsentation des Makrophagens ein Fließdiagramm zur Aktivierung eines B-Lymphozyten. (12 BE)

2.1 Werten Sie Material C im Hinblick auf die Frage aus, warum die Symptome des Burton-Syndroms erst einige Monate nach der Geburt der Kinder auftreten. (Material C) (8 BE)

2.2 Begründen Sie, dass betroffene Kinder häufig an bakteriellen Infektionen der Atemwege erkranken und virale Infekte bei ihnen seltener auftreten. (8 BE)

3.1 Erklären Sie die Veränderungen der Antikörperkonzentrationen im Blut gesunder Menschen beim ersten und zweiten Kontakt mit den Antigen. Vergleichen Sie diese mit den Veränderungen der Antikörperkonzentration bei einer aktiven Immunisierung gegen das betreffende Antigen. (Material D) (10 BE)

3.2 Erklären Sie den Unterschied zwischen einer aktiven und passiven Immunisierung und prüfen Sie, ob diese beiden Formen der Immunisierung bei einem Menschen mit Bruton-Syndrom wirksam sind. (12 BE)

4.1 Begründen Sie die Hinweise zur Therapie des Bruton-Syndroms. (Material E) (12 BE)

(BE: Bewertungseinheiten)

A Differenzierung von T- und B-Lymphozyten

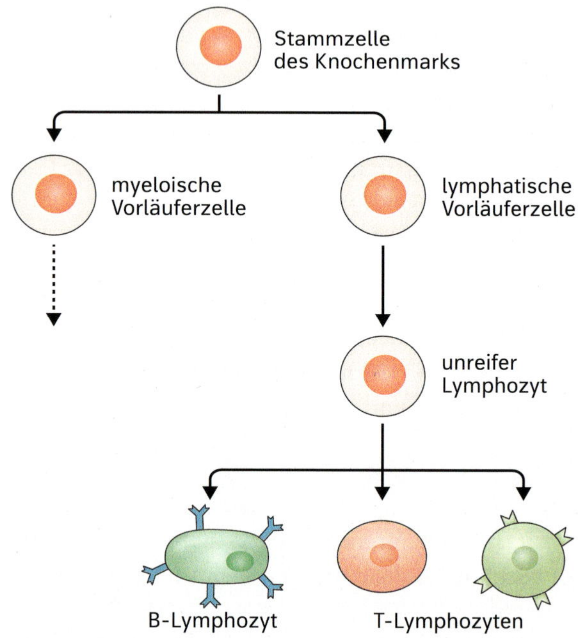

1 Diffetenzierung von Stammzellen zu T- und B-Lymphozyten

B Antigenpräsentation der Makrophagen

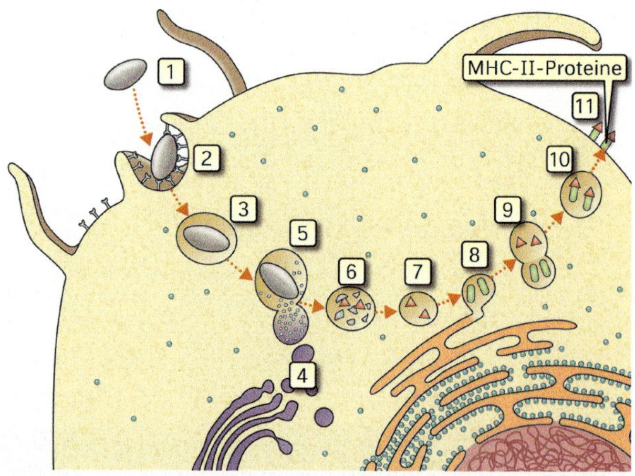

2 Antigenprästentation eines Makrophagen

C Antikörperkonzentration im gesunden Fetus und Säugling

Antikörper der Mutter gelangen über die Plazenta und über die Muttermilch in den Körper des Kindes. Betroffene Kinder des Bruton-Syndroms fallen durch immer wiederkehrenden Infektionen auf. Die ersten Symptome zeigen sich typischerweise zwischen dem sechsten und neunten Lebensmonat.

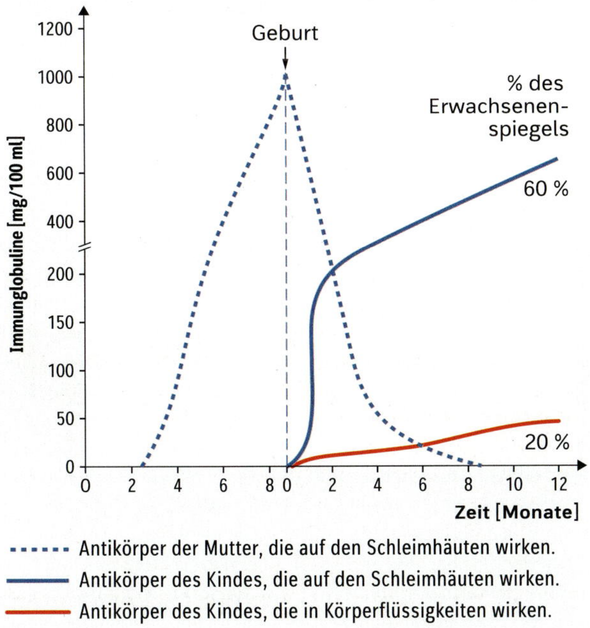

3 Konzentration von Antikörpern im Fetus und Säugling

D Antikörperkonzentration nach Kontakt mit Antigen

Nach dem ersten und zweiten Kontakt mit einem Antigen verändert sich die Antikörperkonzentration im Körper. In der Abbildung ist die Veränderung der Antikörperkonzentration nach der Immunisierung mit dem gleichen Antigen bei einem gesunden Menschen dargestellt. Noch vor einigen Jahren nahm wurde angenommen, dass sich Gedächtniszellen von Plasmazellen oder cytotoxischen Zellen ableiten. Neuere Studien zeigten aber, dass sie sich ausgehend von den aktivierten B- und T-Lymphozyten differenzieren.

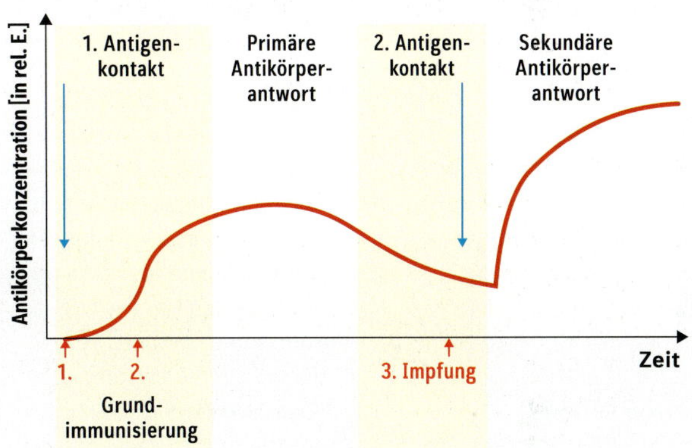

4 Konzentration von Antikörpern nach Kontakt mit Antigen

E Therapie des BRUTON-Syndroms

- Eine Heilung von Patienten und Patientinnen des BRUTON-Syndrom ist nicht möglich.
- Die grundlegende Behandlung besteht in der Gabe von Antikörpern. Diese werden entweder über eine Vene in den Blutstrom verabreicht oder in das Unterhautfettgewebe injiziert. Die Antikörper-Präparate stammen von verschiedenen Spendern, die gegen viele verschiedene Erreger immun sind. Man spricht von gepoolten Präparaten.
- Die Antikörper-Therapie muss lebenslang fortgesetzt werden.
- Zur Behandlung und auch als Schutz vor weiteren leichten Infektionen ist bei einigen Patienten und Patientinnen eine zusätzliche Einnahme von Antibiotika zu empfehlen.
- Lebendimpfstoffe sind für die Betroffenen gefährlich.
- In schwereren Fällen kann eine Stammzelltransplantation notwendig werden.

Glossar

A

aerob: Stoffwechselprozesse von Zellen oder Organismen, die nur in Gegenwart, in Anwesenheit von Sauerstoff verlaufen

Adjuvanz: bezeichnet einen Hilfsstoff, der die Wirkung eines Medikaments oder Impfstoffs verstärkt

AIDS: erworbenes Immunschwächesyndrom; Spätstadium einer HIV-Infektion

aktiver Transport: Transport von Ionen oder Molekülen durch eine Biomembran gegen ein Konzentrations- und/oder Ladungsgefälle mithilfe von Stoffwechselenergie (ATP) und spezifischen Carriern oder Kanälen

aktives Zentrum: der für die Bindung und Umsetzung des Substrats spezifisch wirksame Teil eines Enzyms

Aktivierungsenergie: Energiebarriere, die bei einer chemischen Reaktion überwunden werden muss

Allergie: Fehlreaktion des Immunsystemsauf harmlose Stoffe wie etwa Pollenkörner, Hausstaub

Aminosäure: Grundbaustein der Proteine; an ein zentrales Kohlenstoff-Atom sind eine Aminogruppe, eine Carboxygruppe, ein organischer Rest sowie ein Wasserstoff-Atom gebunden

anaerob: Stoffwechselprozesse von Zellen oder Organismen die unter Mangel oder Ausschluss von Sauerstoff verlaufen

Anticodon: Gegenstück zum Codon; besteht aus drei Nukleotiden einer tRNA

Antigen: Stoff, der die Bildung von Antikörpern auslöst

Antikörper: vom Immunsystem gebildete Proteine, die spezifische Oberflächen- strukturen von Antigenen erkennen und mit diesen reagieren

Apoptose: programmierter Zelltod z.B. während der Embryonalentwicklung oder aufgrund von Veränderung der Zellen

Archaeen: Gruppe sehr ursprünglicher Prokaryoten; weit verbreitet, kommen aber auch in extremen Lebensräumen vor; bilden neben den Bakterien und Eukaryoten eine Domäne

ATP (Adenosintriphosphat): energiespeichernde und -übertragende Verbindung des Stoffwechsels aus Adenin, Ribose und drei Phosphatgruppen, die bei der hydrolytischen Spaltung ihrer Phosphatbindungen Energie freisetzt, welche für energieverbrauchende Prozesse genutzt werden kann

Autoimmunkrankheit: Reaktion des Immunsystems gegen körpereigene Strukturen

Autoradiografie: Nachweis radioaktivmarkierter Stoffe durch Schwärzung eines Röntgenfilms (Autoradiogramm)

B

Bakterien: Gruppe zellkernloser Einzeller; bilden neben Archaeen und Eukaryoten eine Domäne

Blasten: Vorläuferzellen von Lymphozyten

Biokatalysator: in Zellen wirkende Katalysatoren; setzen die Aktivierungsenergie für bestimmte Stoffwechselreaktionen herab, so dass diese bei Körpertemperaturen mit hoher Geschwindigkeit ablaufen können

Biomembran: Struktur aus einer Phospholipid-Doppelschicht mit auf- und eingelagerten Proteinen, die das Cytoplasma nach außen und die Kompartimente im Zellinneren gegeneinander abgrenzt

C

Carrier: Transportprotein-Molekül in Biomembranen mit jeweils spezifischen Bindungsstellen. Durch die Bindung des zu transportierenden Moleküls an der Bindungsstelle wird die räumliche Struktur des Carriers verändert und das Molekül durch die Membran bewegt

Chloroplast: von einer Doppelmembran umgebener Zellbestandteil in Fotosynthese betreibenden Pflanzenzellen und Einzellern; enthält den Farbstoff Chlorophyll

Chromosom: fadenförmige Struktur aus DNA und Proteinen; enthält das genetische Material der Zelle

Codon: aus drei Nucleotiden bestehenderAbschnitt der mRNA, der bei der Proteinbiosynthese für eine Aminosäure codiert

Cuticula: wachsartiger Schutzüberzug auf der Epidermis von Pflanzen

Cytoplasma: von der Zellmembran umschlossenes Zellinneres

Cytoskelett: Netzwerk aus verschiedenen fadenförmigen Protein-Molekülen das der Zelle Form und Stabilität und den Zellorganellen Befestigungsmöglichkeiten bietet

cytotoxische T-Zelle: Gruppe spezieller T-Lymphozyten der Hauptaufgabe darin besteht, virusinfizierte Körperzellen und veränderte Zellen zu erkennen und zu eliminieren

D

Denaturierung: Änderung der räumlichen Gestalt von Proteinen, die durch Hitze, Änderungen des pH-Wertes oder der Ionenkonzentration hervorgerufen wird und zumeist zu einem Funktionsverlust des Proteins führen

deontologischer Ansatz: Ethischer Argumentationsansatz der sich auf höchste Prinzipien bzw. absolut gesetzte Werte stützt. Dabei wird eine Handlung unabhängig von ihren Konsequenzen beurteilt

Deplasmolyse: Rückkehr einer plasmolysierten Zelle in den turgeszenten Zu-stand durch osmotische Wasseraufnahme

Determinierung: Festlegung einer embryonalen Zelle auf einen bestimmten Differenzierungsweg der Entwicklung

Dichtezentrifugation: Trennverfahren zur Trennung von Partikeln aufgrund ihrer Dichte durch Zentrifugation in einem Dichtegradienten

Dictyosom: Zellorganell bestehend aus einem Stapel flacher Membranvesikel, in denen Stoffe, vor allem Proteine, umgewandelt, sortiert und verpackt werden; die Stoffe werden in GOLGI- Vesikeln zu anderen Zellorganellen oder zur Zellmembran transportiert; die Gesamtheit der Dictyosomen einer Zelle bildet den GOLGI-Apparat

Differenzierung: Entwicklung ursprünglich gleichartiger Zellen zu spezialisierten Zellen mit unterschiedlichem Bau und unterschiedlicher Funktion

Diffusion: Vorgang, bei dem sich Teilchen in Gasen oder

Flüssigkeiten aufgrund ihrer Eigenbewegung im dem ihnen zur Verfügung stehenden Raum gleichmäßig verteilen

DNA (Desoxyribonucleinsäure): Makromolekül aus vier verschiedenenNucleotiden mit den Basen Adenin, Guanin, Cytosin, Thymin und dem Zucker Desoxyribose

Domäne: Eine der drei Gruppen, in die alle Lebewesen eingeteilt werden; die drei Domänen sind: Bakterien, Archaeen und Eukaryoten

E

ELISA (engl. enzyme-linked immuno- sorbent assay): immunologisches Test- verfahren zum Nachweis von Stoffen; es beruht auf einer Antigen-Antikörper-Reaktion. Diese ist mit einer Enzymreaktion gekoppelt, bei der ein Substrat in ein farbiges Produkt umgesetzt wird

Emergenz: Auftreten neuer System- eigenschaften

Endocytose: Aufnahme von Material in die Zelle, indem sich ein Bereich der Zellmembran einsenkt, das Material einschließt und sich dann als Vesikel nach innen ablöst

Endoplasmatisches Retikulum (ER): Membransystem in der Zelle von Eukaryoten; es wirkt bei der Synthese, der Umwandlung und dem Transport von Stoffen mit; existiert in zwei Formen: dem rauen, mit Ribosomen besetzten ER und dem glatten ER ohne Ribosomen

Energie: Fähigkeit eines Stoffes, Körpers oder Systems, Arbeit zu leisten

Energieentwertung: bei Energieumwandlungen frei werdende Wärmeenergie kann von Zellen nicht genutzt werden und ist daher für diese wertlos

Energieumwandlung: Umwandlung einer Energieform in eine andere Energieform

Enzym: komplexe Proteinverbindung, die als Katalysator in der Zelle wirkt; senkt die Aktivierungsenergie für bestimmte Stoffwechselreaktionen, so dass diese mit hoher Geschwindigkeit ablaufen; gehen unverändert aus den Stoffwechselreaktion hervor

Enzym-Substrat-Komplex: lockere kurzzeitige Verbindung zwischen Enzym und Substrat

Epidermis: Abschlussgewebe vonPflanzen und Tieren

Eukaryot: ein- und vielzellige Lebewesen, deren Zelltyp sich durch den Besitz von Zellkern und Zellorganellen von den Prokaryoten unterscheidet

Exocytose: Verschmelzung eines Vesikels des Zellinneren mit der Zellmembran, wodurch sein Inhalt in den extrazellulären Raum ausgeschieden wird

F

fraktionierte Zentrifugation: Trennverfahren; durch wiederholtes Zentrifugieren mit immer höheren Geschwindigkeiten wird das Gemisch in Fraktionen mit gleicher Dichte der Bestandteile aufgetrennt

Fließgleichgewicht: Zustand gleicher Konzentrationen von Stoffen in einem offenen System bei dauerndem Zu- und Abfluss von Stoffen und Energie

Flüssig-Mosaik-Modell: Modell zur Veranschaulichung der Struktur von Biomembranen, wonach die Membran ein Mosaik aus Protein-Molekülen darstellt, die in eine flüssige Phospholipid-Doppelschicht eingebettet sind und sich in ihr hin und her bewegen können

Fluoreszenz: Aufleuchten von Stoffen bei Bestrahlung, wobei das ausgesandte Licht eine größere Wellenlänge aufweist als das absorbierte

Fotosynthese: Stoffwechselweg in grünen Pflanzenzellen und Algen, bei dem aus Kohlenstoffdioxid und Wasser mithilfe von Chlorophyll und Lichtenergie Glucose und Sauerstoff gebildet werden

freie Energie: Anteil der Energie, die von Zellen für Arbeit genutzt werden kann

G

Gärung: anaerober Stoffwechselweg, bei dem ein relativ energiereiches Endprodukt entsteht

Gen: Abschnitt der DNA, der die Erbinformation für etwa ein Polypeptid codiert

Gewebe: Verband gleichartiger differenzierter Zellen, die eine gleichartige Funktion besitzen

Glykolipid: Lipid mit gebundener Kohlenhydratkette

Glykoprotein: Protein mit gebundener Kohlenhydratkette

Golgi-Apparat: Gesamtheit aller Dictyosomen einer Zelle

Gruppenspezifität: Enzyme mit Gruppenspezifität setzten unterschiedliche Substrate um, die jedoch eine bestimmte chemische Gruppe gemein haben, etwa eine Hydroxylgruppe

H

Haupthistokompatibilitätskomplex (MHC): für jeden Menschen individuelles Proteinmuster auf den Zelloberflächen, die es dem Immunsystem ermöglichen zwischen körpereigenen und körper- fremden Zellen zu unterscheiden

Histamin: Gewebshormon; gehört zu den Zytokinen; wird von Mastzellen gebildet, in ihnen gespeichert und bei Immunreaktionen freigesetzt; erweitert unter anderem die Blutgefäße

Hormon: chemischer Botenstoff, der in endokrinen Drüsenzellen in geringsten Konzentrationen gebildet, über das Blut im Körper verteilt und an Zielzellen mit spezifischen Rezeptoren wirksam wird

Homöostase: Zustände in Lebewesen, die durch Regulation innerhalb bestimmter Grenzen aufrechterhalten werden

humorale Immunantwort: Immunreaktion, die von nichtzellulären Bestandteilen, Antikörpern, in den Körperflüssigkeiten erfolgt

Hypothese: begründete Vermutung übereinen Sachverhalt; naturwissenschaftliche Hypothesen müssen prinzipiell überprüfbar und damit widerlegbar sein

hyperton: Lösung, die im Vergleich zum Cytoplasma der Zelle mehr gelöste Stoffe enthält

hypoton: Lösung, die im Vergleich zum Cytoplasma der Zelle weniger gelöste Stoffe enthält

I

Immunität: Die Fähigkeit des Körpers, sich mithilfe von Abwehrmechanismen gegen Fremdstoffe oder Krankheitserreger zu wehren

Immunantwort: spezifische Abwehrreak- tion des Körpers bei Kontakt mit einem Antigen

Immunologisches Gedächtnis: Bezeichnung für die schnellere und stärkere Reaktion des Immunsystems bei wiederholtem Kontakt mit einem Antigen; beruht auf noch vorhandene Antikörper und Gedächtniszellen

Immunisierung: Herbeiführen einerImmunität durch kontrolliertenAntigenkontakt bei einer aktiven Immunisierung oder durch Gabe von spezifischen Antikörpern bei einer passiven Immunisierung

Immunsuppressiva: Medikamente, die die Immunreaktionen einschränken; verhindern die Abstoßungsreaktion von transplantierten Organen

Infektion: Eindringen von Krankheitserre- gern in den Organismus

isoton: Lösung mit gleicher Konzentration wie eine Vergleichslösung

irreversible Hemmung: Enzymhemmung, die nicht umkehrbar ist

K

Klon: genetisch identische Zellen oder Individuen

Kohlenhydrate: organisches Molekül mit den Bestandteilen Kohlenstoff, Wasserstoff und Sauerstoff im Verhältnis 1:2:1; eingeteilt in Monosaccharide (Einfachzucker) sowie Disaccharide (Zweifachzucker) und Polysaccharide (Vielfachzucker)

Kompartiment: durch eine Biomembran abgegrenzter Reaktionsraum in einer Zelle

kompetitive Enzymhemmung: Hemmung eines Enzyms, bei der die Reaktionsgeschwindigkeit vermindert wird, da ein Inhibitor mit dem Substrat um das aktive Zentrum eines Enzyms konkurriert

Komplementsystem: System aus löslichen Proteinen im Blutplasma, Teil der humoralen Immunantwort

konsequenzialistische Ansatz: Ethischer Argumentationsansatz bei der eine Handlung nach ihren Folgen beurteilt wird

L

Lipide: Stoffgruppe unpolarer wasserunlöslicher Verbindungen, zu der Fette, Phospholipide und Steroide gehören

Lipid-Raft: Insel oder Floß in der Zellmembran, bestehend aus Lipiden mit weniger fluider Zusammensetzung, in denen Proteine konzentriert sind, welche räumlich zusammenwirken

Lipid-Doppelschicht: eAnordnung von Phospholipiden in Biomembranen, bei der die hydrophilen Schwänze nach innen und die hydrophoben Köpfe jeweils nach außen zum wässrigen Milieu gerichtet sind

Ligand: Molekül, das an ein Rezeptor-Molekül binden kann

Lymphocyten: Gruppe verschiedener weißer Blutzellen, die an spezifischen Abwehrreaktionen gegen körperfremde und entartete Zellen, wie etwa virusinfizierte Zellen oder Tumorzellen, beteiligt sind

Lysosom: membranumgebene Vesikel im Inneren von eukaryotischen Zellen, die Enzyme zum Abbau von zelleigner und -fremder Stoffe beinhalten, welche durch Endocytose aufgenommen wurden

M

Makrophagen: große, bewegliche im Blut und Gewebe vorkommende Lymphozyten; wichtigste Funktion Endocytose von Erregern und Fremdstoffen

Mastzellen: differenzierte Lymphozyten im Gewebe, mit auffällig vielen Vesikeln, in denen Histamin und andere Zytokine gespeichert sind

MHC-Proteine: (Haupthisto-kompati-bilitätskomplex) für jeden Menschen individuelles Proteinmuster auf den Zeloberflächen, die es dem Immunsystem ermöglichen zwischen körpereigenen und körper fremden Zellen zu unterscheiden

Mikrotubuli (Makrofilamente): röhrenförmige Strukturen aus dem Protein Tubulin, die das Cytoplasma von Eukaryotenzellen durchziehen, bauen den Spindelapparat und Geißeln auf, dienen als Schienen für Motorproteine

Mikrotiterplatte: Plastikplatte mit vielen Vertiefungen, die als Reaktionsgefäße dienen; wird für verschiedene Laboruntersuchungen genutzt, etwa für einen ELISA-Test

Mitochondrium: von einer Doppelmembran umgebenes Zellorganell, in dem vor allem Enzyme der Zellatmung lokalisiert sind („Kraftwerk der Zelle")

Mitose: Teilung des Zellkerns einer Eukaryotenzelle in zwei Tochterkerne vor der Teilung der Zelle

Motorproteine: Proteine, die in der Zelle Bewegungsvorgänge bewirken, etwa den Materialtransport zwischen Zellkörper und Endknöpfchen einer Nervenzelle

Mutation: spontane oder durch Mutagene verursachte Veränderung der Erbinformation, die auf die Tochterzellen vererbt wird; man unterscheidet Gen-, Chromosomen- und Genommutationen

N

nicht-kompetitive Enzymhemmung: Form der Enzymhemmung, bei der der Inhibitor nicht an das aktive Zentrum des Enzyms, sondern an einer anderen Stelle des Enzyms bindet

Nucleoid: Erbsubstanz der Prokaryoten, nicht von einer Kernhülle umschlossen

O

Organ: Teil des Körpers eines Lebewesens aus verschiedenartigen Geweben, die eine Funktionseinheit bilden

Osmose: Diffusion von Teilchen durch eine semipermeable Membran

osmotische Regulation: Aufrechterhaltung des Wasser- und Salzgehalts in Zellen und Lebewesen

Oxidation: Elektronenabgabe

P

Parenchym: Grundgewebe eines Organs

passiver Transport: Transport von Molekülen oder Ionen durch eine Biomembranen mit dem Konzentrationsgefälle ohne Verbrauch von ATP; zum Beispiel: einfache Diffusion, kanalvermittelte Diffusion, carriervermittelte Diffusion

PCR: Polymerase-Kettenreaktion; Verfahren zur Vervielfältigung kurzer DNA-Basensequenzen in vitro

Phospholipide: Lipide, deren Moleküle einen polaren, hydrophilen Kopf und einen unpolaren, hydrophoben Schwanz besitzen; wesentlicher Bestandteil der Biomembranen

Phosphorylierung: Reaktion, bei der eine Phosphatgruppe an ein anderes Molekül gebunden wird

Plasmid: kleiner Ring extrachromosomaler Erbinformation bei Bakterien

Plasmolyse: Ablösung der Zellmembraneiner Pflanzenzelle von der Zellwand aufgrund eines osmotisch bedingten Ausstroms von Wasser aus dem Cytoplasma und der Vakuole

Plastiden: von einer Doppelmembran umgebene Zellorganellen, z. B. Chloroplasten, Chromoplasten, Leukoplasten

Primärstruktur: Abfolge der Aminosäuren in einem Protein

Prokaryot: einzelliges Lebewesen, dessen Erbmaterial nicht membranumhüllt ist; außerdem fehlen membranumhüllte cytoplasmatische Organellen wie Mitochondrien und Chloroplasten sowie ein Cytoskelett

Protein: Polypeptid mit bestimmter räumlicher Struktur; besteht aus 20 verschiedenen Monomeren, den Aminosäuren

Proteinbiosynthese: Synthese von Proteinen nach der genetischen Information mit den Teilschritten Transkription und Translation

Protoplast: Pflanzenzelle ohne Zellwand

proximate Erklärungen: beziehen sich auf die Nahursachen, etwa auf die lebensgeschichtliche Entwicklung eines Individuums oder seiner Strukturen

R

Reduktion: Elektronenaufnahme

Rezeptor: Zellstrukturen, an die ein bestimmtes Signalmolekül oder Erreger mit komplementären Strukturen binden können

RGT-Regel: Reaktionsgeschwindikeits-Temperatur-Regel; besagt, dass eine Temperaturerhöhung um 10 °C im Allgemeinen zu einer Verdopplung der Reaktionsgeschwindigkeit führt

Ribosom: aus zwei Untereinheiten zusammengesetzter, membranloser Zellbestandteil, an dem die Proteinbiosynthese erfolgt

RNA (Ribonucleinsäure): einzelsträngigesMakromolekül aus vier verschiedenen Ribonucleotiden, die die Basen Adenin, Guanin, Cytosin und Uracil sowie den Zucker Ribose enthalten

S

Schlüssel-Schloss-Prinzip: beschreibt, dass Moleküle aufgrund ihres Baus räumlich zueinander passen müssen, um miteinander in Wechselwirkungen treten zu können und aneinander binden zu können; zum Beispiel Enzym und Substrat, Antigen und Antikörper oder Rezeptor und Ligand

Sekundärstruktur: dreidimensionale Struktur eines Proteins aus alpha-Helix und / oder beta-Faltblatt

semipermeabel: Eigenschaft von Membranen, nur bestimmte Moleküle passieren zu lassen

Stammzelle: noch undifferenzierte Zelle, aus der sich unterschiedliche Zelltypen entwickeln können

Stoma (Spaltöffnung): mikroskopisch kleiner Spalt einschließlich der ihn umgebenden Schließzellen in der Epidermis von Pflanzen; Plural: Stomata

Substrat: chemische Verbindung, die nach dem Schlüssel-Schloss-Prinzip an das aktive Zentrum eines Enzyms bindet und von dem Enzym spezifisch umgesetzt wird

Substratspezifität: Eigenschaft von Enzymen, nur jeweils ein bestimmtes Substrat binden zu können

T

Tertiärstruktur: für jedes Protein spezifische dreidimensionale Anordnung der Sekundärstrukturen

T-Helferzelle: Gruppe spezieller T-Lymphozyten, die für die Erkennung von Antigenen zuständig sind, die ihnen von Makrophagen präsentiert werden; setzen Zytokine frei um andere Zellen des Immunsystems zu aktivieren

Tonoplast: Biomembran, die eine Vakuole zum Cytoplasma hin begrenzt

Transkription: Teil der Proteinbiosynthese, bei dem ein Abschnitt eines DNA-Einzelstanges in ein komplementäres RNA-Molekül überschrieben wird

Translation: Teil der Proteinbiosynthese, bei dem die mRNA-Basensequenz mithilfe von tRNA an einem Ribosom in die Aminosäuresequenz eines Polypeptids übersetzt wird

Turgor: Druck, der auf die Zellwand ausgeübt wird, wenn eine Pflanzenzelle osmotisch Wasser aufgenommen hat

U

ultimate Erklärungen: beantworten, warum sich ein Prozess oder ein Verhalten in der Evolution entwickelt hat oder stabil geblieben ist

V

Vakuole: von einer Membran (Tonoplast) umgebener, mit Zellsaft gefüllter Raum

Vektor: Struktur; zum Beispiel Viren oder Liposomen zum Einschleusen von Fremd-Genen in Zellen

Virus: nichtzelluläres infektiöses Partikel, das aus DNA oder RNA besteht, welche von einer Proteinhülle umschlossen ist; benötigt zu seiner Reproduktion eine Wirtszelle

Werte: allgemeine Vorstellungen und angestrebte Ziele, die in einer Gesellschaft als wünschens- und erstrebenswert anerkannt sind. Beispiele sind die Werte „Frieden" oder „Menschenwürde"

W

Wirkungsspezifität: Eigenschaft von Enzymen, nur jeweils eine spezifische Wirkung auf ein Substrat zu haben

Z

Zellatmung: Energiefreisetzung in der Zelle durch Oxidation von energiereichen chemischen Verbindungen unter Sauerstoffverbrauch

Zelle: kleinste, mit allen Merkmalen des Lebens ausgestattete Bau- und Funktionseinheit aller Lebewesen

Zellkern: von einer Kernhülle umgebener Zellbestandteil in eukaryotischen Zellen, der die Erbsubstanz enthält

Zellkommunikation: Aufnahme, Verarbeitung und Weiterleitung äußerer Reize durch Signalübertragung zwischen den Zellen und innerhalb der Zellen

Zellmembran: Biomembran die Zellen nach außen begrenzen; sie haben den gleichen Grundaufbau wie Biomembranen, tragen jedoch auf der Außenseite Glycoproteine und Glycolipide

Zellorganell: von Biomembranen begrenzter Reaktionsraum eukaryotischer Zellen, der eine bestimmte Funktion erfüllt

Zelltheorie: Aussage, dass alle Lebewesen aus Zellen bestehen und Zellen nur aus Zellen hervorgehen

zelluläre Immunantwort: Immunantwort die von zellulären Bestandteilen, cytotoxische T-Zellen erfolgt

Zellwand: eine aus Polymeren, etwa Cellulose, aufgebaute, formgebende äußere Hülle bei Pflanzenzellen, Bakterien, Pilzen und manchen eukaryotischen Einzellern

Zellzyklus: geordnete Folge von Vorgängen von einer Zellteilung zur nächsten; setzt sich zusammen aus Mitose, Zellteilung und Interphase

Zygote: befruchtete Eizelle, Produkt der Verschmelzung von Eizelle und Spermium

Zytokine: Signalmolekülen mit denen insbesondere Zellen des Immunsystems kommunizieren; wirken nur kurzzeitig und örtlich begrenzt

Stichwortverzeichnis

f. = die folgende Seite, ff. = die folgenden Seiten

Fette Seitenzahlen verweisen auf einen Eintrag im Glossar.

Bildquellenverzeichnis

|Alamy Stock Photo, Abingdon/Oxfordshire: Hyde, Stephen 116.1; imageBROKER /Tack, Jochen 106.1; imageBROKER/Chapman, David 82.1; imageBROKER/Hütter, Christian 122.1; phillips, mark 129.1; Tetra Images 132.1; Tovkach, Oleg 30.1; VOISIN/PHANIE 124.1; World History Archive 9.3; Zhelev, Pavel 128.1. |Alamy Stock Photo (RMB), Abingdon/Oxfordshire: hanohikirf 37.1. |Atelier tigercolor Tom Menzel, Klingberg: 27.1, 43.3, 68.2, 68.3, 71.1, 71.2, 71.3, 100.2, 101.1, 102.1, 102.2, 108.1, 108.2, 108.3, 109.1, 109.2, 109.3, 109.4, 109.5, 109.6, 111.1, 111.2, 112.1, 112.2, 114.1, 117.2, 118.1, 119.1, 120.2, 123.2, 129.2, 136.2. |Curtis, Dr. Nicholas E., Naples FL: 38.1. |fotolia.com, New York: Ichbins11 7.1. |Gall, Eike, Enkirch: 11.3, 121.1. |Getty Images, München: AFP/CLATOT, JEAN-PIERRE 74.1; Jackyenjoyphotography 9.2; Schafer, Kevin 65.2; Wong, Oscar 78.1. |Herzig, Wolfgang, Essen: 6.2, 7.2, 10.1, 21.1, 24.4, 25.1, 25.4, 35.1, 36.2, 37.3, 38.3, 39.2, 39.3, 40.2, 41.1, 41.4, 45.1, 45.2, 45.3, 46.1, 46.2, 50.2, 51.1, 51.2, 51.3, 55.1, 56.1, 57.1, 57.2, 57.3, 57.4, 58.2, 59.1, 59.2, 60.1, 61.1, 61.3, 62.1, 63.1, 63.2, 65.1, 66.2, 70.1, 74.2, 75.1, 76.1, 77.1, 77.2, 79.1, 79.2, 79.3, 80.1, 81.4, 81.5, 82.2, 83.1, 83.2, 84.1, 84.3, 85.2, 87.1, 87.2, 88.1, 89.1, 89.2, 89.3, 90.2, 91.1, 91.2, 92.1, 92.2, 93.1, 94.2, 97.1, 97.2, 97.3, 103.1, 105.1, 105.2, 107.1, 113.1, 113.2, 121.2, 125.1, 126.1, 126.2, 136.1. |iStockphoto.com, Calgary: Imgorthand 130.1; JLBarranco 58.1; Juanmonino 110.1; Knaupe 8.4; Ljupco 69.2; OljaSimovic 64.1; Sablin 95.1; selvanegra Titel; sturti 122.2; urfinguss 20.1. |Karnath, Brigitte, Wiesbaden: 61.2, 68.1, 69.1, 85.3, 128.2. |Lehmann, Prof. Dr. Heiner, Pattensen: Institut f. Tierökologie und Zellbiologie 27.10. |LIO Design GmbH, Braunschweig: Riemann, Gerald 1.1. |Lüddecke, Liselotte, Hannover: 44.1, 44.2. |Mall, Karin, Berlin: 21.2, 21.3, 47.2. |Max-Planck-Institut für Multidisziplinäre Naturwissenschaften, Göttingen: Stefan W. Hell, Stefan Jakobs 18.3. |Minkus Images Fotodesignagentur, Isernhagen: 66.1. |OKAPIA KG - Michael Grzimek & Co., Frankfurt/M.: Biophoto Associates/Science Source 27.1; imageBROKER/AVTG 9.1; J.C. Révy/ISM 15.2; Jan Robert Factor/Science Source 27.6; K. Porter/NAS 27.2; K.Porter/NAS 39.1; NAS/Don W. Fawcett 28.2; NAS/Omikron 14.2; NAS/Porter, K.R. 27.7, 39.1; Norbert Lange 6.1; Ruckszio, Manfred 8.3; Spears, David/Last Refuge/ARDEA 8.1. |PantherMedia GmbH (panthermedia.net), München: ndanko (YAYMicro) 86.1. |Science Photo Library, München: 4.2, 24.3, 99.1; Abbey, Michael 23.1; Biophoto Associates 27.9, 28.1, 31.2, 36.1; CALVO, JOSE 24.1; CNRI 103.2; DANIEL SCHROEN, CELL APPLICATIONS INC 41.3; DENNIS KUNKEL MICROSCOPY 19.2, 25.2, 25.3, 26.1, 31.4, 54.1; Edelmann 42.2; EYE OF SCIENCE 24.2, 100.1; Fawcett, Don W. 27.4; Goetgheluck, Pascal 42.1; Gschmeissner, Steve 3.1, 3.2, 4.1, 13.1, 19.4, 40.1, 43.1, 43.2, 49.1, 50.1, 73.1; HOWARD VINDIN, THE UNIVERSITY OF SYDNEY 27.5; Murti, Dr. Gopal 27.3; Nuridsany, Claude/Perennou, Maria 8.2; Omikron 19.1, 34.1; PROFESSORS P.M. MOTTA & S. CORRER 17.2; SPL/David Becker 41.1, 41.2; SPL/Makoto Iwafuji/Eurelios 37.2; SPL/Microscape 17.1; Visual Unlimited/Chapman, Dr. George 27.8, 38.2, 38.4. |Shutterstock.com, New York: donatas1205 94.1; Erce 14.1; ggw 104.2; Jose Luis Calvo 15.3; Ruckszio, Manfred 23.2. |Weiß, Jörg - Mikroskopisches Kollegium Bonn, www.mikroskopie-bonn.de, Sankt Augustin: 19.3. |Westendorf-Bröring, Elisabeth, Vechta: 53.1, 62.2, 67.1, 67.2, 75.2, 80.2, 93.2. |wgr-gebrauchsgrafik, Braunschweig: Titel. |Wildermuth, Werner, Würzburg: 11.1, 11.2, 15.1, 15.4, 16.1, 16.2, 17.3, 26.2, 28.3, 29.1, 29.2, 30.2, 31.1, 31.3, 32.1, 32.2, 33.1, 33.2, 34.2, 47.1, 81.1, 81.2, 81.3, 84.2, 84.4, 85.1, 85.4, 90.1, 90.3, 92.3, 96.1, 96.2, 104.1, 115.1, 116.2, 117.1, 120.1, 123.1, 127.1, 127.2, 127.3, 131.1, 131.2, 133.1, 134.1, 135.1, 137.1, 137.2. |Wolff, Kai, Dortmund: 18.4, 22.1, 22.2. |© Dr. Ralf Wagner, www.dr-ralf-wagner.de, Düsseldorf: 18.1, 18.2.